高等职业教育云计算系列教材

云计算基础应用

郎登何　李贺华　主　编

李　力　李　腾　孙小娟　副主编

电子工业出版社·

Publishing House of Electronics Industry

北京·BEIJING

内 容 简 介

本书是在云计算及相关产业迅猛发展的背景之下，结合职业教育的实际情况开发的云计算技术与应用专业系列教材之一。在概要讲述云计算概念、分类、技术体系、特征、国内国际云服务商和云用户的基础上，系统介绍云技术，详细讲解云存储、云办公、云安全等常用云应用，进而使用 VMware vSphere 动手搭建云平台，最后介绍云计算在物联网、智慧经济、智慧生活方面的广泛应用。

本书在内容安排上，力求适应高职学生的学习特点，由浅入深，由简单到复杂，既注重基础应用，又考虑专业发展，抽象的概念先用实际操作让学生体会后，再用通俗的语言描述。同时配有丰富的教学资源。

本书不仅可作为高职高专、应用型本科相关专业的教材，也可作为云计算培训及自学教材。另外，本书还可作为电子信息专业学生的学习参考书。

图书在版编目（CIP）数据

云计算基础应用/郎登何，李贺华主编. —北京：电子工业出版社，2019.3

高等职业教育云计算系列规划教材

ISBN 978-7-121-34413-8

Ⅰ. ①云…　Ⅱ. ①郎…　②李…　Ⅲ. ①云计算－高等职业教育－教材　Ⅳ. ①TP393.027

中国版本图书馆 CIP 数据核字（2018）第 124247 号

策划编辑：徐建军（xujj@phei.com.cn）

责任编辑：徐建军

印　　刷：涿州市般润文化传播有限公司

装　　订：涿州市般润文化传播有限公司

出版发行：电子工业出版社

　　　　　北京市海淀区万寿路 173 信箱　邮编 100036

开　　本：787×1 092　1/16　印张：17　字数：435.2 千字

版　　次：2019 年 3 月第 1 版

印　　次：2022 年 7 月第 7 次印刷

定　　价：48.00 元

前言
Preface

云计算被视为科技界的下一次科技革命，已从"概念炒作""技术探讨""应用实践"等转变为实实在在的"业务与商业变革"，将带来工作方式和商业模式的根本性改变。在此背景下，全国各省、自治区、直辖市纷纷推出了"云"字号工程，催生了一大批云计算服务商，如阿里云、百度云、腾讯云、华为云、盛大云等，一大批中小企业应用云计算调整业务模式，加速信息化建设，专注核心业务，降低生产运营成本，为社会提供更加优质的产品与服务。人们也在不知不觉中应用云计算技术方便自己的学习、工作和生活。

重庆电子工程职业学院于 2012 年开设云计算系统集成专业方向，时至今日在云计算技术与应用专业建设上积累了丰富的教学经验和大量的教学资源，全国同类院校急需一批产学结合、通俗易懂、易学易教的教材，本书则是在中国电子科技集团公司第五十五研究所的工程师参与下开发的云计算技术与应用专业系列教材之一。

本书旨在通过云存储、云办公、云安全等实际应用操作的体验，引导读者理解云计算的基本概念、分类、技术体系和对生产方式与商业模式的改变，进而探究云技术及云平台搭建，最后介绍了基于云计算平台进行信息处理的大数据、物联网，延伸到智慧经济与智慧生活。

全书共 11 章：

第 1 章，从云计算谈起，引导读者应用云计算产品与服务，理解云计算的基本概念、特征、分类、技术体系。

第 2 章，向读者展示了国内主要云计算服务商及云服务的情况，引导读者应用相关云服务，包括中国移动大云、中国电信天翼云和中国联通沃云，以及百度云、阿里云和腾讯云。

第 3 章，在了解国内云计算服务商的基础上，进一步学习国际云计算服务商的云计算服务和体系架构，包括 Amazon、Google、Microsoft、SalesForce、Yahoo!、IBM 和 Sun 的云计算。

第 4 章，引导读者认识云生态中不同角色的各类云用户，包括政府用户、企业用户、开发人员和大众用户。

第 5 章，在前 4 章的基础上，学习和探讨云计算的关键技术，包括高性能计算技术、分布式数据存储技术、虚拟化技术、用户交互技术、安全管理技术和运营支撑管理技术等。

第 6 章～第 8 章，分别详细讲解了云存储、云办公、云安全的概念及相关应用，引导读者将这些云服务应用在学习、生活和工作中，为提高生产效率和生活品质服务。

第 9 章，用主流的虚拟化系统 VMware vSphere 搭建云平台，深入学习云端服务的技术实现知识和技术细节。

第 10 章，在"信息爆炸"时代，我们都是数据的生产者和消费者，也是大数据的提供者和应用者，不得不谈"Big Data（大数据）"。本章主要讲述了大数据的定义、特征和应用，以及和云计算的关系。

最后一章，云计算与智慧生活。云计算与物联网的融合、与人工智能的融合，以及智慧城市的建设，正在通过一种以"和谐"为目标的经济形态——智慧经济，推动人们进入智慧生活时代。

本书由郎登何、李贺华担任主编，负责全书的统稿工作，并完成第1～8章的编写工作，第9～11章由李力、李腾、孙小娟共同编写完成。在编写本书的过程中，得到中国电子科技集团公司第五十五研究所、太平洋电信公司、重庆科尔讯科技有限公司的大力支持，并参考了参考文献中列出的专著、教材和网站内容，在此对作者一并表示感谢，部分引用内容不知原始出处，对相关作者表示感谢！

为了方便教师教学，本书配有电子教学课件，请有此需要的教师登录华信教育资源网（www.hxedu.com.cn）注册后免费下载，如有问题可在网站留言板留言或与电子工业出版社联系（E-mail：hxedu@phei.com.cn）。

虽然我们精心组织，认真编写，但错误和疏漏之处在所难免；同时，由于编者水平有限，书中也存在诸多不足之处，恳请广大读者给予批评和指正，以便在今后的修订中不断改进。

编　者

目 录
Contents

第*1*章

初识云计算

→ **本章要点**

➢ 什么是云计算
➢ 云计算分类
➢ 云计算体系结构
➢ 云计算的特征

互联网的快速发展提供给人们海量的信息资源，移动终端设备的不断丰富使得人们获取、加工、应用和向网络提供信息更加方便和快捷。信息技术的进步将人类社会紧密地联系在一起，世界各国政府、企业、科研机构、各类组织和个人对信息的"依赖"程度前所未有。

降低成本、提高效益是企事业单位生产经营和管理的永恒主题，因对"信息"资源的依赖，使得企事业单位不得不在"信息资源的发电站"（数据中心）的建设和管理上大量投入，导致信息化建设成本高，中小企业更是不堪重负。传统的信息资源提供模式（自给自足）遇到了挑战，新的计算模式已悄然进入人们的生活、学习和工作，它就是被誉为第三次信息技术革命的"云计算"。

本章介绍云计算的概念、分类、体系结构和特征。

1.1 什么是云计算

云计算（Cloud Computing）是一个新名词，但不是一个新概念，从互联网诞生以来就一直存在，业界目前并没有对云计算有一个统一的定义，也不希望对云计算过早地下定义，避免约束了云计算的进一步发展和创新。下面给读者一个较为全面的介绍。

1.1.1 云计算的由来

2006 年，Google（谷歌）高级工程师克里斯托夫·比希利亚首次向 Google 董事长兼 CEO 施密特提出"云计算"的想法。在施密特的支持下，Google 推出了"Google 101 计划"，并正式提出"云"的概念，其核心思想，是将大量用网络连接的计算资源统一管理和调度，构成一个计算资源池向用户按需提供服务。

在计算机发明后的相当长的一段时间内，计算机网络都还处于探索阶段。但是到了 20 世纪 90 年代以后，网络出现了爆炸式发展，随即进入了网络泡沫时代。在 21 世纪初期，正当互联网泡沫破碎之际，Web 2.0 的兴起，让网络迎来了一个新的发展高峰期。

在这个 Web 2.0 的时代，Flickr、MySpace、YouTube 等网站的访问量，已经远远超过传统门户网站。如何有效地为巨大的用户群体服务，让他们参与时能够享受方便、快捷的服务，成为这些网站不得不面对的一个新问题。

与此同时，一些有影响力的大公司为了提高自身产品的服务能力和计算能力而开发大量新技术，例如，Google 凭借其文件系统搭建了 Google 服务器群，为 Google 提供快捷的搜索速度与强大的处理能力。于是，如何有效利用已有技术并结合新技术，为更多的企业或个人提供强大的计算能力与多种多样的服务，就成为许多拥有巨大服务器资源的企业考虑的问题。

正是因为网络用户的急剧增多并对计算能力的需求逐渐旺盛，而 IT 设备公司、软件公司和计算服务提供商能够满足这样的需求，云计算便应运而生。云计算发展由来如图 1-1 所示。

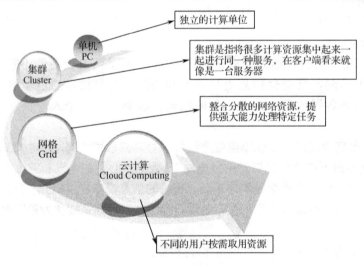

图 1-1　云计算发展由来

1.1.2 云计算在生活中的应用

（1）办公文档及相关资料不保存在本地硬盘、U 盘，而放在百度云盘、360 企业云盘。

（2）不用安装 QQ（MSN）软件，直接使用网页版 QQ（MSN）聊天的经历。

（3）不安装 Office 2010，注册 Office 365，在线使用 Word、Excel、PowerPoint。

（4）直接在土豆网或者优酷网上看完整部《士兵突击》。

（5）不用金山词霸，而是使用 Google 在线翻译。

......

这些都是生活中云计算的应用，云计算就在我们的身边。

1.1.3 IT 精英们讲述的云计算

IBM 创始者托马斯·沃森：全世界只需要"五台电脑"就够了。言外之意世界上只需要几个大的"云计算服务商"，向全球提供计算服务就可以了。这些服务商可能是 IBM、Google、Microsoft（微软）、Amazon（亚马逊）、阿里巴巴，它们通过互联网络向全球用户提供各种计算服务。当然，随着技术发展的变化，服务商的格局会发生相应的变化。

比尔·盖茨：个人用户的内存只需 640KB 足矣。用户端硬件配置不用追求高配置，只需要浏览器就可以获取云端计算能力，得到各种服务。

李开复：钱庄。最早人们只是把钱放在枕头底下，后来有了钱庄很安全，不过兑换起来很麻烦。现在发展到银行，可以到任何一个网点取钱，甚至通过 ATM，或者国外的渠道。

韦黎科：一切皆有可能！

1.1.4 云计算概念

到底什么是云计算，有多种说法，至少可以找到 100 种解释。现阶段广为接受的是美国国家标准与技术研究院（NIST）的定义：云计算是一种按使用量付费的模式，这种模式提供可用的、便捷的、按需的网络访问，进入可配置的计算资源共享池（资源包括网络、服务器、存储、应用软件、服务），这些资源能够被快速提供，只需投入很少的管理工作，或与服务供应商进行很少的交互。通俗地讲，云计算要解决信息资源（包括计算机、存储、网络通信、软件等）的提供和使用模式，即由用户投资购买设备和管理促进业务增长的"自给自足"模式向用户只需付少量租金就能更好地服务于自身建设的以"租用"为主的模式。

1. 云计算概念的形成

云计算概念的形成经历了互联网、万维网和云计算三个阶段，如图 1-2 所示。

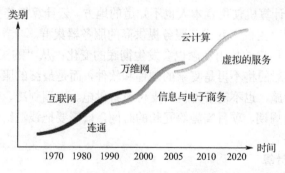

图 1-2 云计算概念的发展历程

（1）互联网阶段

个人计算机时代的初期，计算机不断增加，用户期望计算机之间能够相互通信，实现互联互通，由此，实现计算机互联互通的互联网的概念出现。技术人员按照互联网的概念设计出目前的计算机网络系统，允许不同硬件平台、不同软件平台的计算机上运行的程序能够相互之间交换数据。这个时期，PC 是一台"麻雀虽小，五脏俱全"的小计算机，每个用户的主要任务在 PC 上运行，仅在需要访问共享磁盘文件时才通过网络访问文件服务器，体现了网络中各计算机之间的协同工作。思科等企业专注于提供互联网核心技术和设备，成为 IT 行业的巨头。

（2）万维网阶段

计算机实现互联互通以后，计算机网络上存储的信息和文档越来越多。用户在使用计算机的时候，发现信息和文档的交换较为困难，无法用便利和统一的方式来发布、交换和获取其他计算机上的数据、信息和文档。因此，实现计算机信息无缝交换的万维网概念出现。目前全世界的计算机用户都可以依赖万维网的技术非常方便地进行网页浏览、文件交换等，同时，Netscape（网景）、Yahoo!（雅虎）、Google 等企业依赖万维网的技术创造了巨量的财富。

（3）云计算阶段

万维网形成后，万维网上的信息越来越多，形成了一个信息爆炸的信息时代。根据监测统计，2017 年全球的数据总量为 21.6ZB（$1ZB=10^{21}$ 字节，十万亿亿字节），目前全球的数据以每年 40%左右的速度增长，预计到 2020 年，全球的数据总量将达到 44 个 ZB，我国数据量将达到 8 060 个 EB（$1EB=10^{18}$ 字节），占全球数据总量的 18%。截至 2017 年底，中国网页数量达到 2 604 亿个。如此规模的数据，使得用户在获取有用信息的时候存在极大的障碍，如同大海捞针。同时，互联网上所连接大量的计算机设备提供超大规模的 IT 能力（包括计算、存储、带宽、数据处理、软件服务等），用户也难以便利地获得这些 IT 能力，导致 IT 资源的浪费。

另一方面，众多的非 IT 企业为信息化建设投入大量资金购置设备、组建专业队伍进行管理，成本通常居高不下，是许许多多中小企业难以承受的。

于是，一种需求产生了，它就是通过网络向用户提供廉价的、满足业务发展的 IT 服务的需求，从而形成了云计算的概念。云计算的目标就是在互联网和万维网的基础上，按照用户的需要和业务规模的要求，直接为用户提供所需要的服务。用户无须自己建设、部署和管理这些设施、系统和服务。用户只需要参照租用模式，按照使用量来支付使用这些云服务的费用。

在云计算模式下，用户的计算机变得十分简单，用户的计算机除了通过浏览器给"云"发送指令和接收数据外基本上什么都不用做，便可以使用云服务提供商的计算资源、存储空间和各种应用软件。这就像连接"显示器"和"主机"的线缆无限长，从而可以把显示器放在使用者的面前，而主机放在计算机使用者本人也不知道的地方。云计算把连接"显示器"和"主机"的线缆变成了网络，把"主机"变成云服务提供商的服务器集群。

在云计算环境下，用户的使用观念也会发生彻底的变化：从"购买产品"向"购买服务"转变，因为他们直接面对的将不再是复杂的硬件和软件，而是最终的服务。用户不需要拥有看得见、摸得着的硬件设施，也不需要为机房支付设备供电、空调制冷、专人维护等费用，并且不需要等待漫长的供货周期、项目实施等冗长的时间，只需要把钱汇给云计算服务提供商，将会马上得到需要的服务。

2. 不同角度看云计算

云计算的概念可以从用户、技术提供商和技术开发人员三个不同角度来解读。

（1）用户看云计算

从用户的角度考虑，主要根据用户的体验和效果来描述，云计算可以总结为：云计算系统是一个信息基础设施，包含有硬件设备、软件平台、系统管理的数据以及相应的信息服务。用户使用该系统的时候，可以实现"按需索取、按量计费、无限扩展和网络访问"的效果。

简单地说，用户可以根据自己的需求，通过网络去获得自己需要的计算机资源和软件服务。

这些计算机资源和软件服务是直接供用户使用而无须用户做进一步的定制化开发、管理和维护等工作。同时，这些计算机资源和软件服务的规模可以根据用户业务变化和需求的变化，随时进行调整到足够大的规模。用户使用这些计算机资源和软件服务，只需要按照使用量来支付费用。

（2）技术提供商看云计算

技术提供商对云计算理解为：通过调度和优化技术，管理和协同大量的计算资源；针对用户的需求，通过互联网发布和提供用户所需的计算机资源和软件服务；基于租用模式的按量计费方法进行收费。

技术提供商强调云计算系统需要组织和协同大量的计算资源来提供强大的 IT 能力和丰富的软件服务，利用调度和优化技术来提高资源的利用效率。云计算系统提供的 IT 能力和软件服务针对用户的直接需求，并且这些 IT 能力和软件服务都在互联网上进行发布，允许用户直接利用互联网来使用这些 IT 能力和服务。用户对资源的使用，按照其使用量来进行计费，实现云计算系统运营的盈利。

（3）技术开发人员看云计算

技术开发人员作为云计算系统的设计和开发人员，认为云计算是一个大型集中的信息系统，该系统通过虚拟化技术和面向服务的系统设计等手段来完成资源和能力的封装以及交互，并通过互联网来发布这些封装好的资源和能力。

3. 云计算概念总结

云计算并非一个代表一系列技术的符号，因此不能要求云计算系统必须采用某些特定的技术，也不能因为用了某些技术而称一个系统为云计算系统。

云计算概念应该理解为一种商业和技术的模式。从商业层面，云计算模式代表了按需索取、按量计费、网络交付的商业模式。从技术层面，云计算模式代表了整合多种不同的技术来实现一个可以线性扩展、快速部署、多租户共享的 IT 系统，提供各种 IT 服务。

云计算仍然在高速发展，并且不断地在技术和商业层面有所创新。

1.1.5 相关概念

云计算旨在通过网络把多个成本相对较低的计算实体整合成一个具有强大计算能力的完美系统，并借助先进的商业模式把强大的计算能力发布到终端用户手中，它的一个核心理念就是通过不断提高"云"的处理能力，进而减少用户终端的处理负担，最终使用户终端简化成一个单纯的输入/输出设备，并能按需享受"云"的强大计算处理能力！

1. 云

描述商业模式的改变，客户（个人和企业）从购买产品向购买服务的转变，即：客户看不到也不需要购买实体的服务器、存储、软件等，也不需要关心服务来自哪里，而是通过网络直接使用自己需要的服务和应用，形象地称之为"云"。

"云"（The Cloud）是一些可以自我维护和管理的虚拟计算资源，通常为一些大型服务器集群，包括计算服务器、存储服务器、宽带资源等。云计算将所有的计算资源集中起来，并由软件实现自动管理，无须人为参与。这使得应用提供者无须为烦琐的细节而烦恼，能够更加专注于自己的业务，有利于创新和降低成本。

2. 网格计算

网格计算（Grid Computing）是分布式计算中两类比较广泛使用的子类型。一类是，在分布式的计算资源支持下作为服务被提供的在线计算或存储。另一类是，一个松散连接的计算机网络构成的虚拟超级计算机，可以用来执行大规模任务。网格计算的目的是通过任何一台计算机都可以提供无限的计算能力，接入浩如烟海的信息世界。

3. 云计算与网格计算的不同点

网格计算强调资源共享，任何人都可以作为请求者使用其他节点的资源，任何人都需要贡献一定资源给其他节点。网格计算强调将工作量转移到远程的可用计算资源上。云计算强调专有，任何人都可以获取自己的专有资源，并且这些资源是由少数团体提供的，使用者不需要贡献自己的资源。在云计算中，计算资源被转换形式去适应工作负载，它支持网格类型应用，也支持非网格环境，比如运行传统或 Web 2.0 应用的三层网络架构。

网格计算侧重并行的计算集中性需求，并且难以自动扩展。云计算侧重事务性应用，大量的单独的请求，可以实现自动或半自动的扩展。

4. 分布式计算

分布式计算是指在一个松散或严格约束条件下使用一个硬件和软件系统处理任务，这个系统包含多个处理器单元或存储单元，多个并发的过程，多个程序。一个程序被分成多个部分，同时在通过网络连接起来的计算机上运行。分布式计算类似于并行计算，但并行计算通常用于指一个程序的多个部分同时运行于某台计算机上的多个处理器上。所以，分布式计算通常必须处理异构环境、多样化的网络连接、不可预知的网络或计算机错误。

5. 效用计算

效用计算是一种分发应用所需资源的计费模式。云计算是一种计算模式，代表了在某种程度上共享资源进行设计、开发、部署、运行应用，以及资源的可扩展收缩和对应用连续性的支持。效用计算通常需要云计算基础设施支持，但并不是一定需要。同样，在云计算之上可以提供效用计算，也可以不采用效用计算。

6. 服务器集群

服务器集群是指将一组服务器关联起来，使它们在外界从很多方面看起来如同一台服务器。集群内的服务器之间通常通过局域网连接，通常用来改善性能和可用性，但一般而言比具有同等性能、功能和可用性的单台主机具有更低的成本。

7. 虚拟化

虚拟化是对计算资源进行抽象的一个广义概念。虚拟化对上层应用或用户隐藏了计算资源的底层属性。它既包括使单个的资源（比如一个服务器，一个操作系统，一个应用程序，一个存储设备）划分成多个虚拟资源，也包括将多个资源（比如存储设备或服务器）整合成一个虚拟资源。虚拟化技术是指实现虚拟化的具体的技术性手段和方法的集合性概念。虚拟化技术根据对象可以分成存储虚拟化、计算虚拟化、网络虚拟化等。计算虚拟化可以分为操作系统级虚拟化、应用程序级虚拟化和虚拟机管理器虚拟化。虚拟机管理器分为宿主虚拟机和客户虚拟机。

8. 云计算与超级计算机

超级计算机拥有强大的处理能力，特别是计算能力。2017 年 11 月 13 日，新一期全球超级计算机 500 强榜单发布，中国超级计算机"神威·太湖之光"和"天河二号"连续第四次分列冠亚军，且中国超级计算机上榜总数又一次反超美国，夺得第一。此次中国"神威·太湖之光"和"天河二号"再次领跑,其浮点运算速度分别为每秒 9.3 亿亿次和每秒 3.39 亿亿次。

美国则连续第二次没有超级计算机进入前三名——不过,有业界人士指出,美国能源部正支持建造两台新的超级计算机,其中一台的计算性能是"神威·太湖之光"的大约两倍,2018年投入使用。

从超级计算机 500 强的排名方式可以看出,传统的超级计算机注重运算速度和任务的吞吐量,以运算速度为核心进行计算机的研究和开发。而云计算则以数据为中心,同时兼顾系统的运算速度。传统的超级计算机耗资巨大,远超过云计算系统。例如,趋势科技花费 1 000 多万美元租用 34 000 多台服务器,构建自身的"安全云"系统。云计算系统相比于超级计算机具有松耦合的性质,可以比较方便地进行动态伸缩和扩展,而超级计算机不易扩展、改造和升级。另外,云计算系统天生具有良好的分布性,超级计算机则不具有。

1.2 云计算分类

近年来,有关云计算的术语越来越多,如私有云、混合云、行业云、城市云、社区云、电商云、HPC 云、云存储、云安全、云娱乐、数据库云、Cloud Bridge、CloudBroker 和 CloudBurst等,可谓千奇百怪、五花八门,但究竟怎样区分云计算?不同的分类标准有不同的说法,以下从是否公开发布服务、服务类型、主要服务的产业等方面对云计算进行分类。

1. 按是否公开发布服务分类

按是否公开发布服务可分为公有云、私有云和混合云。它们之间的关系如图 1-3 所示。

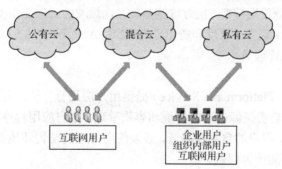

图 1-3 公有云、私有云和混合云的关系

➢ 公有云(Public Cloud)一般可通过 Internet 使用,是最基础的服务,成本较低,通常由专业的服务商提供,是隔离在企业防火墙以外的系统。

➢ 私有云(Private Cloud)只服务于企业内部,它被部署在企业防火墙内部,提供的所有应用只对内部员工开放。虽然公有云成本低,但是大企业(如金融、保险行业)为了兼顾行业、客户私隐,不可能将重要数据存放到公共网络上,故倾向于架设私有云。

➢ 混合云则具有前两者的共同特点,既面向内部员工,又面向互联网用户。

需要强调的是,没有绝对的公有云和私有云,站的立场、角度不同,私有也可能成为公有!未来的发展趋势是,二者会协同发展!你中有我,我中有你,混合云是必由之路!

2. 按服务类型分类

按服务类型分为三类：基础设施即服务、平台即服务和软件即服务，如图 1-4 所示。

图 1-4　SaaS、PaaS、IaaS 关系

（1）基础设施即服务

基础设施即服务（IaaS，Infrastructure as a Service）将硬件设备等基础资源封装成服务供用户使用。在 IaaS 环境中，用户相当于在使用裸机和磁盘，既可以让它运行 Windows，也可以让它运行 Linux。

IaaS 最大优势在于它允许用户动态申请或释放节点，按使用量计费。而 IaaS 是由公众共享的，因而具有更高的资源使用效率，同时这些基础设施烦琐的管理工作将由 IaaS 供应商来处理。

IaaS 主要产品包括：阿里、百度和腾讯云的 ECS，Amazon EC2（Amazon 弹性计算云）等。IaaS 的主要用户是系统管理员。

（2）平台即服务

平台即服务（PaaS，Platform as a Service）提供用户应用程序的运行环境，典型的如 Google App Engine。PaaS 自身负责资源的动态扩展和容错管理，用户应用程序不必过多考虑节点间的配合问题。但与此同时，用户的自主权降低，必须使用特定的编程环境并遵照特定的编程模型，只适用于解决某些特定的计算问题。

用户可以非常方便地编写应用程序，而且不论是在部署，或者在运行的时候，用户都无须为服务器、操作系统、网络和存储等资源的管理操心，这些烦琐的工作都由 PaaS 供应商负责处理。主要产品包括 Google App Engine、heroku 和 Windows Azure Platform 等，主要用户是开发人员。

（3）软件即服务

软件即服务（SaaS，Software as a Service）针对性更强，是一种通过 Internet 提供软件的模式。用户不用再购买应用软件，改向提供商租用基于 Web 的软件来管理企业经营活动，且无须对软件进行维护，服务提供商会全权管理和维护软件。对于许多小型企业来说，SaaS 是采用先进技术的最好途径，它消除了企业购买、构建和维护基础设施与应用程序的需要。主要用户是应用软件用户。

注意：随着云计算的深化发展，不同云计算解决方案之间相互渗透融合，同一种产品往往横跨两种以上类型。

3. 按主要服务的产业分类

按主要服务的产业可分为农业云、工业云、商务云、交通云和建筑云等。本节以恒势嘉承公司设计的智慧农业整体解决方案为例。

（1）农业云

农业云以云计算商业模式应用与技术为支撑，统一描述、部署异构分散的大规模农业信息服务，满足千万级农业用户对计算、存储的可靠性、扩展性要求，实现按需部署或定制所需的农业信息服务，资源最优化和效益最大化，多途径、广覆盖、低成本、个性化的农业知识普惠服务，为用户带来一站式的智慧农业全新体验，助力农业生产标准化、规模化、现代化发展进程。

农业云平台是将国际领先的物联网、移动互联网、云计算等信息技术与传统农业生产相结合，搭建的农业智能化、标准化生产服务平台，旨在帮助用户构建起一个"从生产到销售，从农田到餐桌"的农业智能化信息服务体系，为用户带来一站式的智慧农业全新体验。农业云平台可广泛应用于国内外大中型农业企业、科研机构、各级现代化农业示范园区与农业科技园区，助力农业生产标准化、规模化、现代化发展进程。

实现的主要功能如下：

➢ 远程智能监控

农业云平台通过在生产现场部署传感器、控制器、摄像头等多种物联网设备，借助个人计算机、智能手机，就能实现对农业生产现场气候变化、土壤状况、作物生长、水肥使用、设备运行等实时监测展示，对异常情况的自动报警提醒，生产者可及时采取防控措施，降低生产风险；同时在云平台生产者可远程自动控制生产现场的灌溉、通风、降温、增温等设施设备，实现精准作业，减少人工成本的投入，如图1-5所示。

图1-5 远程监控农业生产现场

➢ 标准生产管理

标准生产管理示意图如图1-6所示，云平台可根据农业生产需求，定制建立标准化生产管理流程，流程一经启动，平台将自动进行任务创建、分配与跟踪。工作人员可在手机上收到平台发布的任务指令，并按任务要求进行农事操作与工作汇报。同时，管理者亦能在平台中对工作人员进行任务派发与工作效率监督，随时随地了解园区生产情况。

➢ 产品安全溯源

产品安全溯源示意图如图1-7所示，云平台可以帮助用户进行农产品品牌管理，并为每一份农产品建立丰富的溯源档案。通过云平台，生产者可进行生产投入物品，以及农产品检测、认证、加工、配送等信息的记录管理，相关信息可自动添加到农产品溯源档案；同时通过部署在生产现场的智能传感器、摄像机等物联网设备，平台可自动采集农产品生长环境数据、生长期图片信息、实时视频等，丰富农产品档案。平台利用一物一码技术，将独立的防伪溯源信息生成独一无二的二维码、条形码及 14 位码，用户使用手机扫描二维码、条形码，或登录慧云农产品溯源平台输入 14 位码，即可快速通过图片、文字、实时视频等方式，查看农产品从田间生产、加工检测到包装物流的全程溯源信息。使用一物一码技术，一次扫码后即失效，可实现有效防伪。

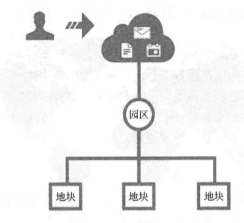

图 1-6　标准生产管理示意图

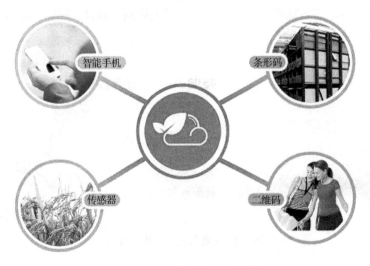

图 1-7　产品安全溯源示意图

> 市场网络营销

市场网络营销示意图如图 1-8 所示。互联网时代，充分利用企业官网、电子商务平台、微信公众号等网络平台进行全网营销势在必行。智慧农业云平台的快速建站功能，可以帮助用户通过简单的操作轻松建设官方网站，后期只需根据企业的营销需求，随时进行内容的编辑即可实现管理维护，所搭建的网站可实现计算机、手机多终端适配，让更多的客户快速通过网站了解企业。智慧农业云平台的农产品电子商务功能，可以帮助用户搭建自己的电子商务平台，用户只需要通过简单的操作即可进行产品的发布与销售。同时，云平台实现与微信公众号深度集成，消费者通过微信公众号即可进入农产品电子商务商城，并且可以随时查看农产品种植基地的环境数据、实时视频等，有助于增强消费者对农产品的体验以及对企业的信任，促进农产品的销售。

图1-8 市场网络营销示意图

> 农业指导咨询

农业指导咨询示意图如图1-9所示。农业云平台汇聚了大量的农业专家资源，并搭建了涵盖蔬菜、瓜果等主要作物的农学知识库。用户可在云平台上通过图片、文字、语音等方式向专家进行远程技术咨询，以获取专家的远程指导；用户还可以在平台上进行自助咨询，快速获取由系统智能应答的农技指导；同时在云平台上，用户可以添加专家或其他生产者为好友，或者在云平台交流中心进行交流，以获得更多农技指导信息。

图1-9 农业指导咨询示意图

农业云的发展应用对于促进我国农业信息化，加快新农村建设，提升农民生产力有着积极的作用，是实现乡村振兴战略的重要内容。

（2）工业云

工业的发展要靠技术创新。特别是数字化制造技术的普及，对传统企业的生产方式造成了巨大的冲击。我国中小企业数字化制造技术的应用上仍存在壁垒，主流的工业软件90%以上依靠引进，且价格昂贵；工业软件的运行也需要部署大量高性能计算设备；另外，企业搭建标准系统环境，需要配备专业技术人员，投入高昂的运维成本。数字化制造技术只有大型或超大型企业才能够用得起，占我国90%以上的广大中小型企业则与其无缘。

"工业云"正是要帮助中小企业解决上述问题，利用云计算技术，为中小企业提供高端工业软件。企业按照实际使用资源付费，极大程度地降低了技术创新的成本，加快了产品上市时间，提高了生产效率。

"工业云"帮助中小企业解决研发创新以及产品生产中遇到的信息化成本高、研发效率低下、产品设计周期较长等多方面问题；缩小中小企业信息化的"数字鸿沟"，为中小企业信息化提供咨询服务、共性技术、支撑保障、技术交流和高效服务，对加速中小企业转型升级，推进"智慧工业"，具有重要的现实意义。

"工业云"为中小企业提供购买或租赁信息化产品服务，整合CAD、CAE、CAM、CAPP、PDM、PLM一体化产品设计以及产品生产流程管理，并利用高性能计算技术、虚拟现实以及仿真应用技术，提供多层次的云应用信息化产品服务。

近年来我国工业云已得到迅速发展，出现了北京工业云、山东工业云、西安工业云、贵州工业云等一大批工业云平台，如图1-10所示。

由于在产业发展水平、产业成熟程度等诸多方面存在差异，我国工业云发展与发达国家相比还存在一些差距，主要表现在三个方面。

首先，我国工业企业对工业云的理解和认识水平相对不足。前期信息化基础较好的企业，目前多数也尚未全盘谋划形成适合云端集成的业务流程，部门、企业、行业之间的数据壁垒普遍存在。前期信息化基础相对薄弱的企业，则一直以来对于信息技术的认识和应用水平瓶颈未能突破，对待工业云这一新鲜事物的关注度不高。但从全球来看，企业级云服务普及率不断上升，市场迅速发展壮大。

其次，我国工业云市场对接能力有待提升。我国目前的工业云平台还是以软件企业或者电信运营商为运营主体，商业模式还是延续传统思路，以有偿提供工业软件和计算服务为主，所提供服务也以通用功能为主，具体产品和服务的开发与工业过程联系不密切，不能满足不同行业对工业云的差异化需求。相比之下，美国云服务形成了相对完整的产业链条，整个市场已经进入成熟期，各垂直领域形成丰富应用。

最后，我国工业云发展环境仍有待优化。工业云发挥数据集成和流动促进的作用需要统一标准体系的支撑，我国目前行业间普遍存在的数据壁垒亟待破除，有关标准体系建设亟待完善。发达国家更加注重标准制定，为工业云的应用推广奠定重要基础。

（3）商务云

商务广义上指一切与买卖商品服务相关的商业事务，狭义的商务特指商业或贸易。商务活动则是指企业为实现生产经营目的而从事的各类有关资源、知识、信息交易等活动的总称。

商务云是在云计算的基础上，通过云平台、云服务，将云计算的理念及服务模式从技术领域转移到商务应用领域，与传统产业的信息化和电子商务需求相结合，并提供服务的一种综合性"云"模式。商务云能有效提高商务活动的效率，降低信息化成本。

（4）交通云

交通云是基于云计算商业模式应用的交通平台服务，打造交通云中心，借鉴全球先进的交通管理经验，打造立体交通，彻底解决城市发展中的交通问题。在交通云平台上，所有的交通工具，包括地下新型窄幅多轨地铁系统、电动步道系统、地面新型窄幅轨道交通、半空天桥人

图1-10 长沙工业云、贵州工业云和山东工业云

行交通、悬挂轨道交通、空中短程太阳能飞行器交通等，管制中心、服务中心、制作商、行业协会、管理机构、行业媒体和法律机构等都集中整合成资源池，各个资源相互指引和互动，按

需交流，达成意向，从而降低成本、提高效率。

云交通中心，将全面负责各种交通工具的管制，并利用云计算中心，向个体的云终端提供全面的交通指引和指示标识等服务。

（5）建筑云

建筑云是为建筑行业各类用户提供信息服务的云平台及相关服务的集合。

此外，还有政务云、金融云、教育云等，读者可以自己查阅，此处不再赘述。

1.3 云计算体系结构

1. 云计算逻辑结构

云平台是一个强大的"云"网络，连接了大量并发的网络计算和服务，可利用虚拟化技术扩展每一个服务器的能力，将各自的资源通过云计算平台结合起来，提供超级计算和存储能力。其逻辑结构如图 1-11 所示。

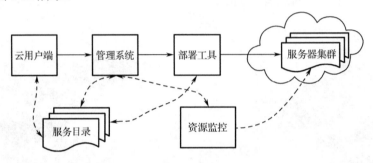

图 1-11 云计算逻辑结构

- ➢ 云用户端：提供用户请求的交互界面，也是用户使用云服务的入口，用户通过 Web 浏览器可以注册、登录及定制服务、配置和管理用户，打开应用实例与本地操作桌面系统一样。
- ➢ 服务目录：云用户在取得相应权限（付费或其他限制）后可以选择或定制的服务列表，也可以对已有服务进行退订的操作，在云用户端界面生成相应的图标或列表的形式展示相关的服务。
- ➢ 管理系统和部署工具：提供管理和服务，能管理云用户，能对用户授权、认证、登录进行管理，并可以管理可用计算资源和服务，接收用户发送的请求，根据用户请求并转发到相应的程序，调度资源，智能地部署资源和应用，动态地部署、配置和回收资源。
- ➢ 资源监控：监控和计量云系统资源的使用情况，以便做出迅速反应，完成节点同步配置、负载均衡配置和资源监控，确保资源能顺利分配给合适的用户。
- ➢ 服务器集群：虚拟的或物理的服务器，由管理系统管理，负责高并发量的用户请求处理、大运算量计算处理、用户 Web 应用服务，云数据存储时采用相应数据切割算法采用并行方式上传和下载大容量数据。

用户可通过云用户端从列表中选择所需的服务，其请求通过管理系统调度相应的资源，并通过部署工具分发请求、配置 Web 应用。

2. 云计算物理结构

云计算的物理结构是指提供计算能力的服务器、网络和存储系统的集合，如图 1-12 所示。

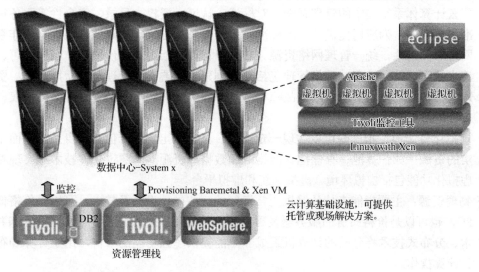

图 1-12　云计算物理结构

3. 云计算技术体系结构

到目前为止，还没有一个统一的云计算技术体系结构。本节综合不同服务商的方案，给出一个供商榷的结构，由 4 部分构成：物理资源、虚拟化资源池、管理中间件和 SOA 服务接口，如图 1-13 所示。

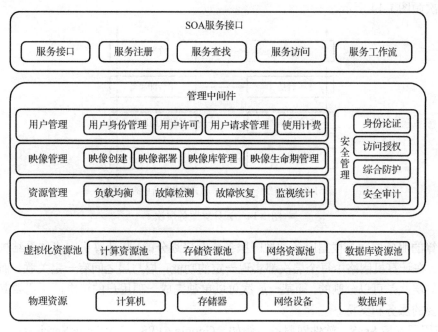

图 1-13　云计算技术体系结构

➢ SOA 服务接口：统一规定了在云计算时代使用计算机的各种规范、云计算服务的各种标准等，用户端与云端交互操作的入口，可以完成用户或服务注册，对服务的定制和使用。

> 管理中间件：在云计算技术中，中间件位于服务和服务器集群之间，提供管理和服务即云计算体系结构中的管理系统。对标识、认证、授权、目录、安全性等服务进行标准化和操作，为应用提供统一的标准化程序接口和协议，隐藏底层硬件、操作系统和网络的异构性，统一管理网络资源。其用户管理包括用户身份验证、用户许可、用户请求管理、使用计费；映像管理包括映像创建、部署、库管理及生命期管理；资源管理包括负载均衡、资源监控、故障检测等；安全管理包括身份验证、访问授权、安全审计、综合防护等。

> 虚拟化资源池：指一些可以实现一定操作、具有一定功能，但其本身是虚拟而不是真实的资源，如计算池、存储池、网络池和数据库资源池，通过软件技术来实现相关的虚拟化功能包括虚拟环境、虚拟系统和虚拟平台。

> 物理资源：主要指能支持计算机正常运行的一些硬件设备及技术，可以是价格低廉的PC，也可以是价格昂贵的服务器及磁盘阵列等设备，可以通过现有网络技术和并行技术、分布式技术将分散的计算机组成一个能提供超强功能的集群，用于计算和存储等云计算操作。

在云计算时代，本地计算机可能不再像传统计算机那样需要足够的硬盘空间、大功率的处理器和大容量的内存，只需要一些必要的硬件设备如网络设备和基本的输入/输出设备等。

4. 云计算服务层次

在云计算中，根据其服务集合所提供的服务类型，整个云计算服务集合被划分成 4 个层次：应用层、平台层、基础设施层和虚拟化层。这 4 个层次每一层都对应着一个子服务集合，云计算服务层次如图 1-14 所示。

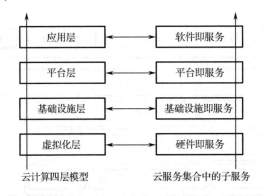

图 1-14　云计算服务层次

云计算的服务层次是根据服务类型即服务集合来划分的，与计算机网络体系结构中层次的划分不同。在计算机网络中每个层次都实现一定的功能，层与层之间有一定关联。而云计算体系结构中的层次是可以分割的，即某一层次可以单独完成一项用户的请求而不需要其他层次为其提供必要的服务和支持。

> 应用层对应 SaaS，软件即服务，例如，Google APPS，SoftWare+Services；
> 平台层对应 PaaS，平台即服务，例如，IBM IT Factory，Google App Engine，Force.com；
> 基础设施层对应 IaaS，基础设施即服务，例如，Amazon Ec2，IBM Blue Cloud，Sun Grid；
> 虚拟化层对应硬件即服务，结合 PaaS 提供硬件服务，包括服务器集群及硬件检测等服务。

1.4　云计算的特征

云计算具有以下特征：

1. 超大规模

"云"具有相当的规模，Google 云计算已经拥有 100 多万台服务器，Amazon、IBM、Microsoft、Yahoo!等的"云"均拥有几十万台服务器。企业私有云一般拥有数百上千台服务器。"云"能赋予用户前所未有的计算能力。

2. 虚拟化

云计算支持用户在任意位置、使用各种终端获取应用服务。所请求的资源来自"云"，而不是固定的有形的实体。应用在"云"中某处运行，但实际上用户无须了解也不用担心应用运行的具体位置。只需要一台笔记本或者一部手机，就可以通过网络服务来实现我们需要的一切，甚至包括超级计算这样的任务。

3. 通用性

云计算不针对特定的应用，在"云"的支撑下可以构造出千变万化的应用，同一个"云"可以同时支撑不同的应用运行。

4. 高可靠性

"云"使用了数据多副本容错、计算节点同构可互换等措施来保障服务的高可靠性，使用云计算比使用本地计算机更可靠。

5. 高扩展性

云计算供应商可快速灵活地部署云计算资源，快速地放大或缩小"云"的规模。对于用户，云计算资源通常显得是无限的，并可以在任何时间购买任何数量的资源。

6. 高兼容性

能够兼容不同硬件厂商的产品，兼容低配置机器和外设而获得高性能计算。

7. 按需自助服务

"云"是一个庞大的资源池，消费者可对计算资源，如服务器时间和网络存储，进行单边部署以自动化地满足需求，并且无须与服务提供商的人工配合。

8. 服务计费（可测量的服务）

"云"可以像自来水、电、煤、气那样计费，用户可按需购买。通过对不同类型的服务进行计费，云计算系统能自动控制和优化资源利用情况。可以监测、控制资源利用情况，并形成报告，为云计算提供商和用户就所使用的服务提供透明性。人们可以监视、控制资源使用并产生报表，报表可以对云计算提供商和用户双方都提供透明。

9. 极其廉价

由于"云"的特殊容错措施可以采用极其廉价的节点来构成云，"云"的自动化集中式管理使大量企业无须负担日益高昂的数据中心管理成本，"云"的通用性使资源的利用率较之传统系统大幅提升，因此用户可以充分享受"云"的低成本优势，现在只要花费几百美元、几天时间就能完成以前需要数万美元、数月时间才能完成的任务。云计算可以彻底改变人们未来的生活，但同时也要重视环境问题，这样才能真正为人类进步做贡献，而不是简单的技术提升。

小　结

云计算是通过网络向用户提供动态可伸缩的廉价的计算能力。它不是一种产品，也不是一种技术，而是对产生和获取计算能力方式的统称。通俗地讲，云计算旨在通过网络把多个成本相对较低的计算实体整合成一个具有强大计算能力的完美系统，并借助先进的商业模式把强大的计算能力发布到终端用户手中。它的一个核心理念就是通过不断提高"云"的处理能力，进而减少用户终端的处理负担，最终使用户终端简化成一个单纯的输入/输出设备，并能按需享受"云"的强大计算处理能力！

有关云计算的术语越来越多，可以按不同标准进行分类。按是否公开提供服务可分为公有云、私有云和混合云；按服务类型可以分为基础设施即服务（IaaS）、平台即服务（PaaS）和软件即服务（SaaS）；按行业分类，可分为工业云、农业云、商务云、交通云、建筑云等。

云计算技术体系结构包括：物理资源层、虚拟化资源池层、管理中间件层和 SOA 服务接口层。

在云计算时代，本地计算机不再像传统计算机那样需要足够的硬盘空间、大功率的处理器和大容量的内存，只需要一些必要的硬件设备如网络设备和基本的输入/输出设备等。

思考与练习

1．请列举一些关于云计算的名词。
2．结合自己的理解谈谈什么是云计算。
3．云计算对中小企业有何意义？如果你是企业的信息主管，对信息化有何期待？
4．云计算有何特征？如何理解这些特征？
5．云计算的发展过程中，互联网有何作用？
6．简述云计算的优势和劣势。
7．结合对云计算的理解，讨论百度云、阿里云和云办公、云安全。
8．简述云计算技术体系。

第 *2* 章

国内云服务商

本章要点

- 中国移动大云
- 电信云
- 联通云
- 阿里云
- 百度云
- 腾讯云

云服务是基于互联网的相关服务的增加、使用和交互模式,通常是通过互联网提供的动态、易扩展且经常是虚拟化的资源,云是网络、互联网的一种比喻说法,这些资源的提供商称为云服务商。包括电信运营商、各类软件开发企业、应用服务开发单位等,如中国移动、电信、联通三大通信运营商,Microsoft、Oracle(甲骨文)等软件公司,Amazon、Google、百度、阿里巴巴等服务提供商等。云服务的客户是使用信息资源的企事业单位或者个人,客户只需要通过网络连接到云服务商的资源中心就可以获得所需要的服务。

对于任何一个企业来说,云化的过程都是艰难的,是一场巨大的变革,面对即将到来的云2.0 时代,可以说各行各业都在积蓄力量。作为"国家队"的各类运营商也正在积极布局和展开云服务的各项工作。本章介绍国内著名的云服务商。

2.1 中国移动

作为全世界用户最多的运营商,中国移动的动作同样也牵扯着业界的神经。但与电信、联通不同,中国移动主要是从自主研发、平台建设、云化三个方面布局云计算,为通信 4.0 做准备。

首先是自主研发,中国移动在云计算方面自主研发起步比较早。2007 年,中国移动率先开启云计算部署,研发了拥有完全自主知识产权的"大云"平台。随着云计算产业发展方向越来越明晰，中国移动于 2014 年在苏州成立了苏州研发中心，这个研发中心目前主要从事云计算、大数据、内部 IT 集成系统的开发，在整个云计算软件产品方面构建从操作系统定制化一直到上面 IaaS、PaaS 相关产品研发工作。

其次是产品体系的完善。经过了多年的研发积累，中国移动在大数据及存储、网络、数据库方面都有一些新的产品开发。2015 年开始，中国移动对整个云计算系统做了全面的升级，将之划分为公有云和私有云，并将这两个云计算系统统一在 OpenStack 开放的架构之下，充分利用了开源及开源的技术成果。

最后是服务能力云化。如果要实现一个很好的云或者 IT 的服务化，必然要有一个很强的服务能力，这个服务能力实际上包括系统建设能力、系统集成能力、解决方案能力，也包括很多关键产品自主研发的能力。

以"大云，新 IT 新动力"为主题的"2017 中国移动云计算大会"在 2017 年 8 月 24 日正式发布"大云 4.0"，致力于推动中国 IT 技术结构变革，支撑各行业企业智慧经营和服务提升。"大云 4.0"产品以"新 IT、全服务、大生态"为核心，全新云计算产品以及一站式企业大数据中心解决方案，助力各行业把握市场机遇。

1. 中国移动云

移动云是中国移动面向政企客户推出的基于云计算技术、采用互联网模式，提供基础资源、平台能力、软件应用等服务的业务。现阶段移动云可提供 IaaS、PaaS 类型的云计算服务。

移动云通过服务器虚拟化、对象存储、网络安全能力自动化、资源动态调度等技术，将计算、存储、网络等基础 IT 资源作为服务提供，客户根据其应用的需要可以按需使用、按使用付费。移动云架构如图 2-1 所示。

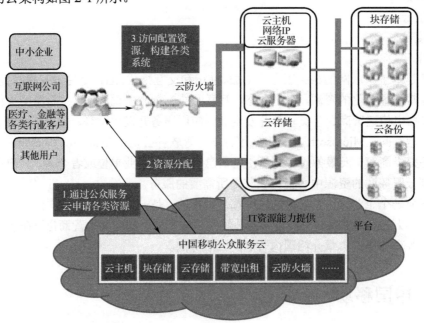

图 2-1　移动云架构

2. 移动云的主要业务功能

移动云提供云主机、云主机备份、云存储、弹性块存储、弹性公网 IP、带宽出租、云防火墙、云监控八项 IaaS 业务及应用托管、能力开放等 PaaS 业务，涵盖了 IT 系统建设必需的计算资源、存储资源、网络资源、安全资源、能力资源。

针对不同 IT 系统规模，移动云可提供不同规格的计算、存储及网络资源进行适配。云产品相关介绍如下：

➢ 云主机

云主机是基于中国移动自主研发的"大云"平台，通过虚拟化技术整合 IT 资源，为客户提供按需使用的计算资源基础设施服务。云主机提供了一种基于互联网的、可按需使用的计算资源服务，客户可以根据需要选择不同的 CPU、内存、存储以及操作系统的云主机，并选择按时长或按月的付费方式。

➢ 云主机备份

云主机备份为客户快速生成和保存云主机某一时刻的磁盘或文件状态，客户可在需要时还原到备份时云主机状态，并可用备份文件和数据生成新的云主机。云主机备份开通后，客户可获得一定规格容量的备份空间，在备份空间内，客户可随时生成或删除备份，也可以选择备份恢复，用备份文件和数据生成新的云主机。

➢ 云主机存储

云存储是基于中国移动自主研发的"大云"平台，利用"大云"对象存储技术为客户提供可按需扩展的文件存储空间服务。云存储为客户提供按需扩展存储空间服务，客户可对数据进行上传、下载、删除等操作。客户可以利用云存储搭建各种网盘、多媒体分享网站等基于大规模数据的服务。

➢ 弹性块存储

弹性块存储为客户云主机提供可按需扩展存储空间的块级别存储服务，客户云主机以卷设备的方式访问块存储空间。

弹性块存储为客户提供可按需扩展块级别存储服务。块存储空间有挂载（Attach）和解挂载（Detach）两种状态，客户可以选择将弹性块存储挂载在云主机上并部署数据库等应用。

➢ 弹性公网 IP

弹性公网 IP 指为客户提供静态公网 IP 地址服务，其允许客户方便灵活地将 IP 地址分配到云主机上。使用弹性公网 IP，客户可以将其绑定到指定的一台云主机上，也可以与云主机解绑定，再绑定到其他云主机上，解绑定后的弹性 IP 地址不会释放，仍然属于客户管理之下。

➢ 带宽出租

带宽出租指为客户的公网 IP 提供网络接入服务。带宽指从数据中心到骨干网的带宽。

当客户申请弹性公网 IP 后，可以申请带宽资源，且申请的带宽与公网 IP 关联。当公网 IP 地址绑定到云主机的时候，该云主机将获得公网 IP 所关联的带宽。当公网 IP 取消时，与之关联的带宽也一并取消。

➢ 云防火墙

云防火墙指利用移动云平台防火墙的安全策略资源，为客户账户下具有公网 IP 地址的云主机提供安全服务。客户可通过自服务门户进行安全策略的配置。

➢ 云监控

云监控指为客户提供资源状态监控服务，当客户开通云监控功能后，名下的所有云主机等资源的 CPU 占用率、内存占用率及网络流量等将可被监控。

➢ 应用托管

应用托管为依托移动云基础业务，面向政企应用开发者提供的增值服务。

应用托管服务提供 Java 和 PHP 的应用托管，其将简化应用部署和维护的工作，降低开发者的开发及运维成本。

➢ 关系数据库

关系型数据库服务（RDS）提供了统一的关系型数据库访问服务，基于使用最广泛的原生数据库实现，支持多机冗余备份、读写分离、数据隔离，保证数据安全复制的同时，还保证数据的高可用性。

关系型数据库服务（RDS）屏蔽底层的异构数据库系统，为上层应用提供简单方便的数据库访问接口，将应用和数据库隔离开来，降低耦合性，增强系统的灵活性，为增强数据访问控制提供了可能。同时，服务以多租户的方式，并采用池化的方式做了客户和使用资源、客户和资源使用情况的隔离，使客户更关注业务本身。

➢ 能力开放

能力开放产品是支持通信能力和互联网能力开放的网关型产品。

能力开放通过统一、简单的能力接入和开放流程，将多种类复杂的通信能力接口协议，转换成互联网开发者熟悉的 REST/Web Service 标准化接口，实现特色能力和信源的引入、汇聚和统一开放。

3. 移动云产品的特点

➢ 部署周期短，业务上线快

传统 IT 系统建设模式下，设备选型完成后，从设备到货、安装部署到软硬件调测等工作通常需要数周甚至数月时间，而移动云支持客户进行自助式产品订购与系统搭建，从资源申请到能力提供可在 1 小时内完成。通过移动云，可大大缩短系统部署周期，加快客户业务上线速度，使得客户更及时响应市场需求。

➢ 按需使用，降低成本

传统 IT 系统建设模式下，客户需前期投入大量资金购置 IT 设备，需面临资源闲置或者资源不足的风险，为了确保系统稳定运行，需要专人进行硬件系统维护，增加了人力成本。移动云提供多种灵活的计费方式，支持客户按需订购使用基础资源，客户可根据业务发展状态订购或退订云产品，按需使用，按使用付费，可大大降低 IT 系统投资，同时移动云由专业维护团队进行基础设施维护，客户亦可节约硬件维护的人力成本。

➢ 安全稳定，服务质量有保证

中国移动利用专业的防火墙、入侵检测系统、攻击防护系统等提升移动云安全基线；移动云业务通过国际权威的 ISO20000 及 ISO27001 认证，可确保服务规范、安全、稳定。

移动云系统在软硬件层面采用数据多副本容错、心跳检测等；在设施层面的能源、制冷和网络接入采用了冗余设计等保证服务的高可靠性。

移动云秉承中国移动"客户为根，服务为本"的服务理念，为客户提供高质量的 7×24 小时的服务保证。

➢ 基础资源能力丰富，移动互联网客户群规模大

中国移动拥有全国范围丰富的网络、数据中心等基础设施，能够快速提供高质量的云计算服务。通过与专线、短彩信、地图定位等业务组合，可提供优质完善的解决方案。

中国移动拥有规模庞大的移动互联网客户群，利用移动云的资源与网络，可以更好地为移动互联网客户服务，促进客户业务发展。

➢ 核心技术拥有完全自主知识产权，适合保密等级高的政企客户

移动云的计算虚拟化、存储虚拟化等核心系统采用中国移动自主研发的"大云"产品，能够为政府部门、事业单位、央企国企提供保密性强的 IT 设施环境。

2.2　中国电信

中国电信在云计算领域可以说是早有布局。早在 2009 年的时候中国电信就成立了"翼云计划"项目组，着手研究云计算的技术和运营问题。

2011 年 8 月 31 日，天翼云战略规划正式对外发布，并在北上广等地完成了现场试验和资源池部署。

2012 年，中国电信成立了国内首家运营商级的云计算公司，内外兼修，实行专业化运营云服务，集约化统领中国电信全网包括 IDC、CDN 等在内的广义云业务，这也是作为中国电信"去电信化"改革的大胆尝试。

2013 年，天翼云门户上线，同时内蒙古云基地正式启用，百度入驻。

2014 年，云主机、OOS 云存储产品首批通过可信云服务认证，并在同年 7 月获得可信云2013-2014 政务云服务奖。

2015 年 8 月，中国电信提出"云网融合，安全可信"的"超级混合云"概念，并提出了"8+2+X"超级混合云资源池布局，打造八大区域云资源池、两大核心节点。

2016 年 6 月，中国电信与华为强强联手打造了具有云网融合、安全可信、专享定制、优势在内的天翼云 3.0 产品，天翼云 3.0 基于我国完全自主知识产权的平台，在云网融合、安全保障和全面定制化等方面，具有明显的优势，多数据中心布局，云间随选网络，全民升级多点可用区服务，定制化专享云服务，等等，可以说它是最懂政府、教育、医疗和大中企业关键业务的云服务。

1. 中国电信云计算分公司

中国电信云计算服务主要由中国电信云计算分公司承担，公司成立于 2012 年 3 月，集约化发展包括互联网数据中心（IDC）、内容分发网络（CDN）等在内的云计算业务和大数据服务。云公司依托中国电信发达的基础网络，通过资源布局，实现云网融合和统一调度，进而保障用户在全国范围内都能享受到一致服务。公司发展历程如图 2-2 所示。

图 2-2　电信云计算公司发展历程

目前，已形成平台+应用的云计算和大数据产品体系，可提供云主机、云存储、CDN 和大数据等全线产品，从产品向行业延伸，能为行业客户提供安全、可定制的云计算解决方案，在政务、教育、医疗、金融和制造等行业积累客户超千家，并先后荣获可信政务云服务奖和可信教育云服务奖。

2. 天翼云

中国电信天翼云是面向最终消费者的云存储产品，是基于云计算技术的个人/家庭云数据中心，能够提供文件同步、备份及分享等服务的网络云存储平台。可以通过网页、PC 客户端及移动客户端随时随地地把照片、音乐、视频、文档等轻松地保存到网络，无须担心文件丢失。通过天翼云，多终端上传和下载、管理、分享文件变得轻而易举。天翼云的目标是让客户尽情享受信息新生活，将云计算、存储和网络资源变成类似水、电一样的社会公共资源，融入日常生产与生活，实现"云服务到家，云服务随身"。

天翼云有如下特点：

1）多终端同步：计算机、手机、平板计算机多终端管理文件。

2）多媒体在线播放：独家云端解码技术，支持云端视频在线播放。

3）同步备份二合一：集同步盘、备份盘为一身，便捷同步无忧备份。

4）私密空间：动态密码验证，有效保护隐私。

5）通信录备份：手机、189 邮箱通信录同步备份，安全有保障。

6）文件随身分享：拍照即传，美好瞬间随心分享。

3. 天翼云应用

可通过网页或客户端登录天翼云，输入天翼云首页地址 http://www.ctyun.cn 进入天翼云，如图 2-3 所示。其服务非常广泛，内容包括弹性计算、存储、数据库、安全等，本节仅对存储服务"天翼云盘"做简要介绍。

图 2-3　天翼云首页

（1）登录天翼云盘

通过 PC 或移动客户端登录，需在官网下载并安装相关客户端，打开客户端，按提示输入天翼账号及密码进行登录，也可通过扫码登录，如图 2-4 所示是通过扫码登录的天翼云盘首页（天翼云盘网址为 https://cloud.189.cn/）。

图 2-4　天翼云盘首页

（2）文件上传

1）通过网页版上传文件。

第一步：登录天翼云盘，选择保存在云盘的位置，在页面上方单击"上传"按钮，出现"请选择文件/文件夹"窗口，如图2-5所示。

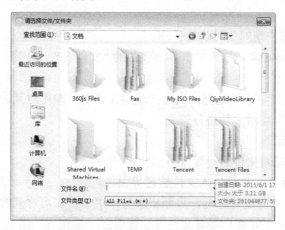

图2-5　"请选择文件/文件夹"窗口

第二步：选择本机要上传的文件。

第三步：单击"上传到天翼云盘"按钮，即可上传。

2）通过PC客户端上传文件。

通过PC客户端上传文件有四种方式：

① 打开PC客户端中的同步盘，把需要上传的文件直接拖到同步盘进行上传。

② 打开PC客户端中的同步目录，把需要上传的文件直接拖动到同步目录进行上传。

③ 通过PC客户端，把文件上传到指定的目录。单击"上传"按钮后，选择需要上传的文件即可。

④ 把需要上传的文件拖动至悬浮窗，选择在云端的保存目录后，即可上传文件。

3）通过Android客户端上传文件。

第一步：登录Android客户端，在文件管理右上方单击菜单，即可选择"上传文件"按钮。

第二步：在SD卡中选择文件，单击"确定"按钮，文件即进入传输列表进行上传。

4）通过iPhone客户端上传文件。

通过iPhone客户端上传文件跟Android客户端方法基本一致，但iPhone没有SD卡，需在"照片"或"视频"中选择文件上传。

5）通过iPad客户端上传文件。

第一步：登录iPad客户端，在主界面下方单击"上传"按钮。

第二步：由于iPad没有SD卡，需在"照片"或"视频"中选择文件上传。

6）Windows Phone客户端暂未开放上传功能。

（3）管理文件

文件管理功能包括：文件的新建、重命名、剪切、复制、查看、搜索、加密、删除操作。

1）通过网页对文件进行管理。

第一步：单击"文件管理"即可查看文件列表。

第二步：把鼠标移动到某一文件夹或文件，即可对其进行相关管理操作。

2）通过 PC 客户端对文件进行管理。

① 登录 PC 客户端后单击界面中的"全部文件"按钮，进入文件管理界面（或直接打开某个文件夹）。

② 对需要操作的文件单击鼠标右键，在弹出的快捷菜单中选择相关命令，即可进行相关管理操作。

3）通过 Android 客户端对文件进行管理。

第一步：登录 Android 客户端后单击界面底部的"文件管理"按钮，进入文件管理界面（或直接打开某个文件夹）。

第二步：选择文件，勾选复选框，页面出现操作菜单，即可对其进行相关管理操作。

4）通过 iPhone 客户端对文件进行管理。

操作步骤同 Android 客户端。

5）通过 iPad 客户端对文件进行管理。

第一步：登录 iPad 客户端后进入文件管理界面。

第二步：选择文件，勾选复选框，页面出现操作菜单，即可对其进行相关管理操作。

6）通过 Windows Phone 客户端对文件进行管理。

第一步：登录 Windows Phone 客户端后单击界面中的"文件管理"按钮，进入文件管理界面（或直接打开某个文件夹）。

第二步：单击界面底部的菜单栏进行相关文件管理操作。

（4）文件同步

文件同步功能仅支持 PC 客户端。安装 PC 客户端时，在本地指定一个文件夹为同步文件夹，通过在同步文件夹进行文件新建、复制、粘贴、修改、删除操作，系统会将变更文件自动同步更新，使得同步文件夹中本地文件与云端文件始终保持一致。

① 安装并登录 PC 客户端后，打开同步文件夹。

② 把文件复制到同步文件夹，系统即自动对复制的内容进行同步。

③ 同步过程中，文件左下角会显示同步图标。

④ 当文件左下角同步图标变成勾选状态，该文件同步完成。

（5）备份文件

将文件上传或移动到"我的图片""我的音乐""我的视频""我的文档"等文件夹中，文件即可自动完成备份。

（6）修改信息

单击图 2-4 中头像可进入云盘个人信息页面，如图 2-6 所示。可为用户记录与系统关联的个人信息，包括个人资料信息、与私密空间绑定的手机号码、个人主页等，并可根据个人情况进行修改。

图 2-6　用户信息页面

（7）文件保存

使用天翼云移动客户端时，可将文件下载到手机本地（Android 客户端为收藏夹），保存于手机内存或外置存储卡目录中，下次访问可直接在本地文件中读取，从而节省流量，便于在无网络状态下查看。

1）通过 Android 客户端把文件保存到收藏夹。

第一步：打开文件列表，文件名称前出现的♡符号，点击该符号，文件即保存到收藏夹。

第二步：文件下载完成。

第三步：被下载到本地的文件可以在"收藏夹"中找到。

2）通过 iPhone 客户端把文件保存到本地的方法和 Android 客户端一致。

3）通过 iPad 客户端把文件保存到本地。

打开文件列表，文件名称前出现☆符号，点击该符号，即弹出操作提示框"文件将被收藏，您可以在离线文件查看"。

4）Windows Phone 客户端暂未开放收藏夹功能。

（8）用云转码

通过移动客户端访问视频、文档文件，可使用云转码功能实时转码为适配相应设备可浏览的格式，转码过程如图 2-7 所示。

1）通过 Android 客户端对视频文件云转码。

在文件列表中选择一个视频文件，系统会判断本机的自带播放软件是否支持播放，对不支持的文件会自动对文件进行在线转码播放。

2）通过 iPhone/iPad 客户端对不支持格式进行云转码的方式和 Android 客户端一致。

3）Windows Phone 客户端暂未开放云转码功能。

（9）文件加密

可以将重要文件移动到私密空间中，并凭动态密码对私密空间进行访问。

图 2-7　云转码过程

1）通过网页访问私密空间。

第一步：点击私密空间，提示输入密码。

第二步：点击"获取随机密码"，此时与私密空间绑定的手机会收到随机密码，在网页上输入刚收到的随机密码即可访问私密空间。

2）通过网页移动文件到私密空间。

把其他文件夹中的文件移动到"私密空间"文件夹，即可对移动的文件进行加密。

3）通过 Android 客户端访问私密空间。

第一步：登录 Android 客户端，点击"私密空间"，系统提示输入密码。

第二步：点击"获取私密空间密码"，此时与私密空间绑定的手机会收到随机密码，输入刚收到的随机密码即可访问私密空间。

4）通过 iPhone 客户端访问私密空间的方式和 Android 客户端一致。

5）通过 iPad 客户端访问私密空间。

点击"私密空间"，系统弹出提示框"验证将发送到你手机"，此时与私密空间绑定的手机会收到随机密码，在提示框输入刚收到的密码即可访问私密空间。

6）Windows Phone 客户端暂未推出私密空间功能。

（10）拍照上传

可以将手机客户端拍摄的照片或者视频文件上传到个人空间，同时，可通过 PC、移动终端等设备查看及分享所拍的照片。

1）通过 Android 客户端进行拍照上传

第一步：单击"云相机"按钮进入照片拍摄状态。

第二步：完成拍摄后系统提示"是否要上传"，单击"上传"按钮确定上传。

第三步：完成上传后，照片即可通过各种终端进行浏览。

2）iPhone 客户端进行拍照上传与通过 Android 客户端的方法一致。

3）Windows Phone 客户端暂未开放拍照上传功能。

（11）相册备份

可以将手机中的照片通过本功能备份到云端，通过 PC、移动终端等设备查看备份的照片。

1）通过 Android 客户端进行相册备份。

登录客户端，点击"手机备份"，打开备份照片功能即可完成。

2）Windows Phone 客户端暂未开放相册备份功能。

（12）189 邮箱

天翼云盘与 189 邮箱收发邮件功能实现无缝对接。在天翼云可免验证直接登录 189 邮箱进行邮件收发及管理。

1）通过天翼云盘直接访问 189 邮箱。

登录天翼云盘，在上方导航栏点击"更多"，出现如图 2-8 所示页面，点击图中"189"，即可免验证直接登录 189 邮箱。

图2-8　天翼云盘更多功能

2）在弹出的浮窗（使用 Chrome 浏览器情况下）或新开的窗口进行收发和管理 189 邮件。

189 邮箱与天翼云已实现统一存储空间，189 邮箱与天翼云共享空间，例如，天翼云可使用空间为 13GB，邮箱的可使用空间也为 13GB。

2.3　中国联通

作为国内电信运营商中唯一自主研发拥有自主知识产权的云计算服务提供商，中国联通将云计算作为转型发展的重要战略。

2008 年，中国联通成立云计算研究团队。

2009 年，沃云原型 1.0 问世，并通过测试。

2010 年，举办第一次云计算技术研讨会，确定 OpenStack 作为云计算平台架构。

2011 年，沃云原型 2.0 正式发布，并进行试商用。

2012 年，联通云数据有限公司筹备组成立，以沃云原型 2.0 为基础研发新的沃云平台。

2013 年，中国联通首次向全球发布沃云品牌和沃云 2.0 云计算基础产品；同年沃云平台承载了中国气象局、沃尔沃汽车云、国家安监局等首批用户。目前，沃云已经步入了 4.0 时代。

2014 年，河南、呼和浩特、香港、廊坊、重庆、西安等云数据中心相继投产，百度、阿里、中国平安和 Amazon 等大客户相继入驻。9 月成为国内首家 SDN 商用运营商，并完成了可信云、安全等三级认证。沃云 3.0 的发布也是这个时间点，这一年中国联通企业云产品已经超过了 60 项，取得了 22 项软件著作权证书。并推出 1+5+N 的电子政务、环保、医疗、教育、金融、旅游等行业云解决方案。

2015 年，中国联通沃云形成了 docker、大数据等服务能力；完成了国内 26 个资源池部署，资源池能力达 10 万核 CPU，16PB 存储，总带宽 160GB；同时哈尔滨云数据中心启动建设。

2016 年 3 月 31 日，中国联通在北京召开"汇聚沃能量，共享云价值——中国联通沃云+"大会。会上，中国联通发布了云计算发展策略，并与华为公司签署云计算战略合作协议，这是中国联通在云计算数据中心领域又一次与华为签署战略性合作协议。

据了解，中国联通将通过六大方向发力云计算：

（1）建设新一代绿色云数据中心，提供覆盖全面的"沃云+"资源布局。

（2）加快建设"云网一体"的统一平台，提供"自主、先进、安全、可控"的"沃云+"平台能力。

（3）面向不同领域，提供差异化、高性价比的"沃云+"产品体系。

（4）聚焦重点行业，提供全方位的"沃云+"服务体系。

（5）坚持集中统一，提供高效的"沃云+"运营管理体系。

（6）坚持开放创新、合作共赢，共建"中国联通沃云+云生态联盟"。

"沃云"的网址是 http://www.wocloud.cn/，其首页如图 2-9 所示。

图 2-9　沃云首页

2.4　百度云

百度是全球最大的中文搜索引擎，2000 年 1 月成立。公司员工 5 万多人，其中 90%为技术人员。由于百度本身是一个互联网公司，所以具备将本身积累多年的技术经验等注入云产品之中的先天优势。

百度云产品集成了百度核心基础架构，具有安全、稳定、高性能、高可扩展性等特点。百度云产品包括虚拟化与网络产品、存储与数据库产品、大数据分析产品、人工智能产品等。此外百度云还推出通用解决方案：建站解决方案、视频云解决方案、智能图像云解决方案、存储处理解决方案、大数据分析解决方案、移动 App 解决方案；行业解决方案：数字营销云解决方案、在线教育解决方案、物联网解决方案、政务解决方案。

1. 百度云的产品

百度云具备完整的云平台产品服务体系，如图 2-10 所示。产品分为：

- 基础计算存储产品：云服务器 BCC、云磁盘 CDS、对象存储 BOS、负载均衡 BLB、内容分发 CDN。
- 数据库产品：关系数据库 RDS、简单缓存服务 SCS。
- 大数据产品：百度 Map ReduceBMR、OLAP 引擎 PALO、百度机器学习 BML。
- 安全和管理产品：云安全 BSS、云监控 BCM。
- 应用产品：简单邮件服务 SES、简单消息服务 SMS。
- 应用引擎：百度应用引擎 BAE。

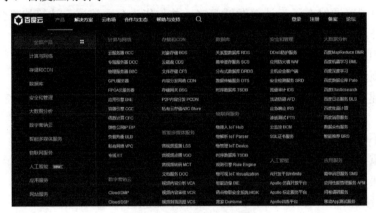

图 2-10　百度云产品体系

百度云的最终目的就是为客户提供价值，按需取用、按需付费、集中管理。用户由传统的自购软硬件、烟囱式的系统部署、自行维护，到从网络购买服务、无须运营服务，从而聚焦业务。百度云未来的发展目标是"以云为基、智能为柱，通过技术创新助力互联网+"。

百度核心基础架构十多年的技术积累，汇集了上万名国内顶尖技术专家，支撑了百度 20 多个用户量过亿的互联网产品，如百度搜索引擎、凤巢广告系统、百度知道、百度贴吧、百度地图等。多年来，百度公司在数据中心技术、网络技术、安全技术、分布式存储技术、大数据处理能力方面积累了丰富的经验，形成了领先的技术能力和平台。例如，百度自建数据中心的年均 PUE（Power Usage Effectiveness）达到 1.32，刷新了国内数据中心的记录。百度分布式存储支撑了千亿级别的超大规模网页库，百度分布式计算集群单集群规模达到 1.4 万个节点，成为全球公开报道的最大规模的分布式计算集群。

2. 百度云数据中心

百度在云计算数据中心方面的突破与创新，已经远远走在了国内互联网企业的前列。从早期租用运营商的几个机房、几十上百台服务器到大规模的自建数据中心、数十万定制化服务器，百度的数据中心团队积累了丰富的经验，拥有很多领先技术。

（1）PUE 领先的自建数据中心

PUE 领先的自建数据中心：PUE 是评价数据中心能源效率的指标，是数据中心总能耗与 IT 设备能耗之比，PUE 越接近 1 表明能效水平越高。国内数据中心 PUE 目前平均值约为 2.5。而百度在北京朝阳区的 M1 云数据中心基础设施在数据中心供电架构、冷却塔防结冰设计、降低机房回风温度、模块化交付等方面技术业界领先，在 2013 年的绿色数据中心评级中荣获综合评分、PUE 双第一（PUE 1.36）。而新建的山西阳泉数据中心，年均 PUE 将低于 1.28，遥遥领先业界平均水平。

（2）支持大规模的基础网络

百度基础网络是保障百度所有业务正常运行的根本，在网络及系统运维方面，国内首个规模上线的自研万兆交换机，较商用成本下降 70%；百度智能网关、CDN 分发网络、骨干网自建传输等技术，在负载均衡、网站加速、网络流量调度等方面提供强有力的支撑。

（3）不断创新的服务器相关技术

整机柜服务器采用共享架构设计，对比传统服务器可以明显地降低成本，提高交付效率。作为天蝎计划的项目发起人和主导厂商，百度在整机柜服务器研发和部署方面一直处于国内领先地位。中国第一代整机柜服务器天蝎（北极）1.0 版本，2013 年 1 月率先在百度南京机房上线，开创了定制服务器新时代，在中国发挥了很好的引领作用。如今，百度已大规模上线天蝎（北极）2.0；还包括全球首个成规模部署的 ARM 服务器，高温耐腐蚀服务器等，也都展现了百度在服务器方面的技术积累。

3. 百度云的整体系统架构

系统架构服务广阔的开发者和终端用户。云计算在百度已经做了很多年了，在此之前主要为搜索引擎服务，称为专有云，包括绿色环保 IT 的建设、高效的网络和服务器的计算、大规模云计算，以及实时存储与计算。2007 年左右，百度开始开放服务的 API，比如说搜索的 API、地图的 API 等，更好地服务开发者。其系统架构如图 2-11 所示。

百度云基于百度的高可靠数据中心之上，使用先进的集群管理系统对服务器进行统一运维管理，极大降低了人力维护的烦琐性，可有效避免人为操作失误。同时，依托智能调度技术，对部署的服务自动化冗余管理，保障服务运行稳定性。

百度云拥有领先的虚拟化技术。通过虚拟机和软件定义网络，实现了多租户隔离及跨机房组网。客户与客户相互隔离，即便在同一个机房内也不可见，有效保证数据的安全性。同时，在单地域内可以将部署在多个机房的服务纳入同一个虚拟网络，客户无须关心物理架构即可实现多机房冗余。

百度云拥有多种存储技术，可针对客户不同应用场景提供量身定制的解决方案。无论是强大灵活的数据库，还是追求极致性能的 NoSQL 存储系统，或者是超低成本的海量数据备份，百度云都能为用户提供解决方案。所有存储系统均在百度内部有着多年应用实践，通过了海量数据的大规模压力考验，能够确保客户的数据安全可靠。

大数据技术是百度的强项。百度云拥有 MapReduce、机器学习、OLAP 分析等不同的大数据处理分析技术。客户可以对原始日志批量抽取信息，然后利用机器学习平台做模型训练，还可以对结构化后的信息实时多维分析，根据客户的关注点产生不同的报表，帮助业主做出决策。百度云为客户提供最完整的大数据解决方案，让业务数据能够产生最大价值。

图 2-11　百度云的整体系统架构

百度云还拥有顶尖的人工智能技术。上百位顶尖科学家的研究成果通过百度云向客户开放。从文本到语音再到图像，百度均代表着世界领先水平。在当前业界最热门的深度学习领域，百度也同样站在前沿。客户可以通过百度云，享受到世界一流的人工智能技术所带来的技术飞跃，使自己的业务变得更加智能。

4. 百度云的应用体验

百度云已广泛应用在人们生活的各个方面，百度搜索、百度贴吧、百度云盘、百度知道、百度文库等产品大家最熟悉不过了，还有百度精算、百度基础设备服务和平台服务等，用户可登录 http://cloud.baidu.com，主页如图 2-12 所示，尝试使用百度云服务，读者可自行体验。

图 2-12　百度云主页

2.5 阿里云

阿里云，创立于 2009 年，是阿里巴巴集团旗下云计算品牌，全球卓越的云计算技术和服务提供商。至 2016 年，阿里云在中国公有云市场上占据绝对主导地位，市场份额是 AWS、Azure、腾讯云、百度云、华为云等市场追随者的总和。阿里巴巴正在搅动传统企业级 IT 市场，在中国市场上急速成长为 IT 巨头，同 Amazon、Microsoft 并称"3A"（AWS、AliCloud、Azure）。

阿里云是服务于制造、金融、政务、交通、医疗、电信和能源等众多领域的领军企业，包括中国联通、12306、中石化、中石油、飞利浦和华大基因等大型企业客户，以及微博、知乎、锤子科技等明星互联网公司。在天猫"双 11"全球狂欢节、12306 春运购票等极富挑战的应用领域中，阿里云保持着良好的运行纪录。

阿里云在全球各地部署高效节能的绿色数据中心，利用清洁计算为万物互联的新世界提供源源不断的能源动力，目前开通服务的区域包括中国（华北、华东、华南、香港）、新加坡、美国（美东、美西）、欧洲、中东、澳大利亚和日本。

2014 年，阿里云曾帮助用户抵御全球互联网史上最大的 DDoS 攻击，峰值流量达到每秒 453.8GB。在 Sort Benchmark 2016 排序竞赛 CloudSort 项目中，阿里云以 1.44 美元/TB 的排序花费打破了 AWS 保持的 4.51 美元/TB 纪录。在 Sort Benchmark 2015，阿里云利用自研的分布式计算平台 ODPS，377 秒完成 100TB 数据排序，刷新了 Apache Spark 1406 秒的世界纪录。

马云在 2016 年杭州云栖大会上提出了"五新（新零售、新制造、新金融、新技术和新能源）"，阿里云正在成为这"五新"的经济基础设施，其自主研发的超大规模通用计算操作系统"飞天"，可以将遍布全球的百万级服务器连成一台超级计算机，以在线公共服务的方式为社会提供计算能力。

2017 年 1 月，阿里巴巴成为奥运会"云服务"及"电子商务平台服务"的官方合作伙伴，阿里云将为奥运会提供云计算和人工智能技术。

1. 阿里云发展简况

（1）2008 年 9 月，阿里巴巴确定"云计算"和"大数据"战略，决定自主研发大规模分布式计算操作系统"飞天"。

（2）2008 年 10 月，飞天团队正式组建。

（3）2009 年 2 月，飞天团队在北京写下第一行代码。

（4）2009 年 9 月，阿里云计算有限公司正式成立。

（5）2010 年 4 月，阿里金融订单贷款产品"牧羊犬"踏出了第一步，成功在飞天平台上线。

（6）2010 年 5 月，阿里云对外公测。

（7）2011 年 7 月，阿里云官网上线，开始大规模对外提供云计算服务。

（8）2012 年 6 月，阿里云全程支持了央视对欧洲杯 24 场赛事的网络直播。

（9）2012 年 11 月，阿里云首家获得 ISO27001 信息安全管理体系国际认证。

（10）2013 年 1 月，阿里云合并万网域名等业务，8 月成为世界上第一个对外提供 5K 云计算服务能力的公司，9 月余额宝全部核心系统迁移至阿里云，天弘基金成为中国最大规模货币基金，11 月推出金融云服务，开启互联网金融快捷通道，12 月获得全球首张云安全国际认证金牌（CSA-STAR）。

（11）2014 年 5 月，阿里云成为中国第一家提供海外云计算服务的公司；7 月发布大数据计算平台 MaxCompute，中小公司花几百元即可开始分析海量数据；8 月发布云合计划，招募 1 万家云服务商，构建云生态系统；12 月帮助一家游戏公司，抵御了全球互联网史上最大的 DDoS 攻击。

（12）2015 年 1 月，12306 将车票查询业务部署在阿里云上，春运高峰分流了 75%的流量；3 月，阿里云美西数据中心投入试运营，向北美乃至全球用户提供云计算服务；4 月，中石化与阿里云开展技术合作，升级商业服务模式；5 月，迪拜领军企业 Meraas 控股集团和阿里云合作，成立新的技术型企业，还中标海关"金关工程二期"大数据云项目订单；6 月，历经一年半时间，阿里巴巴和蚂蚁金服完成"登月计划"，将所有数据存储、计算任务全部迁移至飞天平台；7 月，阿里巴巴集团对阿里云战略增资 60 亿，阿里云联合中科院成立实验室，研制量子计算机；9 月，华东数据中心启用，采用城市景观用水制冷；10 月，阿里云获得了以"真实技术能力和社会影响力"为评判标准的 2015 世界电信展卓越企业奖，成为唯一获奖的中国企业，Sort Benchmark 2015 年排序竞赛中，飞天用 377 秒完成 100TB 的数据排序，打破四项世界纪录；11 月，阿里云支撑了"双 11"912 亿元的交易额，每秒交易创建峰值达到 14 万笔。

（13）2016 年 1 月，阿里云发布一站式大数据平台"数加"，开放阿里巴巴十年的大数据处理能力，首批亮相 20 款产品。

2016 年 4 月，韩国第三大跨国企业 SK 集团和阿里云合作，携手拓展韩国云计算市场。

2016 年 4 月，阿里云发布专有云（Apsara Stack），支持企业客户在自己的数据中心部署飞天操作系统。

2016 年 4 月，阿里云人工智能 ET 基于神经网络、社会计算、情绪感知等原理，成功预测"我是歌手"节目的冠军。

2016 年 5 月，阿里巴巴集团和日本软银公司宣布合作，携手拓展日本云计算市场。

2016 年 8 月，阿里云品牌形象升级，启用全新动态 logo。

2016 年 10 月，阿里云与国家天文台合作，共同开展天体物理研究。

2016 年 10 月，杭州联手阿里云发布城市大脑，人工智能 ET 帮助治理交通。

2016 年 11 月，阿里云欧洲、中东、日本和澳洲区相继开服，实现全球互联网市场覆盖。

2016 年 11 月，飞天入选 2016 年世界互联网最有代表性 15 项科技创新成果。

2016 年 11 月，阿里云打破 CloudSort 世界纪录，将 100TB 数据排序的计算成本降低到原来的 1/3。

2017 年 12 月 20 日，阿里云在云栖大会·北京峰会上正式推出整合城市管理、工业优化、辅助医疗、环境治理、航空调度等全局能力为一体的 ET 大脑，全面布局产业 AI。

2018 年 9 月 22 日，2018 杭州云栖大会上，阿里云宣布成立全球交付中心，这也意味着阿里云把建设全球范围的交付能力放到了更高的位置，更注重产品和技术能力向交付端的沉淀。

2. 主要产品

阿里云提供弹性计算、数据库、存储、大数据、网络和安全等丰富的产品和服务，通过 http://www.aliyun.com 进入阿里云，如图 2-13 所示，展示了各类产品及服务。注意：本节展示的产品和服务进行细分后内容十分丰富，文中仅做简要说明，可打开网站了解详细内容。

（1）弹性计算

云服务器 ECS：可弹性扩展、安全、稳定、易用的计算服务。

专有网络 VPC：帮用户轻松构建逻辑隔离的专有网络。

负载均衡：对多台云服务器进行流量分发的负载均衡服务。

图 2-13　阿里云产品频道

弹性伸缩：自动调整弹性计算资源的管理服务。

资源编排：批量创建、管理、配置云计算资源。

容器服务：应用全生命周期管理的 Docker 服务。

高性能计算 HPC：加速深度学习、渲染和科学计算的 GPU 物理机。

批量计算：简单易用的大规模并行批处理计算服务。

E-MapReduce：基于 Hadoop/Spark 的大数据处理分析服务。

（2）数据库

云数据库 RDS：完全兼容 MySQL、SQL Server、PostgreSQL。

云数据库 MongoDB 版：三节点副本集保证高可用。

云数据库 Redis 版：兼容开源 Redis 协议的 Key-Value 类型。

云数据库 Memcache 版：在线缓存服务，为热点数据的访问提供高速响应。

PB 级云数据库 PetaData：支持 PB 级海量数据存储的分布式关系型数据库。

云数据库 HybridDB：基于 Greenplum Database 的 MPP 数据仓库。

云数据库 OceanBase：金融级高可靠、高性能、分布式自研数据库。

数据传输：比 GoldenGate 更易用，阿里异地多活基础架构。

数据管理：比 phpMyadmin 更强大，比 Navicat 更易用。

（3）存储

对象存储 OSS：海量、安全和高可靠的云存储服务。

文件存储：无限扩展、多共享、标准文件协议的文件存储服务。

归档存储：海量数据的长期归档、备份服务。

块存储：可弹性扩展、高性能、高可靠的块级随机存储。

表格存储：高并发、低延时、无限容量的 NoSQL 数据存储服务。

（4）网络

CDN：跨运营商、跨地域全网覆盖的网络加速服务。

专有网络 VPC：帮用户轻松构建逻辑隔离的专有网络。

高速通道：高速稳定的 VPC 互联和专线接入服务。

NAT 网关：支持 NAT 转发、共享带宽的 VPC 网关。

（5）大数据

MaxCompute：原名 ODPS，是一种快速、完全托管的 TB/PB 级数据仓库解决方案。

大数据开发套件：提供可视化开发界面、离线任务调度运维、快速数据集成、多人协同工作等功能，拥有强大的 Open API 为数据应用开发者提供良好的再创作生态。

DataV 数据可视化：专精于业务数据与地理信息融合的大数据可视化，通过图形界面轻松搭建专业的可视化应用，满足日常业务监控、调度、会展演示等多场景使用需求。

关系网络分析：基于关系网络的大数据可视化分析平台，针对数据情报侦察场景赋能，如打击虚假交易、审理保险骗赔、案件还原研判等。

推荐引擎：推荐服务框架，用于实时预测用户对物品偏好，支持 A/B Test 效果对比。

公众趋势分析：利用语义分析、情感算法和机器学习，分析公众对品牌形象、热点事件和公共政策的认知趋势。

企业图谱：提供企业多维度信息查询，方便企业构建基于企业画像及企业关系网络的风险控制、市场监测等企业级服务。

数据集成：稳定高效、弹性伸缩的数据同步平台，为阿里云各个云产品提供离线（批量）数据进出通道。

分析型数据库：在毫秒级针对千亿级数据进行即时的多维分析透视和业务探索。

流计算：流式大数据分析平台，提供给用户在云上进行流式数据实时化分析工具。

（6）人工智能

机器学习：基于阿里云分布式计算引擎的一款机器学习算法平台，用户通过拖曳的方式、可视化的操作组件来进行试验，平台提供了丰富的组件，包括数据预处理、特征工程、算法组件、预测与评估。

语音识别与合成：基于语音识别、语音合成、自然语言理解等技术，为企业在多种实际应用场景下，赋予产品"能听、会说、懂你"式的智能人机交互体验。

人脸识别：提供图像和视频帧中人脸分析的在线服务，包括人脸检测、人脸特征提取、人脸年龄估计和性别识别、人脸关键点定位等独立服务模块。

印刷文字识别：将图片中的文字识别出来，包括身份证文字识别、门店招牌识别、行驶证识别、驾驶证识别、名片识别等证件类文字识别场景。

（7）云安全

服务器安全（安骑士）：由轻量级 Agent 和云端组成，集检测、修复、防御为一体，提供网站后门查杀、通用 Web 软件 0day 漏洞修复、安全基线巡检、主机访问控制等功能，保障服务器安全。

DDoS 高防 IP：云盾 DDoS 高防 IP 是针对互联网服务器（包括非阿里云主机）在遭受大流量的 DDoS 攻击后导致服务不可用的情况下，推出的付费增值服务，用户可以通过配置高防 IP，将攻击流量引流到高防 IP，确保源站的稳定可靠。

Web 应用防火墙：网站必备的一款安全防护产品。通过分析网站的访问请求、过滤异常攻击，保护网站业务可用及资产数据安全。

加密服务：满足云上数据加密、密钥管理、加解密运算需求的数据安全解决方案。

CA 证书服务：云上签发 Symantec、CFCA、GeoTrust SSL 数字证书，部署简单，轻松实现全站 HTTPS 化，防监听、防劫持，呈现给用户可信的网站访问。

数据风控：凝聚阿里多年业务风控经验，专业、实时对抗垃圾注册、刷库、撞库、活动作弊、论坛灌水等严重威胁互联网业务安全的风险。

绿网：智能识别文本、图片、视频等多媒体的内容违规风险，如涉黄、暴恐、涉政等，省去 90%人力成本。

安全管家：基于阿里云多年安全实践经验为云上用户提供的全方位安全技术和咨询服务，为云上用户建立和持续优化云安全防御体系，保障用户业务安全。

云盾混合云：在用户自有 IDC、专有云、公共云、混合云等多种业务环境为用户建设涵盖网络安全、应用安全、主机安全、安全态势感知的全方位互联网安全攻防体系。

态势感知：安全大数据分析平台，通过机器学习和结合全网威胁情报，发现传统防御软件无法覆盖的网络威胁，溯源攻击手段，并且提供可行动的解决方案。

先知：全球顶尖白帽子和安全公司帮你找漏洞，最私密的安全众测平台。全面体检，提早发现业务漏洞及风险，按效果付费。

移动安全：为移动 App 提供安全漏洞、恶意代码、仿冒应用等检测服务，并可对应用进行安全增强，提高反破解和反逆向能力。

（8）互联网中间件

企业级分布式应用服务 EDAS：以应用为中心的中间件 PaaS 平台。

消息队列 MQ：Apache RocketMQ 商业版企业级异步通信中间件。

分布式关系型数据库服务 DRDS：水平拆分/读写分离的在线分布式数据服务。

云服务总线 CSB：企业级互联网能力开放平台。

业务实施监控服务 ARMS：端到端一体化实时监控解决方案产品。

（9）分析

E-MapReduce：基于 Hadoop/Spark 的大数据处理分析服务。

云数据库 HybirdDB：基于 Greenplum Database 的 MPP 数据库。

高性能计算 HPC：加速深度学习、渲染和科学计算的 GPU 物理机。

大数据计算服务 MaxCompute：TB/PB 级数据仓库解决方案。

分析型数据库：海量数据实时高并发在线分析。

开放搜索：结构化数据搜索托管服务。

（10）管理与监控

云监控：指标监控与报警服务。

访问控制：管理多因素认证、子账号与授权、角色与 STS 令牌。

资源编排：批量创建、管理、配置云计算资源。

操作审计：详细记录控制台和 API 操作。

密钥管理服务：安全、易用、低成本的密钥管理服务。

（11）应用服务

日志服务：针对日志收集、存储、查询和分析的服务。

开放搜索：结构化数据搜索托管服务。

性能测试：性能云测试平台，帮用户轻松完成系统性能评估。

邮件推送：事务/批量邮件推送，验证码/通知短信服务。

API 网关：高性能、高可用的 API 托管服务，低成本开放 API。

物联网套件：帮助用户快速搭建稳定可靠的物联网应用。

消息服务：大规模、高可靠、高并发访问和超强消息堆积能力。

（12）视频服务

视频点播：安全、弹性、高可定制的点播服务。

媒体转码：为多媒体数据提供的转码计算服务。

视频直播：低延迟、高并发的音频视频直播服务。

（13）移动服务

移动推送：移动应用通知与消息推送服务。

短信服务：验证码和短信通知服务，三网融合、快速到达。

HTTPDNS：移动应用域名防劫持和精确调整服务。

移动安全：为移动应用提供全生命周期安全服务。

移动数据分析：移动应用数据采集、分析、展示和数据输出服务。

移动加速：移动应用访问加速。

（14）云通信

语音服务：语音通知和语音验证，支持多方通话。

流量服务：轻松玩转手机流量，物联卡专供物联终端使用。

私密专线：号码隔离，保护双方的隐私信息。

移动推送：移动应用通知与消息推送服务。

消息服务：大规模、高可靠、高并发访问和超强消息堆积能力。

邮件推送：事务邮件、通知邮件和批量邮件的快速发送。

（15）域名与网站

阿里云旗下万网域名，连续 19 年蝉联域名市场 No.1，近 1000 万个域名在万网注册；提供域名注册、云服务器、虚拟主机、企业邮箱、网站建设等相关服务。提供域名保障服务，为用户的域名保驾护航。2015 年 7 月，阿里云官网与万网网站合二为一，万网旗下的域名、云虚拟主机、企业邮箱和建站市场等业务深度整合到阿里云官网，用户可以在网站上完成网络创业的第一步。

3. 阿里云应用

应用阿里云提高生产效率，方便人们工作、生活和学习，已有很多成功案例，如杭州城市大脑、12306 网站、中国石化集团和蚂蚁微贷（现"网商贷"）等。

（1）杭州城市大脑

2016 年 10 月 13 日，在杭州云栖大会上，杭州市政府联合阿里云公布了一项"疯狂"的计划："为这座拥有 2 200 多年历史的城市，安装一个人工智能中枢——杭州城市数据大脑"。

城市大脑的内核采用阿里云 ET 人工智能技术，可以对整座城市进行全局实时分析，自动调配公共资源，修正城市运行中的 Bug，最终将进化成为能够治理城市的超级人工智能。

城市大脑项目组的第一步，是将交通、能源、供水等基础设施全部数据化，连接散落在城市各个单元的数据资源，打通"神经网络"。以交通为例，数以百亿计的城市交通管理数据、公共服务数据、运营商数据、互联网数据被集中输入杭州城市大脑。这些数据成为城市大脑智慧的起源。

IEEE 院士、阿里云机器视觉科学家华先胜介绍，城市大脑是全球唯一能够对全城视频进行实时分析的人工智能系统。阿里云 ET 的视频识别算法，使城市大脑能够感知复杂道路下车辆的运行轨迹，准确率达 99% 以上。

2016 年 9 月，城市大脑交通模块在萧山区市心路投入使用。初步试验数据显示：通过智能调节红绿灯，道路车辆通行速度平均提升了 3%～5%，在部分路段提升了 11%，真正开始了用大规模数据改善交通的探索。

（2）12306 网站

阿里云向 12306 铁路客户服务中心网站提供了技术协助，负责承接 12306 网站 75% 的余票查询流量。

公开数据显示，2016 年春运火车票售卖的最高峰日出现在 12 月 19 日，12306 网站访问量（PV 值）达到破纪录的 297 亿次，平均每秒 PV 超过 30 万次。当天共发售火车票 956.4 万张，其中互联网发售 563.9 万张，占比 59%，均创历年春运新高。

12306 春节高峰的流量是平时的数十倍。如果采用传统 IT 方案，为了每年一次的春运，需要按照流量峰值采购大量硬件设备，之后这些设备会处于空闲状态，造成巨大资源浪费。此外，如果春运峰值流量超出预期，网站将面临瘫痪，因为大规模服务器的采购、上架、部署调试，至少需要耗费一两个月时间，根本来不及临时加服务器。利用弹性扩展的云计算，则可以解决这一难题。

使用云计算本身就比自己买硬件的成本更低，另外所有资源都是"按量计费"，从"十一黄金周"到"春运"的过程中，12306 在云上做了两次大型扩容，每次扩容的资源交付都是在分钟级即可完成。业务高峰结束后，可以释放掉不必要的资源，回收成本。

（3）中国石化

2015 年 4 月 1 日，阿里云协助中石化搭建的工业品电商网站"易派客"正式上线。

作为中石化首个互联网架构的电商平台，易派客从立项到上线仅用时 3 个月，依托阿里云企业级互联网架构，易派客的订单中心、用户中心、支付中心、物流中心和呼叫中心等几大模块都在短期内构建完毕。

阿里云为中石化在电商领域量身定制了"去中心化"的分布式应用服务框架，在业务逻辑层面提供了足够的线性扩展能力，能够处理 2 000 亿～3 000 亿次调用服务，2 万亿条业务调用链，管理 4 000 次线性扩容和缩容。

上线 120 天，就有 100 余家单位在易派客电商平台上开展采购业务，涉及 100 多个物资小类，包括 9 000 多种商品 80 多万种单品，订单总额达到 3.8 亿元。截至 2015 年 11 月底，交易总额已经突破 50 亿元。2017 年，"易派客"实现全年电子商务交易金额 1318 亿元。

（4）蚂蚁微贷（现"网商贷"）

蚂蚁微贷通过互联网数据化运营模式，为阿里巴巴、淘宝网、天猫网等电子商务平台上的小微企业、个人创业者提供可持续性的、普惠制的电子商务金融服务，提供"金额小、期限短、随借随还"的纯信用小额贷款服务，让诚信真正成为财富。

依托大数据和云计算，蚂蚁微贷通过平台上积累的信用与行为数据，搭建了完善的数据模型。截至 2014 年 3 月，超过 36 万人从蚂蚁微贷借款，最小贷款额为 1 元，并实现 3 分钟申请、1 秒放款、0 人工干预。要做到这一点，蚂蚁微贷每天得处理 30PB 数据，包括店铺等级、收藏、评价等 800 亿个信息项，运算 100 多个数据模型，甚至需要测评小企业主对假设情景的掩饰和撒谎程度。阿里小贷每笔贷款成本 3 毛钱，不到普通银行的 1/1 000。

此外，还有徐工集团、中国联通、芒果 TV、CCTV5 等国内知名企事业单位应用阿里云解决了单位信息化成本高和管理的难题，为专注核心业务、提高生产效率尝到了甜头。国内中小企业和个人使用阿里云的入口是 http://www.aliyun.com，首页界面如图 2-14 所示。

图 2-14　阿里云首页

登录页面后需要注册成为其客户，可根据单位业务需要租用各类云服务。

2.6　腾讯云

腾讯公司成立于 1998 年，第一个产品 QQ 就是一朵云。从 PC 时代第一版的 QQ 到现在，腾讯云始终积极地探寻，从解决如何稳定服务、让用户的 QQ 不掉线，到解决如何满足用户越来越丰富的需求——更多的社交、更好玩的娱乐、更丰富的在线生活，再到如何开放、如何实现一个中国最大互联网生态平台的价值，腾讯云一直在努力!

多年来，腾讯云基于 QQ、QQ 空间、微信、腾讯游戏等真正海量业务的技术锤炼，从基础架构到精细化运营，从平台实力到生态能力建设，腾讯云将之整合并面向市场，使之能够为企业和创业者提供集云计算、云数据、云运营于一体的云端服务体验。

云计算为 IT 乃至整个商业市场带来的变革早已不是空谈。传统企业在云时代得以实现根本意义上的转型，大企业在云端获得源源不断的生命力，中小企业通过云，更快地面向市场获得机遇与发展。未来，会有更多的企业加入云的世界，腾讯云将致力于打造最高质量、最佳生态的公有云服务平台。让企业更专注业务，而将基础建设放心地交给腾讯云。

1. 腾讯云产品介绍

2013 年 9 月以来，腾讯云已全面开放，所有用户都有机会使用腾讯的云服务，借助云计算加速成功之路。其产品包括云服务器、云数据库、CDN、云安全、万象图片和云点播等，使用入口为 http://www.qcloud.com，产品展示页如图 2-15 所示。

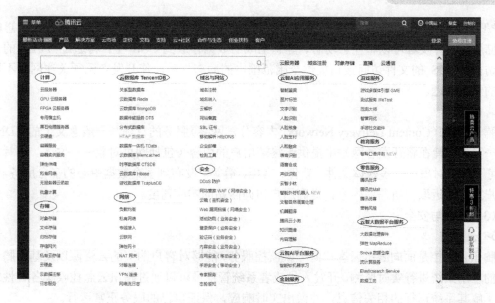

图 2-15 腾讯云产品页

开发者通过接入腾讯云平台,可降低初期创业的成本,能更轻松地应对来自服务器、存储以及带宽的压力。

(1)计算与网络

➤ 云服务器

高性能、高稳定的云虚拟机,可在云中提供弹性可调节的计算容量,用户可以轻松购买自定义配置的机型,在几分钟内获取到新服务器,并根据需要使用镜像进行快速的扩容。

➤ 弹性 Web 服务

弹性 Web 引擎(Cloud Elastic Engine)是一种 Web 引擎服务,是一体化 Web 应用运行环境,弹性伸缩,中小开发者的利器。通过提供已部署好 PHP、Nginx 等基础 Web 环境,让用户仅需上传自己的代码,即可轻松地完成 Web 服务的搭建。

➤ 负载均衡

腾讯云负载均衡服务,用于将业务流量自动分配到多个云服务器、弹性 Web 引擎等计算单元的服务,帮用户构建海量访问的业务能力,以及实现高水平的业务容错能力。腾讯云提供公网及内外负载均衡,分别处理来自公网和云内的业务流量分发。

(2)存储与 CDN

➤ 云数据库

云数据库(TencentDB)是腾讯云平台提供的面向互联网应用的数据存储服务。

➤ NoSQL 高速存储

腾讯 NoSQL 高速存储,是腾讯自主研发的极高性能、内存级、持久化、分布式的 Key-Value 存储服务。NoSQL 高速存储以最终落地存储来设计,拥有数据库级别的访问保障和持续服务能力。支持 Memcached 协议,能力比 Memcached 强(能落地),适用 Memcached、TTServer 的地方都适用 NoSQL 高速存储。NoSQL 高速存储解决了内存数据可靠性、分布式及一致性上的问题,让海量访问业务的开发变得简单快捷。

➤ 对象存储服务

对象存储(COS:Cloud Object Storage)是腾讯云平台提供的面向非结构化数据,支持

HTTP/HTTPS 协议访问的分布式存储服务。COS 为开发者提供安全、稳定、高效、实惠的对象存储服务，开发者可以将任意动态、静态生成的数据存放到 COS 上，再通过 HTTP 的方式进行访问。COS 的文件访问接口提供全国范围内的动态加速，使开发者无须关注网络不同所带来的体验问题。

➢ CDN

腾讯 CDN（Content Delivery Network，内容分发网络）服务的目标与一般意义上的 CDN 服务是一样的，旨在将开发者网站中提供给终端用户的内容（包括网页对象——文本、图片、脚本，可下载的对象——多媒体文件、软件、文档，等等）发布到多个数据中心的多台服务器上，使用户可以就近取得所需的内容，提高用户访问网站的响应速度。

（3）监控与安全

➢ 云监控

腾讯云监控是面向腾讯云客户的一款监控服务，能够对客户购买的云资源以及基于腾讯云构建的应用系统进行实时监测。开发人员或者系统管理员可以通过腾讯云监控收集各种性能指标，了解其系统运行的相关信息，并做出实时响应，保证自己的服务正常运行。

腾讯云监控提供了可靠、灵活的监控解决方案，当用户首次购买云服务后，不需要任何设置，就可以获得基础监控指标，同时，也可以通过简单的步骤后，获取到更多的个性化指标。除了丰富的监控指标视图以外，腾讯云监控还提供个性化的告警服务，客户可以对任意监控指标自定义告警策略。通过短信、邮件、微信等方式，实时推送故障告警。

腾讯云监控也是一个开放式的监控平台，支持用户上报个性化的指标，提供多个维度、多种粒度的实时数据统计以及告警分析。并提供开放式的 API，让客户通过接口也能够获取监控数据。

➢ 云安全

腾讯公司安全团队在处理各种安全问题的过程中积累了丰富的技术和经验，腾讯云安全将这些宝贵的安全技术和经验打造成优秀的安全服务产品，为开发商提供业界领先的安全服务。腾讯云安全能够帮助开发商免受各种攻击行为的干扰和影响，让客户专注于自己创新业务的发展，极大地降低了客户在基础环境安全和业务安全上的投入和成本。

➢ 云拨测

云拨测依托腾讯专有的服务质量监测网络，利用分布于全球的服务质量监测点，对用户的网站、域名、后台接口等进行周期性监控，并提供实时告警、性能和可用性视图展示、智能分析等服务。

（4）大数据

➢ TOD 大数据处理

TOD 是腾讯云为用户提供的一套完整的、开箱即用的云端大数据处理解决方案。开发者可以在线创建数据仓库，编写、调试和运行 SQL 脚本，调用 MR 程序，完成对海量数据的各种处理。另外，开发者还可以将编写的数据处理脚本定义成周期性执行的任务，通过可视化界面拖曳定义任务间依赖关系，实现复杂的数据处理工作流。主要应用于海量数据统计、数据挖掘等领域，已经为微信、QQ 空间、广点通、腾讯游戏、财付通、QQ 网购等关键业务提供了数据分析服务。

➢ 腾讯云分析

腾讯云分析是一款专业的移动应用统计分析工具，支持主流智能手机平台。开发者可以方便地通过嵌入统计 SDK，实现对移动应用的全面监测，实时掌握产品表现，准确洞察用户行为。不仅仅是记录，移动 App 统计还分析每个环节，利用数据透过现象看本质。腾讯云分析还同时提供业内市场排名趋势、竞品排名监控等情报信息，让用户在应用开发运营过程中知己知彼、百战百胜。

➢ 腾讯云搜

腾讯云搜（Tencent Cloud Search）是腾讯公司基于在搜索领域多年的技术积累，对公司内部各大垂直搜索业务搜索需求进行高度抽象，把搜索引擎组件化、平台化、服务化，最终形成成熟的搜索对外开放能力，为广大移动应用开发者和网站站长推出的一站式结构化数据搜索托管服务。

（5）开发者工具

➢ 移动加速

移动加速服务是腾讯云针对终端应用提供的访问加速服务，通过加速机房、优化路由算法、动态数据压缩等多重措施提升移动应用的访问速度和用户体验，并为客户提供了加速效果展示、趋势对比、异常告警等运营工具，随时了解加速效果。

➢ 应用加固

应用加固服务是腾讯云依托多年终端安全经验提供的一项终端应用安全加固服务，具有操作简单、多渠道监控、防反编译防篡改防植入、零影响的特点，帮助用户保护应用版权和收入。

➢ 腾讯云安全认证

腾讯云安全认证是腾讯云提供的免费安全认证服务，通过申请审核的用户将获得权威的腾讯云认证展示，让用户的业务获得腾讯亿万用户的认可。免费安全服务，权威认证展示，腾讯云已为 2.6 万网站、应用保驾护航。

➢ 信鸽推送

信鸽（XG Push）是一款专业的免费移动 App 推送平台，支持百亿级的通知/消息推送，秒级触达移动用户，现已全面支持 Android 和 iOS 两大主流平台。开发者可以方便地通过嵌入 SDK，通过 API 调用或者 Web 端可视化操作，实现对特定用户推送，大幅提升用户活跃度，有效唤醒沉睡用户，并实时查看推送效果。

➢ 域名备案

腾讯云备案服务，帮助用户将网站在工信部系统中进行登记，获得备案证书悬挂在网站底部。目前支持企业、个人、政府机关、事业单位、社会团体备案。

➢ 云 API

云 API 是构建云开放生态重要的一环。腾讯云提供的计算、数据、运营运维等基础能力，包括云服务器、云数据库、CDN 和对象存储服务等，以及腾讯云分析（MTA）、腾讯云推送（信鸽）等大数据运营服务等，都将以标准的开放 API 的形式提供给广大企业和开发者使用，方便开发者集成和二次开发。

➢ 万象图片

万象图片是将 QQ 空间相册积累的十年图片经验开放给开发者，提供专业一体化的图片解决方案，涵盖图片上传、下载、存储和图像处理。

➢ 维纳斯

维纳斯（Wireless Network Service）专业的移动网络接入服务，使用腾讯骨干网络，全国 400 个节点，连通成功率 99.9%。

➢ 云点播

腾讯云一站式视频点播服务，汇聚腾讯强大视频处理能力。从灵活上传到快速转码，从便捷发布到自定义播放器开发，为客户提供专业可靠的完整视频服务。

2．腾讯云应用

腾讯云已应用在人们生产、生活的各个方面，极大地方便和丰富了人们的生活，QQ 就不用说了，成功案例还有乐逗游戏、大众点评和乐心医疗等。

（1）乐逗游戏

乐逗游戏是深圳市创梦天地科技有限公司（iDreamSky）旗下运营的游戏中心，致力于移动互联网跨平台游戏产品研发和发行，与多家世界顶级游戏开发商均有合作，拥有百款基于 Android、iPhone、iPad 等平台的国外版权高品质智能手机游戏产品，包括愤怒的小鸟、水果忍者、三剑豪、天降、姜饼人跑酷等。乐逗游戏于美国时间 2014 年 8 月 7 日上午 9 点登陆纳斯达克，是国内第一家纯手游概念公司在美国首次公开募股。乐逗游戏官网首页如图 2-16 所示。

图 2-16　乐逗游戏官网首页

乐逗游戏旗下所有网游产品全部托管在腾讯云平台上。

乐逗游戏从端游向手游转型，对网络架构有很高要求，腾讯云提供的 BGP 线路机房架构透明、管理方便，并且可以实现全国范围内十几个运营商多线程接入，解决了用户跨网、跨运营商访问的高延时问题，保证用户顺畅的游戏体验。

（2）大众点评

大众点评网是中国领先的本地生活信息及交易平台，也是全球最早建立的独立第三方消费点评网站。大众点评是国内最早开发本地生活移动应用的企业，目前已经成长为一家移动互联网公司，大众点评移动客户端已成为本地生活必备工具之一。

腾讯云为大众点评 App 提供云计算服务支持，包括 CDN、实体化数据库、BGP 网络、负载均衡、云监控、云安全等。

大众点评网商户众多、更新频率高，对内容分发的需求非常频繁。接入腾讯云 CDN 后，大众点评网的稳定性和安全性都得到大幅提高，刷新了用户访问的响应速度。

（3）乐心医疗

乐心医疗专注于家用医疗健康电子产品的研发、生产和销售，以及智能健康云平台的研发与运营，经过十多年的发展，已经形成较强的自主研发、自主设计及自主创新能力，拥有境内外各种专利 130 多项。

乐心的 BonBon 运动手环是第一款与微信合作的智能穿戴设备，将服务嫁接在微信公众平台，直接与微信交互数据。乐心 BonBon 运动手环使用了云服务器、云数据库、NoSQL 高速存储及 BGP 网络等服务。

BonBon 运动手环使用了腾讯云的 NoSQL 高速存储，该产品是腾讯自主研发的极高性能、内存级、持久化、分布式的 Key-Value 存储服务，具有低成本、高性能、低延时、安全可靠等优势，可以提供数据库级别的访问保障和持续服务能力。

读者要使用腾讯云服务可以通过 http://www.tencent.com 进入主页，注册并租用适合自己业务需要的服务，腾讯云首页如图 2-17 所示。

图 2-17　腾讯云首页

小 结

云服务是基于互联网的相关服务的增加、使用和交互模式，通常是通过互联网提供的动态、易扩展、廉价的各类资源，这些资源的提供商称为云服务商，包括电信运营商、各类软件开发企业、应用服务开发单位等，如中国移动、电信、联通三大通信运营商，Microsoft、Oracle 等软件公司，Amazon、Google、百度、阿里巴巴等服务提供商，等等。

中国移动作为全世界用户最多的运营商，主要从自主研发、平台建设、云化三个方面布局云计算，拥有完全自主知识产权的"大云"平台。

中国电信"天翼云"是面向最终消费者的云存储产品，是基于云计算技术的个人/家庭云数据中心，能够提供文件同步、备份及分享等服务的网络云存储平台。可以通过网页、PC 客户端及移动客户端随时随地把照片、音乐、视频和文档等轻松地保存到网络，不用担心文件丢失。通过天翼云，多终端上传和下载、管理和分享文件变得轻而易举。天翼云的目标是让客户尽情享受信息新生活，将计算、存储和网络资源变成类似水、电一样的社会公共资源，融入日常生产与生活，实现"云服务到家，云服务随身"。

中国联通"沃云"形成了 Docker、大数据等服务能力，完成了国内 26 个资源池部署，资源池能力达 10 万核 CPU，16PB 存储，总带宽 160GB，同时完成了国内众多的数据中心建设。

百度是全球最大的中文搜索引擎，"百度云"产品集成了百度核心基础架构，具有安全、稳定、高性能、高可扩展性等特点。百度云产品包括虚拟化与网络产品、存储与数据库产品、大数据分析产品、人工智能产品等。此外百度云还推出通用解决方案：建站解决方案、视频云解决方案、智能图像云解决方案、存储处理解决方案、大数据分析解决方案和移动 App 解决方案；行业解决方案：数字营销云解决方案、在线教育解决方案、物联网解决方案和政务解决方案。

阿里云创立于 2009 年，是全球卓越的云计算技术和服务提供商。至 2017 年，阿里云在中国公有云市场上占据绝对主导地位，市场份额是 AWS、Azure、腾讯云、百度云、华为云等市场份额的总和。阿里巴巴正在搅动传统企业级 IT 市场，在中国市场上急速成长为 IT 巨头，同 Amazon、Microsoft 并称"3A"（AWS、AliCloud、Azure)。阿里云是服务于制造、金融、政务、交通、医疗、电信和能源等众多领域的领军企业，包括中国联通、12306、中石化、中石油、飞利浦和华大基因等大型企业客户，以及微博、知乎、锤子科技等明星互联网公司。在天猫双11 全球狂欢节、12306 春运购票等极富挑战的应用领域中，阿里云保持着良好的运行纪录。

思考与练习

1. 请结合自己的学习和生活介绍国内主要的云服务商。
2. 三大电信运营商云服务与我们有什么关系？分别打造的云平台叫什么名字？
3. 阿里云的发展历程说明了什么问题？
4. 结合对云计算的理解，讨论：百度云、阿里云和腾讯云。
5. 如果你是一家小型企业的信息主管，请规划一下单位云端信息系统。

第3章

国际云服务商

本章要点

- Amazon 的云计算
- Google 的云计算
- Microsoft 的云计算
- SalesForce 的云计算
- Yahoo!的云计算
- IBM 的云计算
- SUN 的云计算

全球云计算服务市场规模快速增长。经过十多年的发展，云计算已经逐渐被政府部门、各大企业所接受，并付诸实践。跟以往 IT 产业发展规律类似，欧美等发达国家占据了云计算的主导地位，尤其是美国，走在世界前列，Amazon、Google、Microsoft、IBM 等龙头企业在云计算领域保持领先地位。作为最先提出这一概念的 Amazon，2014 年保持着 30%的市场份额，大幅领先于其他企业；而 Microsoft 的增长速度最快，同比增长 96%，Google 以 87%的增速排名第二。2015 年的数据显示，在全球 TOP100 的云计算企业中，美国占据了 84 个席位，欧洲占据 9 个席位，其他国家受制于 ICT 技术发展落后，在云计算领域依然是处于落后地位。

本章将对 Amazon、Google、Microsoft、SalesForce、Yahoo!、IBM 和 SUN 的云计算做简要介绍。

3.1 Amazon 的云计算

作为一家主营图书零售起家的电子商务企业，Amazon 在设计和规划自身 IT 系统架构的时候，不得不为了应对"圣诞节狂潮"这样的销售峰值而购买大量的 IT 设备。但是，这些设备平时却处于空闲状态。因此，Amazon 在 2002 年 7 月推出免费的 Amazon 电子商务服务（Amazon

E-commerce Service），让零售商可以将自己的商品放在 Amazon 网络商店中，储存产品价格、顾客点评等资料，进行后台管理。这样，Amazon 不仅卖书，而且还当电子商务零售业的"包租公"，利用其在电子商务网站建设上的优势，将设备、技术和经验作为一种打包产品为其他企业提供服务，存储服务器、带宽按容量收费，CPU 根据使用时长运算量收费。为了解决这些租用服务中的可靠性、灵活性、安全性等问题，Amazon 不断优化其技术。

Amazon 很早进入了云计算领域，凭借其在电子商务领域积累的大量基础性设施、先进的分布式计算技术和巨大的用户群体，在云计算、云存储方面一直处于领先地位。

Amazon 的云计算产品总称为 Amazon Web Service（Amazon 网络服务 ），主要由四部分组成，包括 S3（Simple Storage Service，简单的存储服务）、EC2（Elastic Compute Cloud，可伸缩计算云）、SQS（Simple Queuing Service，简单信息队列服务）以及 SimpleDB。同时 Amazon 还提供了内容推送服务 CloudFront、电子商务服务 DevPay 和 FPS 服务。也就是说，Amazon 目前为开发者提供了存储、计算、中间件和数据库管理系统服务。通过 AWS，可根据业务的需要访问一套可伸缩的 IT 基础架构服务，获得计算能力、存储和其他的服务。通过 AWS 可以更多地根据所解决问题的特点来有弹性地选择哪种开发平台或者编程模型。用户只需为使用了什么而付费，而不需要预先的花费或长期的承诺，使得 AWS 成为最有效的方式来交付应用给客户。并且，通过 AWS，可以利用 Amazon.com 的全球计算基础设施，这些基础设施为 Amazon.com 的 150 亿美元的零售业务（2017 年 Amazon 实现销售额 1780 亿美元）和交易企业提供有效的支持。利用 Amazon Web Services，一个电子商务 Web 站点能轻易地适应不可预期的需求；一个制药公司可以租用计算能力来执行大规模的仿真，一个媒体公司可以提供无限制的录像、音乐等等；一个企业能够部署需要宽带的服务。如图 3-1 所示为面向服务的 Amazon 平台架构。

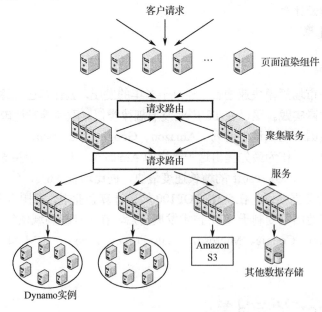

图 3-1　Amazon 平台架构

3.1.1　Amazon 平台基础存储架构：Dynamo

Dynamo 是一个完全分布式的、事务中心节点的存储系统，采用数据分布式存储架构。相比传统的集中式存储系统，Dynamo 在设计之初就被定位为一个高可靠、高可用且具有良好容错性的系统。它以简单的键/值（key value）方式存储数据，因此并不支持复杂的查询，但这并不影响客户的使用，同时 Dynamo 不识别任何数据结构，使得它几乎可以处理所有的数据类型。Dynamo 存储架构的相关技术如表 3-1 所示。

表 3-1　Dynamo 存储架构的相关技术

问　　题	采用的相关技术
数据均衡分布	改进的一致性哈希算法、数据备份
数据冲突处理	向量时钟（Vector Clock）
临时故障处理	Hinted handoff（数据回传机制），参数（W，R，N）可调的弱 quorum 机制
永久故障后的恢复	Merkle 哈希树
成员资格以及错误检测	给予 Gossip 的成员资格协议和错误检测

3.1.2　用 S3 进行存储

Amazon Simple Storage Service（S3）提供一个用于数据存储和获取的 Web 服务接口。数据可以是任何类型的，可以从 Internet 上的任何地方存储和访问数据。对象是 S3 的基本存储单元，包括数据和元数据，其中元数据存储的是对象数据内容的附加描述信息，元数据通过一对键-值（Name-Valued）集合来定义。对象数据的实际存储方式对用户来说是不透明的，用户无法对数据的某一子部分进行直接修改。对象存储在桶中，用户可以在 S3 中存储任意数量的对象，但最多只能创建 100 个桶；存储的每个对象的大小可以从 1 字节到 5GB。存储本身位于美国或欧盟。在创建 bucket（与操作系统中的文件夹概念相似）时，可以选择对象的存储位置。使用与 Amazon 电子商务网站的全球网络相同的数据存储基础设施存储数据，确保安全性。对于存储在 S3 中的每个对象，可以指定访问限制，可以用简单的 HTTP 请求访问对象。甚至可以让对象通过 BitTorrent 协议下载。S3 的桶基本结构如图 3-2 所示。

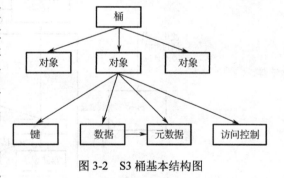

图 3-2　S3 桶基本结构图

S3 向用户提供包括身份认证和访问控制列表（ACL）的双重安全机制，让用户完全不必为存储空间、数据访问或数据安全性操心，甚至不必承担维护存储服务器的成本。

Amazon 确保文件的高可用性，在任何时候都可以使用它们。Amazon 为 S3 提供的服务水平协议承诺 99.9% 的正常运行时间，每月度量一次。

3.1.3　用 EC2 实现弹性计算

Amazon EC2（Elastic Compute Cloud，可伸缩计算云）是一个 Web 服务，它让用户可以在几分钟内获得虚拟机，根据需要轻松地扩展或收缩计算能力。用户只需为实际使用的计算时间付费。如果需要增加计算能力，可以快速地启动虚拟实例；当需求下降时，可以马上终止它们。

这些实例基于 Linux，可以运行用户需要的任何应用程序或软件，可以控制每个实例。Amazon 允许创建 Amazon 机器映像（AMI）作为实例的模板。可以通过指定权限控制对实例的访问。可以用这些实例做任何事；唯一的限制是，它们必须是基于 Linux 的映像。

Amazon EC2 提供真正全 Web 范围的计算，很容易扩展和收缩计算资源。可以完全控制在 Amazon 数据中心运行的这个计算环境。Amazon 提供五种服务器类型，可以选择适合自己应用程序需要的服务器类型。服务器的范围从普通的单核 x86 服务器直到八核 x86_64 服务器。可以把实例放在不同的地理位置或可用性区中，从而确保对抗故障的能力。

EC2 向用户提供了如下一些非常有价值的特性：

（1）灵活性：EC2 允许用户对运行的实例类型、数量进行配置，选择实例运行的地理位置，可随时改变实例的使用数量。

（2）低成本。

（3）安全性：基于密钥对机制的 SSH 方式访问、可配置的防火墙机制等。

（4）易用性：用户可以根据 Amazon 提供的模块自由构建自己的应用程序，EC2 根据用户服务请求自动负载均衡。

（5）容错性：弹性 IP 地址等机制。

用户首先创建一个存储到 S3 的 AMI（Amazon Machine Image），把自己的应用程序、配置等打包，然后系统通过实例运行程序。在 EC2 中，每个用户最多可拥有 30 个实例，每个实例自身携带一个临时存储模块。用户需要长期保存的数据则保存到 EBS（弹性块存储模块）中，EBS 中的数据只能由用户删除。在 EC2 服务中，系统各模块之间使用私有 IP 地址通信，而系统与外界使用公共 IP 地址通信。EC2 的基本架构如图 3-3 所示。

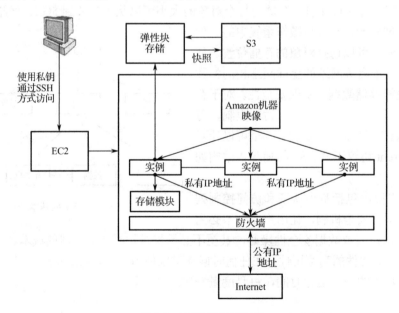

图 3-3　EC2 基本架构图

3.1.4　用 Amazon Simple Queue Service 实现可靠的消息传递

Amazon Simple Queue Service（SQS）允许访问 Amazon 提供的可靠的消息传递基础设

施。可以使用简单的基于 REST 的 HTTP 请求在任何地方发送和接收消息。不需要安装和配置任何东西。可以创建任意数量的队列，发送任意数量的消息。Amazon 把消息存储在多个服务器和数据中心，从而提供消息传递系统所需的冗余和可靠性。每个消息最多可以包含 8KB 的文本数据。每个队列可以有一个可配置的可见性超时周期，用来控制多个用户对队列的访问。一个应用程序从队列中读取一个消息之后，其他用户就看不到这条消息，直到超时周期期满为止。在超时周期期满之后，消息重新出现在队列中，另一个读者进程就可以处理它。

SQS 与其他 Amazon Web Services 很好地集成。可以使用 SQS 构建松散耦合的系统，在这种系统中，EC2 实例可以通过向 SQS 发送消息相互通信并整合工作流。还可以使用队列为应用程序构建一个自愈合、自动扩展的基于 EC2 的基础设施。可以使用 SQS 提供的身份验证机制保护队列中的消息，防止未授权的访问。

3.1.5 用 Amazon SimpleDB 进行数据集处理

Amazon SimpleDB（SDB）是一个用于存储、处理和查询结构化数据集的 Web 服务。它并不是传统意义上的关系数据库，而是一个高可用的模式（采用了最终一致性数据模型），是云中的非结构化数据存储，可以使用它存储和获取包含键的值。每组包含键的值需要一个唯一的条目名，条目本身划分为域。每个条目可以包含最多 256 个键-值对。可以在每个域中对自己的数据集执行查询。SDB 当前还不支持跨域查询。

SDB 便于使用，提供关系数据库的大多数功能。与传统的关系型数据库相比，SDB 无须预定义模式，单个属性允许多个值，支持自动索引，维护比典型的数据库简单得多，因为不需要设置或配置任何东西。Amazon 负责所有管理任务。Amazon 自动地为数据编制索引，可以在任何时候任何地方访问索引。不受模式限制的关键优点是能够动态地插入数据和添加新的列或键。然而 SDB 没有事务（Transaction）的概念，不支持连接（Join）操作，且返回的结果不支持排序操作。

SDB 是 Amazon 基础设施的组成部分，会在幕后自动地扩展。用户可以把注意力放在更重要的方面。同样，用户只需为实际使用的数据集资源付费。AWS 服务的综合使用如图 3-4 所示。

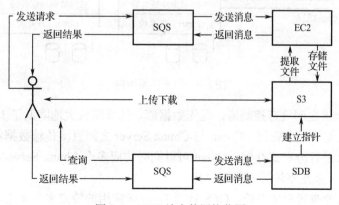

图 3-4　AWS 综合使用协作图

3.2　Google 的云计算

Google 云计算技术具体包括 Google 文件系统（GFS）、分布式计算编程模型（MapReduce）、分布式锁服务（Chubby）和分布式结构化数据表（BigTable）等。其中，GFS 提供了海量数据存储和访问的能力，MapReduce 使得海量信息的并行处理变得简单易行，Chubby 保证了分布式环境下并发操作的同步问题，BigTable 使得海量数据的管理和组织十分方便。

3.2.1　Google 文件系统

Google 文件系统（Google File System，GFS）是一个大型的分布式文件系统，位于所有核心技术的底层。GFS 使用廉价的商用机器构建分布式文件系统，将容错任务交由文件系统来完成，利用软件的方法解决系统可靠性问题，这样可以使得存储的成本大幅下降。

GFS 将整个系统的节点分为三类：Client（客户端）、Master（主服务器）和 Chunk Server（数据块服务器）。Client 是 GFS 提供给应用程序的访问接口，以库文件的形式提供。Master 是 GFS 的管理节点，在逻辑上只有一个，保存系统的元数据，负责整个文件系统的管理。Chunk Server 负责具体的存储工作，它的数目直接决定了 GFS 的规模。客户端在访问 GFS 时，首先访问 Master 节点，获取将要与之进行交互的 Chunk Server 信息，然后直接访问这些 Chunk Server 来完成数据存取。这种设计实现了控制流和数据流的分离，降低了 Master 的负载。GFS 体系结构如图 3-5 所示。

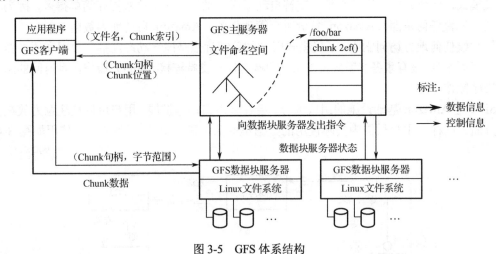

图 3-5　GFS 体系结构

Client 与 Master 之间只有控制流，而无数据流，这样就极大地降低了 Master 的负载，使之不会成为系统性能的一个瓶颈。Client 与 Chunk Server 之间直接传输数据流，同时由于文件被分成多个 Chunk 进行分布式存储，Client 可以同时访问多个 Chunk Server，从而使得整个系统的 I/O 高度并行，系统整体性能得到提高。

相对于传统的分布式文件系统，GFS 针对 Google 应用的特点多方面进行了简化，从而在一定规模下达到成本、可靠性、性能的最佳平衡。具体来说，它有以下几个特点。

1. 采用中心服务器模式

GFS 采用中心服务器模式来管理整个文件系统，可以大大简化设计，从而降低实现难度。Master 管理了分布式文件系统中的所有元数据。文件划分为 Chunk 进行存储，对于 Master 来说，每个 Chunk Server 只是一个存储空间。Client 发起的所有操作都需要先通过 Master 才能执行。这样做有许多好处，增加新的 Chunk Server 是一件十分容易的事情，Chunk Server 只需要注册到 Master 上即可，Chunk Server 之间无任何关系。如果采用完全对等的、无中心的模式，那么如何将 Chunk Server 的更新信息通知到每一个 Chunk Server，会是设计的一个难题，而这也将在一定程度上影响系统的扩展性。Master 维护了一个统一的命名空间，同时掌握整个系统内 Chunk Server 的情况，据此可以实现整个系统范围内数据存储的负载均衡。由于只有一个中心服务器，元数据的一致性问题自然解决。当然，中心服务器模式也带来了一些固有的缺点，比如极易成为整个系统的瓶颈等。GFS 采用了多种机制来避免 Master 成为系统性能和可靠性上的瓶颈，如尽量控制元数据的规模、对 Master 进行远程备份、控制信息和数据分流等。

2. 不缓存数据

缓存（Cache）机制是提升文件系统性能的一个重要手段，通用文件系统为了提高性能，一般需要实现复杂的缓存机制。GFS 文件系统根据应用的特点，没有实现缓存，这是从必要性和可行性两方面考虑的。从必要性上讲，客户端大部分是流式顺序读写，并不存在大量的重复读写，缓存这部分数据对系统整体性能的提高作用不大；而对于 Chunk Server，由于 GFS 的数据在 Chunk Server 上以文件的形式存储，如果对某块数据读取频繁，本地的文件系统自然会将其缓存。从可行性上讲，如何维护缓存与实际数据之间的一致性是一个极其复杂的问题，在 GFS 中各 Chunk Server 的稳定性都无法保证，加之网络等多种不确定因素，一致性问题尤为复杂。此外，由于读取的数据量巨大，以当前的内存容量无法完全缓存。对于存储在 Master 中的元数据，GFS 采取了缓存策略，GFS 中 Client 发起的所有操作都需要先经过 Master。Master 需要对其元数据进行频繁操作，为了提高操作的效率，Master 的元数据都是直接保存在内存中进行操作的，同时采用相应的压缩机制降低元数据占用空间的大小，提高内存的利用率。

3. 在用户态下实现

文件系统作为操作系统的重要组成部分，其实现通常位于操作系统底层。以 Linux 为例，无论是本地文件系统（如 Ext3 文件系统）还是分布式文件系统（如 Lustre 等），都是在内核态下实现的。在内核态实现文件系统，可以更好地和操作系统本身结合，向上提供兼容的 POSIX 接口。然而，GFS 却选择在用户态下实现，主要基于以下考虑：在用户态下实现，直接利用操作系统提供的 POSIX 编程接口就可以存取数据，无须了解操作系统的内部实现机制和接口，从而降低了实现的难度，并提高了通用性。

4. 只提供专用接口

通常的分布式文件系统一般都会提供一组与 POSIX 规范兼容的接口。其优点是应用程序可以通过操作系统的统一接口来透明地访问文件系统，而不需要重新编译程序。GFS 在设计之初是完全面向 Google 应用的，采用了专用的文件系统访问接口。接口以库文件的形式提供，应用程序与库文件一起编译，Google 应用程序在代码中通过调用这些库文件的 API，完成对 GFS 文件系统的访问。采用专用接口有以下好处：

（1）降低了实现的难度。通常，与 POSIX 兼容的接口需要在操作系统内核一级实现，而 GFS 是在应用层实现的。

（2）采用专用接口可以根据应用的特点对应用提供一些特殊支持，如支持多个文件并发追加的接口等。

（3）专用接口直接和 Client、Master、Chunk Server 交互，减少了操作系统之间上下文的切换，降低了复杂度，提高了效率。

3.2.2 并行数据处理

MapReduce 最早是由 Google 公司研究提出的一种面向大规模数据处理的并行计算模型和方法。Google 公司设计 MapReduce 的初衷主要是解决其搜索引擎中大规模网页数据的并行化处理。Google 公司发明了 MapReduce 之后首先用其重新改写了搜索引擎中的 Web 文档索引处理系统。但由于 MapReduce 可以普遍应用于很多大规模数据的计算问题，因此自发明 MapReduce 以后，Google 公司内部进一步将其广泛应用于很多大规模数据处理问题。到 2018 年底，Google 公司已有上万个算法问题和程序使用 MapReduce 进行处理。

MapReduce 提供了以下主要功能。

1. 数据划分和计算任务调度

系统自动将一个作业（Job）待处理的大数据划分为很多个数据块，每个数据块对应一个计算任务（Task），并自动调度计算节点来处理相应的数据块。作业和任务调度功能主要负责分配和调度计算节点（Map 节点或 Reduce 节点），同时负责监控这些节点的执行状态，并负责 Map 节点执行的同步控制。

2. 数据/代码互定位

为了减少数据通信，一个基本原则是本地化数据处理，即一个计算节点尽可能处理其本地磁盘上所分布存储的数据，这实现了代码向数据的迁移；当无法进行这种本地化数据处理时，再寻找其他可用节点并将数据从网络上传送给该节点（数据向代码迁移），但将尽可能从数据所在的本地机器上寻找可用节点，以减少通信延迟。

3. 系统优化

为了减少数据通信开销，中间结果数据进入 Reduce 节点前会进行一定的合并处理；一个 Reduce 节点所处理的数据可能来自多个 Map 节点，为了避免 Reduce 计算阶段发生数据相关性，Map 节点输出的中间结果需使用一定的策略进行适当的划分处理，保证相关性数据发送到同一个 Reduce 节点；此外，系统还进行一些计算性能优化处理，如对最慢的计算任务采用多备份执行，选择最快完成者作为结果。

4. 出错检测和恢复

在低端商用服务器构成的大规模 MapReduce 计算集群中，节点硬件（主机、磁盘、内存等）出错和软件出错是常态，因此 MapReduce 需要能检测并隔离出错节点，并调度分配新的节点接管出错节点的计算任务。同时，系统还将维护数据存储的可靠性，用多备份冗余存储机制提高数据存储的可靠性，并能及时检测和恢复出错的数据。

3.2.3 分布式锁服务

Chubby 是 Google 设计的提供粗粒度锁服务的一个文件系统，它基于松耦合分布式系统，解决了分布的一致性问题，基本架构如图 3-6 所示。GFS 使用 Chubby 来选取一个 GFS 主服务器，BigTable 使用 Chubby 指定一个主服务器并发现、控制与其相关的字表服务器。Chubby 还

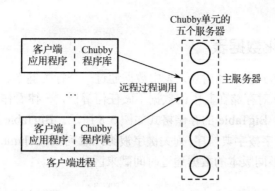

图 3-6　Chubby 基本架构

可以作为一个稳定的存储系统存储包括原数据在内的小数据。同时，Google 内部使用 Chubby 进行名字服务（Name Server）。Chubby 系统本质上是一个分布式的、存储大量小文件的文件系统，它所有的操作都是在文件的基础上完成的，Chubby 的文件系统与 UNIX 类似。Chubby 的设计目标有以下几点：

（1）高可用性和高可靠性。

（2）高扩展性：将数据存储在价格较为低廉的 RAM 中，支持大规模用户访问文件。

（3）支持粗粒度的简易型锁服务：简易型的粗粒度锁服务在用户访问某个被锁定的文件时不会阻止，且持有锁的时间较长，减少频繁换锁带来的系统开销，提高了系统的性能。

（4）服务信息的直接存储：可以直接存储包括元数据、系统参数在内的有关服务信息。

（5）支持通报机制：客户可以及时地了解到事件的发生。

（6）支持缓存机制：通过一致性缓存将常用信息保存在客户端，避免频繁访问主服务器。

Chubby 的客户端与主服务器端通过远程过程调用（RPC）来连接，客户端的所有应用通过调用 Chubby 程序库中相关函数完成。服务器端由五个副本构成 Chubby 单元。这些副本通过 Quorum 机制选举产生一个主服务器，并保证在一定时间内有且仅有一个主服务器，这个时间被称为主服务器租约期。客户端与主服务器端之间通信靠 Keep Alive 握手协议来维持，通信过程如图 3-7 所示。

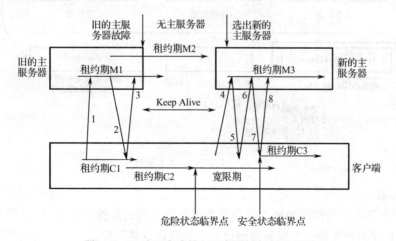

图 3-7　Chubby 客户端与服务器端的通信过程

3.2.4　分布式结构化数据表

BigTable 是一个分布式多维映射表，表中数据通过一个行关键字、一个列关键字和一个时间戳进行索引。BigTable 对存储在其中的数据不做任何解析，一律看作字符串，具体数据结构的实现由用户自行处理。BigTable 的存储格式如图 3-8 所示。BigTable 不支持一般意义上的事务，表中数据根据行关键字按字典排序；列关键字被组织成列族（Column Family），族是 BigTable 访问控制的基本单元；不同版本的数据通过时间戳来区分。

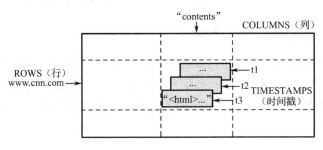

图 3-8　BigTable 存储格式

BigTable 是构建在另外三个云计算组件之上的，基本架构如图 3-9 所示。BigTable 主要由三部分组成：客户端程序库（Client Library）、一个主服务器（Master Server）和多个子表服务器（Tablet Server）。客户访问 BigTable 服务时首先利用库函数执行 Open( )操作打开一个锁获取目录文件，然后和子表服务器进行通信。

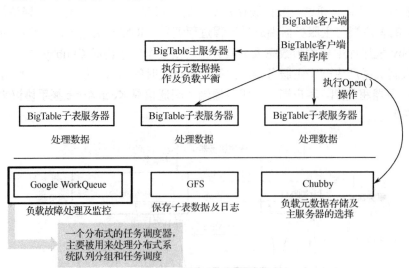

图 3-9　BigTable 基本架构

> 主服务器

主服务器主要进行元数据的操作以及子表服务器之间的负载调度问题，几乎不与客户端进行通信。当新的子表产生时，主服务器通过一个加载命令将其分配给一个空间足够的子表服务器。子表服务器在初始化时从 Chubby 得到一个独占锁，子表服务器基本信息保存在 Chubby 的服务器目录中，主服务器通过检测这个目录获取最新的子表服务器信息，并定期向子表服务器询问独占锁的状态。

　　➢ 子表服务器

　　BigTable 中实际的数据以子表的形式保存在子表服务器中，内部数据存储格式为 SSTable。SSTable 中的数据被划分成块（Block），在 SSTable 的结尾有一个索引，保存 SSTable 中块的位置信息。SSTable 文件都存储在 GFS 上，通过键查询。子表由 SSTable 和日志构成，子表的地址为三层结构，如图 3-10 所示。BigTable 将数据存储划分成两块，较新的数据存储在内存表中，较早的数据被压缩成 SSTable 格式保存在 GFS 中。数据压缩分为主压缩、次压缩和合并压缩三种压缩形式。BigTable 使用了缓存和预取技术，子表地址被缓存在客户端。

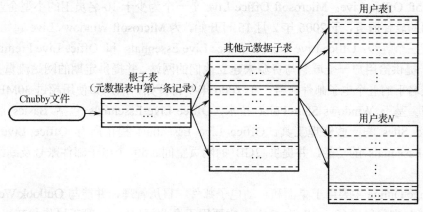

图 3-10　SSTable 地址结构

　　➢ 性能优化

　　（1）局部性群组：BigTable 允许用户将原本并不存储在一起的数据以列族为单位，根据需要组织在一个单独的 SSTable 中，以构成一个局部性群组。这实际上就是数据库中垂直分区技术的应用。

　　（2）压缩。

　　（3）布隆过滤器：这是一个很长的二进制向量和一系列随机映射函数，在读操作时确定子表的位置非常有用。布隆过滤器速度快、省空间，而且绝不会把存在的字表判定为不存在。

3.3　Microsoft 的云计算

　　Microsoft 的云计算应用服务既有针对消费者的，也有针对企业的。对用户而言，这些云计算解决方案对应的客户自有软件都是需求最广的、用户最熟悉的应用软件，Microsoft 提供相应的云计算应用模式，为用户提供更多的应用模式选择，让应用这些软件服务的用户可以缩减系统建设投资、降低软件升级运维成本、随需随用。Microsoft 提供的云计算解决方案已包括操作系统、办公软件、即时通信、邮件、中间件和应用管理软件等系列产品。

3.3.1　Live 和 Online

　　Microsoft 针对消费者提供了包括 Windows Live、Office Live、Live Messenger、Bing 以及 Xbox Live 等在内的多种服务。

Microsoft 针对企业的服务 Online 为 Microsoft Online Services，这是一整套由 Microsoft 托管运维的向用户提供订阅服务的企业沟通协作解决方案，该企业级服务解决方案能够帮助各种经营规模的企业提高业务经营的效率，而无须企业自己维护管理复杂的 IT 基础架构。针对企业的服务主要包括：Exchange Online、Sharepoint Online、Office Communications Online、Office Live Meeting、Dynamics CRM Online 等。

部分产品的简介如下。

Windows Live：通过 Windows Live 可以开始使用所有在线服务，包括 25 GB 免费存储空间、轻松的照片编辑和共享功能以及在线群。

Microsoft Office Live：Microsoft Office Live 是一个为少于 10 名员工的小型企业而设计的基于互联网的软件服务，于 2006 年 2 月 15 日开始，为 Microsoft Windows Live 起始的一部分。该服务拥有三个等级：Office Live Basics、Office Live Essentials 和 Office Live Premium。Office Live Basics 提供给用户一个域名与资源来建立他们的网站，并提供定期的网站流量报。该报包括登记在域名下的五个电子邮件账号。于 2006 年 9 月开始，用户如使用超过 30MB 空间需支付额外费用。基于 Windows SharePoint 技术，Office Live Essentials 包括 Basics 版的功能并加入 Shared Sites 与一些管理工具。Office Live Essentials 提供所有 Office Live Basics 与 Office Live Essentials 的功能，并提供 2GB 的网页空间、50 个电子邮件账号及高级网站流量报告。

Exchange Online 主要用于桌面和移动电子邮件、日历管理，并能与 Outlook Web Access、Office Outlook 完美集成（SharePoint Online 主要用于企业门户网站、员工协作与交流、搜索等）。

3.3.2　Microsoft Azure

Microsoft Azure 是由 Microsoft 所开发的一套云计算操作系统，用来提供云在线服务所需要的操作系统与基础存储与管理的平台，是 Microsoft 云计算的第一步，以及 Microsoft 在线服务策略的一部分，属于 PaaS 云计算服务模式。

Microsoft 首席软件架构师雷•奥兹于 2008 年 10 月 27 日在 Microsoft 年度的专业开发人员大会中发表将推出名为 Windows Azure 的云计算服务平台，于 2010 年 2 月正式开始商业运转（RTM Release），Windows Azure 已更名为 Microsoft Azure。

Microsoft Azure 是一组云技术的集合，每个技术为应用开发者提供了一系列的服务，如图 3-11 所示，Azure 既可用在云端，也可用在前端。Azure 包括：

1．Microsoft Azure

Microsoft Azure 云计算操作系统是 Microsoft 云计算技术的核心，位于平台最低层，提供基于 Windows 的环境，用于 Microsoft 数据中心的服务器上运行应用和存储数据。Microsoft Azure 主要组件包括存储服务（Storage）、计算服务（Compute）和架构（Fabric），如图 3-12 所示。

在 Microsoft Azure 中，客户在应用程序的前端部署大量 Web 服务器运行 Web 角色实例来处理 Web 请求以生成作业条目，然后放入 Queue 中，而位于后台的服务器从 Queue 获取这些作业，运行 Worker 角色实例来处理应用程序的业务逻辑。前端的服务器和后台服务器之间通过 Queue 来进行通信，而应用程序数据则存储在 Table 和 Blob 中。后台的 Worker 角色对用户始终不可访问，用户只需要和 Web 角色交互。

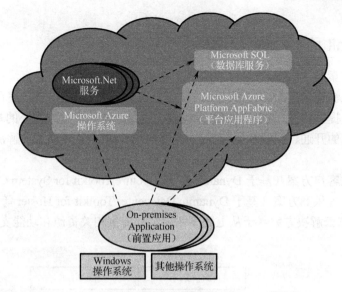

图 3-11　Microsoft Azure 平台

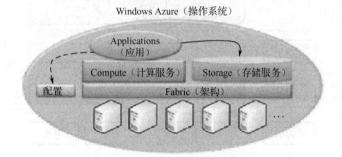

图 3-12　Microsoft Azure 组件

2. Microsoft Azure 存储服务（Storage）

Microsoft Azure 目前提供了三种主要的数据存储结构，即 Blob 类型、Table 类型和 Queue 类型。Blob 类型存储二进制数据，可以存储大型的无结构数据，容量巨大。Table 类型能够提供更加结构化的数据存储。Queue 类型用来支持在 Microsoft Azure 应用程序组件之间通信，与 Microsoft 消息队列的作用相近。

3. Microsoft Azure 计算服务（Compute）

用户只需要构建和配置自己的应用程序，通过 Web 浏览器访问 Microsoft Azure 入口，加载自己的应用程序到 Microsoft Azure 中，指定应用程序要运行的实例数目，Microsoft Azure 自动创建必要的虚拟机并运行用户的应用程序。

4. Fabric

Microsoft Azure 的计算服务构建在 Azure Service Fabric 上，Azure Service Fabric 由位于 Microsoft 数据中心的大量服务器组成，由一个 Fabric 控制器管理。Fabric 控制器通过随 Microsoft Azure 应用程序一起上传的应用程序配置文件，监视所有正在运行的应用程序，为运行在 Microsoft Azure 虚拟机上的 Windows Server 2012 打补丁，同时决定新的应用程序运行的地方、选择物理服务器等。

3.3.3 Microsoft 动态云解决方案

动态云解决方案是 Microsoft 提供的基于动态数据中心技术的云计算优化和管理方案。企业可以基于该方案快速构建面向内部使用的私有云平台，也可以基于该方案在短时间内搭建云计算服务平台对外提供服务。同时，该方案能够让用户动态管理数据中心的基础设施（包括服务器、网络和存储的开通、配置和安装等）。具体来说，Microsoft 动态云解决方案面向两类不同对象：

（1）面向企业客户方案（基于 Dynamic Infrastructure Toolkit for System Center 等产品）。

（2）面向服务提供商方案（基于 Dynamic Datacenter Toolkit for Hoster 等产品）。

Microsoft 动态云解决方案基于从上到下四层结构提供相关资源和功能支持，如图 3-13 所示。

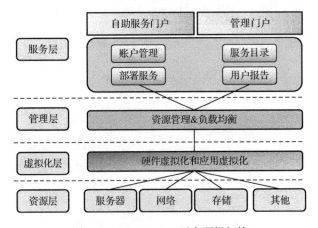

图 3-13　Microsoft 云平台逻辑架构

最上层是服务层，提供账户管理、服务目录、部署服务和用户报告等；管理层提供资源管理和负载均衡；虚拟化层提供硬件虚拟化和应用虚拟化；最低层是包括服务器、网络和存储等在内的资源层。

除此之外，Microsoft 还建立了"动态云联盟"，该联盟成员企业围绕上述两大动态云管理产品，利用 Microsoft 的 Hyper-V（硬件虚拟化产品）、App-V（应用程序虚拟化产品）和 System Center 管理套件等技术产品进行多样化的增值开发，从而构建以 Microsoft 技术产品为核心的动态云生态系统。

3.4　Salesforce 的云计算

Salesforce 是一家客户关系管理（CRM）软件服务提供商，可提供随需要应用的客户关系管理平台，总部设于美国旧金山，于 1999 年由当时 27 岁的甲骨文（Oracle）高级副总裁、俄罗斯裔美国人 Marc Benioff 创办，提出云计算和软件即服务（SaaS）的理念，开创了新的里程碑，因其口号"软件的终结"，故在业内常被称作"软件终结者"。Salesforce.com 将其服务翻译成不同的语言，已有超过 1 500 000 的用户。

Salesforce.com 提供的产品主要包括：CRM、Force.com 平台、AppExchange。

3.4.1 客户关系管理（CRM）

CRM（Customer Relationship Management，客户关系管理）是 Salesforce.com 提供的按需定制的软件服务。用户每个月需要支付类似租金的费用来使用网站上的各种服务，这些服务涉及客户关系管理的各个方面，如联系人管理、产品目录到订单管理、机会管理和销售管理等。公司提供一个平台，使得客户无须拥有自己的软件，也无须花费大量资金和人力用于记录的维护、存储和管理，所有的记录和数据都存储在 Salesforce.com 上面。同时与传统的自己购买的软件不一样，用户随时可以根据需要去增加新的功能或者去除一些不必要的功能，真正地实现了按需使用。

3.4.2 Force.com 平台

Force.com 是 Salesforce.com 的企业云计算平台。Force.com 向企业提供在云端上快速创建和实施业务应用程序所需的一切，包括数据库、无限的实时定制、强大的分析、实时工作流程和审批、可编程云逻辑、集成、实时移动部署、可编程的用户界面和网站功能。客户和合作伙伴在 Force.com 上创建了超过 120 000 种定制应用程序来运营他们的业务，包括供应链管理、合规追踪、品牌管理、应收账款、索赔处理、休假应用程序以及其他更多的应用程序。这些应用利用 Apex（一个私有的类似 Java 的 Force.com 平台编程语言）和 Visualforce（用在 HTML、AJAX、Flex 中构造用户界面的、一种类似于 XML 的句法）来构建。

3.4.3 AppExchange

AppExchange 是第三方开发者所开发应用的一个目录手册，用户可以购买和增加这些应用到他们的 Salesforce 环境。从 AppExchange 已经可以获得 1 000 多个应用，这些应用来自 450 多个 ISV，应用包括来自 Google、Birst、Constant Contact、Vertical Response、GoodData 和 Box.net 的服务等。

3.5 Yahoo!的云计算

Yahoo!于 2007 年 11 月为研究云计算技术成立 M45 超级计算机及数据中心，在 2008 年 3 月与电算研究实验室（Computational Research Laboratories）达成协议：一同协助印度学术单位进行云计算研究；于 2007 年 7 月携惠普与英特尔设计云计算研究测试平台。

Yahoo!产品与云计算首席科学家 Raghu Ramakrishnan 表示，与 Amazon.com、Google 和 Microsoft 的布局不同，Yahoo!仅打算对外提供功能性云计算服务，例如可用来查询从 Yahoo! 取得的数据是否正确的 YQL（雅虎查询语言），以及有助于优化搜寻功能的 Yahoo! BOSS；至于物理层（Physical Layer）、水平云计算服务（Horizontal cloud Services）和应用系统（Application）等服务只对内开放；并且增建了与存储和部署相关的内部云服务。云模型使得 Yahoo!的服务能够根据用户的需要轻松地扩展，而不是只关注数据的管理。

3.5.1 Hadoop 在 Yahoo!的应用

Yahoo!首席产品官 Blake Irving 指出世界上只有 5%的数据是结构化的，而非结构化数据一直保持极大地增长，这些新产生的数据的特点是瞬时性。Yahoo!使用 Hadoop 作为其云计算的解决方案，并在此基础上进行相关的开发和拓展。他强调 Yahoo!使用 Hadoop 来分析每一个页面点击并优化内容的排名，每 7 分钟更新一次结果。他指出"我们相信 Hadoop 已经为主流企业的应用做好了准备"。Yahoo!的云计算高级副总裁 Shelton Shugar 指出，Yahoo!每天为 1 000 亿事件产生 120TB 数据输入，目前存储了 70PB，而其最高存储容量是 170PB。Yahoo!每天处理 3PB 数据，每个月在 38 000 台服务器上运行超过百万个任务。由于 Yahoo!的 Hadoop 的使用范围不断扩大，他们已经需要为主流应用程序员作准备，提供更好的管理工具和数据安全。

Yahoo!在生产环境中将 Hadoop 应用于各种产品，包括数据分析、内容优化、反垃圾邮件、广告优化及选择大数据处理等。

Yahoo!还在应用科研中大量使用 Hadoop，比如用户兴趣预测、广告库存预测、搜索排名、广告定位和垃圾邮件过滤。

Yahoo!利用 Hadoop 技术处理个性化主页，实时服务系统使用 Apache 在数据库中读取从 user 到 interest 的映射；每隔 5 分钟，使用生产环境中的 Hadoop 集群基于最新数据重新排列内容，并每 7 分钟更新结果；每个星期，在 Hadoop 科研集群上重新计算关于类别的机器学习模式。

Yahoo! Mail 以类似的方式使用 Hadoop，在生产集群上根据垃圾邮件模式为邮件计分，每隔几个小时在科研集群上训练反垃圾邮件模型。该系统每天推动 50 亿次的邮件投递，覆盖 4.5 亿个邮箱。

3.5.2 Yahoo!在 Hadoop 方面的研究工作

雅虎 Hadoop 软件开发副总裁 Eric Baldeschwiele 指出，Yahoo!已经把他们的集群从 2 000 节点增加到了 4 000 节点，每个节点的任务数翻了一倍；现在有超过 80%的磁盘利用率，通常有 50%~60%的 CPU 使用率，并且数据使用的增长速度高于处理使用；Yahoo!贡献了超过 70%的 Hadoop 补丁。

已改善的 Hadoop 的 MapReduce 内容有：新的容量调度程序、任务跟踪的稳定性和支持混合工作负载的健壮性，以及增加资源的使用限制（安全围栏）。

现在的重点是开关 Hadoop 的分布式文件系统（HDFS）。其主要任务是将每一个集群节点的存储空间 12TB 增至 48PB 的集群，由于 Name 节点可伸缩性的限制，对 Hadoop 来说是颠覆性的；提高内存，连接和缓冲区的使用，并提供度量的体系；把存储拆分成一组文件卷集（使用多个 HDFS 集群）。

因为 HDFS 有一个单点故障（NameNode），这对高可用性生产系统来说是个风险。为了减轻该风险，Yahoo!将数据复制到多个集群，因此分布式文件系统的中断可以使用备份文件系统来弥补和解决。在 Yahoo!的演讲中，除了自己的 Pig 项目，他们表示正在使用 Hadoop 的 Hive 项目。Baldeschwieler 宣布，Yahoo!已经发布了 Hadoop Security 的 Beta 测试版，它使用 Kerberos 进行身份验证，并允许在同一集群托管商业敏感数据。他们还发布了 Oozie，一个 Hadoop 的工作流引擎，这已在 Yahoo!成为事实上的 ETL 标准。它集成了 MapReduce、HDFS、Pig 和 Hadoop Security。

总而言之，Yahoo!展示了在 Hadoop 技术上的持续领导地位，与此同时，令他们感到高兴的是，领先的互联网公司和独立技术供应商纷纷加入到这一生态系统中来。

3.6 IBM 的云计算

在云计算方面，IBM 是一家提供硬件、软件和服务等全方位支持的厂家。IBM 把云计算视为一项重要的战略，IBM 云数据中心遍布全球，到 2017 年底，数量达到 60 个，其中 33 个数据中心用于承载公有云业务，拥有很多成功案例，并且已在中国帮助数个客户成功部署了云计算中心。IBM 可帮助企业建立内部私有云，也可建立对外服务的公有云。IBM 对云计算技术投入大量的资金进行研发，支持云计算的开发，建立一个操作起来像一台计算机一样的超级计算机集群。

2008 年 6 月，IBM 在北京成立大中华区云计算中心。该中心提供：现场设计实施云计算中心的基础架构，云计算的高技能的人力资源支持，下一代数据中心服务的培训，快速部署和实施云计算的概念验证及试运行。

3.6.1 "蓝云"解决方案

"蓝云"解决方案由以下部分构成。

1. 需要纳入云计算中心的软、硬件资源。

硬件可以包括 x86 或 Power 的机器、存储服务器、交换机和路由器等网络设备。软件可以包括各种操作系统、中间件、数据库及应用，如 AIX、Linux、DB2、WebSphere、Lotus、Rational 等。

2. "蓝云"管理软件及 IBM Tivoli 管理软件。

"蓝云"管理软件由 IBM 云计算中心开发，专门用于提供云计算服务。

3. "蓝云"咨询服务、部署服务及客户化服务。

"蓝云"解决方案可以按照客户的特定需求和应用场景进行二次开发，使云计算管理平台与客户已有软、硬件进行整合。该解决方案可以自动管理和动态分配、部署、配置、重新配置以及回收资源，也可以自动安装软件和应用。

"蓝云"可以向用户提供虚拟基础架构。用户可以自己定义虚拟基础架构的构成，如服务器配置、数量、存储类型和大小、网络配置等。用户通过自服务界面提交请求，每个请求的生命周期由平台维护。该方案可以支持 6+1 种应用场景，因此被称为蓝云 6+1 解决方案，如图 3-14 所示。

其中，根据目前市场的需求，IBM 以 6+1 方式为客户提供云计算解决方案，适用于如下六种蓝云应用场景，满足不同云计算应用需求：

➢ 软件开发测试云。

➢ SaaS 云。

➢ 创新协作云。

➢ 高性能计算云。

> 云计算 IDC。
> 企业内部云。

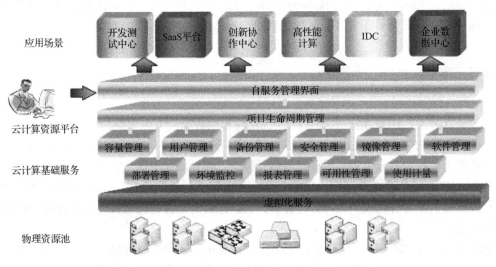

图 3-14　IBM 蓝云 6+1 解决方案

3.6.2　IBM 云计算成功案例

在云计算方面，IBM 提供了以下成功案例。

IBM 和 Google 携手云计算。IBM 和 Google 公司提供硬件、软件和服务，实施云计算项目，该项目旨在为计算机专业的学生提供一套完整的开放源码的开发工具，以便他们掌握先进的编程技术，应对新型计算模式的挑战，即通过公开标准，将多台计算机连在一起，从而推动互联网下一阶段的增长。同时增加大学的课程并扩大研究的视野，减少高校的财务和后勤保障投入，共同推动和发展互联网规模的计算。华盛顿大学第一个加入该计划，其他著名大学，如麻省理工学院和斯坦福大学也已经被列入试点项目。将来该计划会扩大到更多的研究人员、教育工作者和科学家。

中东和非洲的大学云（Link resides outside of IBM）是由三所大学推动在卡塔尔建立的云计算项目，将开放云的基础设施给当地工商企业，进行各种项目的应用程序测试，包括地震建模及石油、天然气勘探。同时，比勒陀利亚大学正在非洲使用云计算测试，研发可减缓严重疾病发展的药物。

无锡云计算中心——软件开发测试云。IBM 与无锡市共建了中国第一个云计算中心，旨在加快其软件外包业务，向该地区的软件开发者提供 IT 服务，逐步向以服务为主导的经济转型。这里拥有 20 多名具有博士学位的人才，行业包括汽车设计、自动化、数字旅游、医药研究和教育等，在无锡是正在增长的行业。这样一个云计算的虚拟环境将取代原来由软件园区内的公司独自拥有并管理其软硬件资源的传统数据中心，实现通过使用分配的资源来设计、开发和测试自己的软件产品。

iTricity 云计算中心——IDC 云。iTricity 是一个位于荷兰阿姆斯特丹的服务提供商，选择 IBM 为其建立了"蓝云"计算中心，给位于比利时、荷兰、卢森堡三国的公司提供 24h×7d 的服务。

越南技术和电信协会（VNTT）电信云。越南技术和电信协会（VNTT）成立于 2008 年 1月，支持公司有 Vietnam posts and Telecommunications Group（VNPT）、Becamex IDC Corp 和 Bank for Investment and Development of Vietnam（BIDV）。VNTT 的任务是成为工业园和越南平阳省的领先服务提供商，具体地说，为投资于工业园（由 Becamex IDC 管理和投资）的投资者提供通信和信息技术服务。

3.6.3　IBM 云计算价值

当今世界，由于网络全球化连接、业务"透明化"开展以及计算新领域的需求，再加上智能设备与已连接终端的增长，将生成大量数据。把数据转化为洞察力可创造机遇，以使组织、行业和世界更智能、更动态。IBM 的实力就在于能使洞察力切实可行，能利用技术和技能解决真实世界中的问题。

云计算可从基础物理设施中解放应用程序，将其交付给 Internet 或 Intranet 上的最终用户。计算可处理程序，而无须直接连接计算机、应用程序所有者或基础设施。在 21 世纪，智能就在基础设施中。在 IBM 多年来已定义并交付的技术与技能基础构件之间，云计算能担当"结缔组织"。

已将云计算的益处显著整合到其客户端服务基础设施中。通过 IBM 云计算中心，帮助客户转换到动态基础设施，并为之提供创新的自由。IBM 云计算平台对软件园外包企业在商务上的优势：

- 提供了统一标准的先进平台，保证了产品开发的质量。
- 与国际接轨，提供统一质量控制的方法和工具，降低了 IT 管理的复杂性，并大大降低产品开发和获取信息的成本。
- 共享昂贵的软件，解决软件版权问题。
- 加快了对业务需求的响应速度，具有可扩展性，当业务需求提高时，可以动态调整系统容量，为软件园区的可持续发展提供可能。
- 提供一个鼓励开放协作的平台，有效共享基础设施资源，并共享软件园区内企业的资源。

云计算平台对提高政府服务水平的优势：

- 政府向生产型服务转型，提供现代服务业，鼓励创新。
- 向企业和公众提供标准的高质量 IT 资源平台，提供孵化服务，鼓励创新。IBM 的创新梦工场 Idea Factory 应用可以在云计算平台上运行，为创新提供了 IT 平台。
- 提供一个鼓励开放和协作的平台，招商引资的平台。云计算平台奠定了软件外包业务的基石，可根据不同需求搭建不同的云计算平台。
- 政府向进驻软件园的企业除提供工作场所、水、电和网络之外，还可以提供 IT 资源，如服务器和软件。
- 云计算是绿色环保的平台——高可用性、动态分配、节能。云计算具有虚拟化和可扩展的特性，可以快速、容易地扩展，有效地共享 IT 资源。

3.7　Sun 的云计算

Sun 秉承一种全面的云计算特点，因而可以支持包括服务器、存储、网络和虚拟化技术，这些技术将云计算环境扩展到虚拟设备中，这些虚拟设备可在极短时间内成功汇编应用程序。

Sun 公司认为：云的类型有很多种，而且有很多不同的应用程序可以使用云来构建。由于云计算有助于提高应用程序部署速度，有助于加快创新步伐，云计算还会出现人们无法想象的形式。然而，永恒不变的是，Sun 公司是一家具有丰富经验的服务器、网络和软件技术提供商，提供的技术均支持云计算。作为提出"网络就是计算机"（The Network is the Computer）这一口号的公司，Sun 公司深信云计算就是下一代的网络计算。

Sun 开放式云计算平台（Sun Open Cloud Platform）是 Sun 公司的开放式云计算基础架构，该平台由 Sun 公司的行业领先软件技术包括 Java、MySQL、OpenSolaris 和开放式存储等所驱动。

Sun Cloud 是首个面向开发人员、学生和新兴公司的公有云计算服务，将开放和互操作性带到云计算市场。利用最好的世界级开源技术，Sun 开放式云计算平台将 Java、MySQL、OpenSolaris 和开放式存储结合在一起，在成本和规模上实现了突破，实现了更加方便、快捷的软件开发。

Sun 还推出了系列核心 Open API（开放的应用编程接口），并供公众评测和评论，这样其他人在建设公有云和私有云时可以在设计上很容易保证与 Sun Cloud 的兼容性。Sun Cloud 的 API 规范根据知识共享（Creative Commons，简称 CC）许可进行公布，基本可以让任何人用任何方式来使用它们。开发人员将可以充分利用 Sun 开源软件预先捆绑的 VMI（Virtual Machine Images），立即在 Sun Cloud 上部署应用，而不用下载、安装和设置基础构架软件。Sun 还将拿出为 Sun Cloud 而开发的技术和架构蓝图，并提供给想建造云计算的客户，来保证各个云计算之间的互操作性。

Sun Cloud 服务的核心是 Sun 在 2009 年 1 月通过收购 Q-layer 获得的虚拟数据中心（Virtual Data Center）能力，它提供了开发个人或者团体构建和运行云计算数据中心所需的一切。虚拟数据中心提供了一个统一整合的界面来部署在云中任何操作系统上运行的应用软件，这些操作系统包括 OpenSolaris、Linux 和 Windows。除了以 API 和命令行界面通过网络浏览器来分配计算、存储和联网资源外，它还具备拖放功能。Sun 的云存储服务支持 WebDAV 协议，可非常容易地实现对兼容于 Amazon S3 API 的文件访问及对象存储。

凭借 Sun 开放式云计算平台，Sun 推动了云计算世界从专有、局限、束缚客户向开放和互操作的方向转变。在众多与 Sun 密切合作的云计算应用提供商、云计算管理解决方案提供商、服务提供商以及云计算咨询公司中，Cloud Foundry、RightScale 和 Zmanda 是其中三个最具代表性的公司。用于实施云计算的开源基础架构 Eucalyptus 也支持 Sun 推动基于标准的、开源云平台和应用的战略，保证用户可以与其他平台和服务来共同集成。

小　结

全球云计算服务市场规模快速增长，欧美等发达国家占据了云计算的主导地位，尤其是美国，走在世界前列，Amazon、Google、Microsoft、IBM 等龙头企业在云计算领域保持领先地位。

Amazon 的云计算产品总称为 Amazon Web Service（AWS），主要由 4 部分组成，包括 S3（Simple Storage Service，简单存储服务）、EC2（Elastic Compute Cloud，弹性计算云）、SQS（Simple

Queue Service，简单消息队列服务）和 SimpleDB。同时，Amazon 还提供了内容推送服务 CloudFront、电子商务服务 DevPay 和 FPS 服务。也就是说，Amazon 目前为开发者提供了存储、计算、中间件和数据库管理系统服务。通过 AWS，企业可根据业务的需要访问一套弹性的 IT 基础架构服务，获得计算能力、存储空间和其他服务。

Google 云计算技术包括：Google 文件系统（GFS）、分布式计算编程模型（MapReduce）、分布式锁服务（Chubby）和分布式数据存储系统（BigTable）等。其中，GFS 提供了海量数据存储和访问的能力，MapReduce 使得海量信息的并行处理变得简单易行，Chubby 保证了分布式环境下并发操作的同步问题，BigTable 使得海量数据的管理和组织十分方便。

Microsoft Azure 是 Microsoft 的一套云计算操作系统，用来提供云在线服务所需要的操作系统和基础存储与管理的平台，是 Microsoft 云计算的第一步以及 Microsoft 在线服务策略的一部分，属于 PaaS 云计算服务模式。Microsoft Azure 是一组云技术的集合，每个技术为应用开发者提供了一系列的服务，Microsoft Azure 既可用在云端，也可用在前端。Microsoft Azure 包括存储服务、计算服务、Fabric、访问控制服务、.NET 服务和工作流服务。

Salesforce.com 提供的云产品主要包括：CRM、Force.com、AppExchange。

IBM "蓝云" 在软件和硬件资源、管理软件、技术咨询等方面向用户提供服务。

Sun Cloud 是首个面向开发人员、学生和新兴公司的公共云计算服务，Sun 将开放和互操作性带到云计算市场。利用最好的世界级开源技术，Sun 开放式云计算平台将 Java、MySQL、OpenSolaris 和开放式存储结合在一起，在成本和规模方面实现了效率突破，实现了更加方便、快捷的软件开发。

思考与练习

1．通过网络了解国际云计算产业状况。
2．简要介绍 Amazon 云平台的基础架构、S3 存储和 EC2。
3．谈谈对 Google App Engine 架构每一部分的理解，Google 云涉及哪些关键技术。
4．用过 Microsoft 云吗？谈谈相关产品及服务。
5．IBM 在国际云服务市场的情况如何？
6．介绍一下 Salesforce 和 Yahoo!云计算。
7．了解哪些国际云服务商，它们有什么优势？请预测国际云计算产业的发展趋势。

第4章

云 用 户

→ **本章要点**

➢ 政府用户
➢ 企业用户
➢ 开发人员
➢ 大众用户

任何技术的发展与创新都是为满足人们生产生活需要为目的的，云计算的迅猛发展同样是为一定用户群体服务的。它的兴起动力源于高速互联网络和虚拟化技术的发展、更加廉价且功能强劲的芯片及硬盘、数据中心的发展。云计算的用户为获取自身业务发展需要的信息资源，借助各种终端设备通过网络访问云服务商提供各类服务。其用户已渗透到人类生产生活的各个领域，这些用户可以分为政府机构、企业、开发人员及大众用户。本章介绍云计算的各类用户。

4.1 政府用户

政府机构在云计算的发展过程中扮演着一个特殊的角色，国家政府机构是信息资源最大的生产者和使用者，国家政府部门的信息化已经成为衡量一个国家现代化水平和综合国力的重要标准，是推动这项技术发展的一股力量，这其中包括引导投资及提供相应的资助，同时肩负着对这个"生态系统"的监管和标准制定的责任。政府还是信息资源最大的使用者和受益者。图 4-1 给出了政府在云计算发展中所扮演的三种角色，我们可以理解为其承担着监管、使用和服务为一体的特殊职责。

图 4-1 政府在云计算
中的角色

4.1.1 政府机构作为云服务的供应商

政府机构是云计算的提供商，是信息资源的最大生产者，也是信息资源的最大使用者。这里的信息资源就可以理解为人类在生产生活中创造的有价值的信息服务。从某种意义上讲，政府行使职能进行国家管理的过程就是信息搜集、加工处理并进行决策的过程，在这个过程中信息流动贯穿其中，而政府作为信息流的"中心节点"，其自身的信息化则成为经济和社会信息化的先决条件之一。我们通常所讲的政务信息透明完全可以借助云服务为老百姓提供便利。当然，国家推行的电子政务正是其在国民经济和社会信息化背景下，以提高政府办公效率、改善决策和投资环境为目标，将政府的信息发布、管理、服务、沟通功能向互联网服务迁移，同时为政府管理流程再造、构建和优化政府内部管理系统、决策支持系统、办公自动化系统，为提高政府信息管理、服务水平提供了强大的技术和咨询支持。那么，电子政务的发展方向在某种程度上会用到云计算技术，一方面云计算技术将国家大力投入的政府机构的高标准的网络环境、物理硬件环境有效地利用虚拟化技术将其作为资源最大化被应用。按需求提供资源，整个分布式共享形式可被动态地扩展和配置，最终以服务的形式提供给用户广泛的服务访问能力，老百姓享受国家政务服务可通过各种终端设备访问。换句话说，政府机构可通过各种终端设备传播相应服务，弹性扩展，可满足当负载压力不同时，云计算自动提供资源的供应；能满足一定程度上的节约能源需求，绿色环保。

4.1.2 政府机构作为云服务的监管者

政府机构是云计算的监管者。政府作为监管者，有责任降低使用云服务的"风险"，并通过"必要的监管职能确保用户和供应商的正常运作"，这里的监管职能是通过制定相应法律法规和行业标准加以约束，特别是对违反法律以及道德规范相关服务坚决进行打击，为整个社会以及"云计算生态环境"构建一个健康发展的外部环境，为人民生活水平的提高以及国家财富的积累起积极作用。

4.1.3 政府机构作为云服务的使用者

作为特殊的云计算用户，政府信息化的发展需要应用云计算。这里所说的需要云计算是指对于某些政务信息公开化方面，云计算能够更好地解决。但是政府机构应该确定自己的业务需求，切不可追求政绩工程盲目投资，必须先进行评估，明确内部业务需求，不可被云提供商的天花乱坠的宣传所迷惑。在很多情况下，传统的服务往往更能满足需求。

长期以来，我国在信息基础设施上投入巨大，然而我们需要深刻认识到，这些基础设施如果不能最大化地发挥作用，很快会贬值为固定资产，这些资产的折价率往往很高，今年几百万元购买的设备，明年后年就变成几十万元了，并且很多新的技术也用不上，这样容易造成国家资源的巨大浪费。比如，奥运会期间，有些部门为维护其正常运行，临时增加了许多服务器资源，但奥运会过后处于闲置状态。再如，2012年春运期间，铁道部花费几千万元投资的在线售票系统，然而在这种类似"秒杀"的春运期间中国人集中购票的情况下，在线售票系统无法满足如此巨大的并发需求，出现系统无法进入，或者是扣了钱反而没有票的现象。这确实值得深刻反思。不得不承认，这种系统是非常前沿的研究课题，涉及众多尚未攻克的技术难关，而且类似这样的并发情况也极其罕见，或许采用了云计算也未见得保证其正常运行，然而笔者这里所讲的是政府机构当要采购或者做出某些决策时应该能够尽可能地制定出方案，以科学化的评估为手段加强综合考虑，既不造成资源浪费，又能从根本上解决实际问题。

4.1.4 政务云

政务云即电子政务云（E-government Cloud），结合了云计算技术的特点，对政府管理和服务职能进行精简、优化、整合，并通过信息化手段在政务上实现各种业务流程办理和职能服务，为政府各级部门提供可靠的基础 IT 服务平台。政务云通过统一标准不仅有利于各个政务云之间的互联互通，避免产生"信息孤岛"，也有利于避免重复建设，节约建设资金。

政务云可以为政府机构优质、全面、规范、透明、国际水准的管理和服务提供条件。

1. 电子政务的重要性

党的十八大报告指出，推进电子政务的发展和应用，是政务部门提升履行职责能力和水平的重要途径，也是深化行政管理体制改革和建设人民满意的服务型政府的战略举措。

国家电子政务十三五规划提出，到"十三五"末，要形成共建共享的一体化政务信息公共基础设施大平台，总体满足政务应用需要；形成国家政务信息资源管理和服务体系，政务数据共享开放及社会大数据融合应用取得突破性进展，显著提升政务治理和公共服务的精准性及有效性。

2. 电子政务信息化过程中的问题

（1）资源浪费现象严重。

（2）信息孤岛阻碍信息的交流共享。

（3）高难度开发制约着应用。

（4）高运行成本难以承受网络环境下的应用系统的部署、运行和维护。

3. 政务云对电子政务的影响

（1）为从根本上打破各自为政的建设思路，提供了可能。

（2）通过统筹规划，可以把大量的应用和服务放在云端，充分利用云服务。

（3）通过第三方、专业化的服务，可以增强电子政务的安全保障。

（4）可以大量节省电子政务的建设资金，降低能源消耗，实现节能减排。

4. 电子政务云平台的优势

（1）提高政府工作效率

首先，通过政府办公自动化、电子政务等系统的建设，促进政府重组，节约行政成本，提高政府办事效率，使传统的部门组织朝着网络组织方向发展，打破同级、层级、部门的限制，促使政府组织和职能进行整合，使政府的程序和办事流程更加简明、畅通，节省了人力、物力和财力资源，提高了政府的办事效率。

（2）促进信息流通和资源共享

在网络社会，信息就是力量和财富的源泉，政府不仅是最大的信息收集者，也是信息资源的最大拥有者。因此，若能充分利用此资源，建设电子政务等信息化平台，实现政府信息流通和共享，必将有助于国家的整体发展。

（3）实现政府资源的合理配置

政府信息化可以使人力和信息资源得到最充分的利用和配置。随着人才和知识成为最重要的资源，政府的行政和管理主要靠知识和智力。

政府信息化的发展使政府工作人员面临着更多的知识和智力的压力，促使他们不断地去学习和更新自己的知识和技能。同时，网络技术的发展也为政府工作人员提供了更多的机会去学习新的知识和技能，为他们的素质提高创造了良好的条件，工作效率也大大提高。各级政府掌握着大部分的社会、经济文化信息以及全部的政策和法律信息，信息资源的整合应用使国家数据库中不再仅仅是死气沉沉的作用甚微的文字和数据，而是可以为社会所用、成为创造价值的富有生命力的无价之宝。也只有在政府信息化的前提下，真正意义上的网络社会和一体化才能够形成并发挥作用，信息的共享也才不是一句空话。

（4）实现政府职能的动态化透明管理

政府信息化的管理呈现出一种动态和透明的趋势，有利于加强政府的管理和服务职能，消除官僚主义和反腐倡廉，使信息的发布和反馈能够及时进行，为政府的动态管理提供了可能。政府上网后，政府通过网络宣传了各种政策，扩大了服务职能，提高了办事效率，增加了政府工作的透明度，这有利于遏制进而消除官僚主义，也有利于反腐倡廉，便于广大人民群众对政府工作进行监督和检查。

5. 面向21世纪电子政务云解决方案

面向21世纪电子政务云解决方案如表4-1所示。

表4-1 面向21世纪电子政务云解决方案

电子政务系统的现状与问题	现有问题描述	"电子政务云"的解决方案	"电子政务云"的优势
硬件使用效率低，资源无法共享	各委办局系统独立运行，特定时间内一些业务需求得不到满足，而其他业务系统却处于空闲状态	通过多层次虚拟化技术，实现各电子政务系统之间的硬件共享，甚至与各地"超算"平台的硬件资源共享	充分利用共享的硬件资源（计算机、存储等），按照需求，向"电子政务云"动态申请计算与存储能力的"云计算"
服务质量保证参差不齐	不断申请上马新的业务系统，运维压力不断提升，水平却很难提高。一些经过特殊设计的应用系统能够实现高可用性。而更多的系统服务质量完全依赖各信息中心的技术与资源。运营水平参差不齐	通过集中化的虚拟化管理，轻松实现统一的低成本高标准的运维管理	各委办局系统能达到统一标准的运维管理。各委办局信息中心，可以将精力投入到各自业务系统中，不必再过分关注备份恢复、安全管理、运行维护等细节
客户端维护成本极高	每个系统都要有特定的客户端应用。这些应用的分发、维护工作随应用的增加，成本增长	通过 VDI（Virtual Desktop Infrastructure，虚拟桌面基础架构），全面虚拟化客户端上的行业应用，简化客户端应用运维需求，实现动态管理	大幅降低客户端运维需求，将有可能实现低成本的客户端运维，或客户端外包与租赁
灾难恢复困难	遭遇重大灾害，造成全面彻底的破坏（比如汶川地震），除个别特殊设计的系统外，多数政务系统将完全瘫痪。而按照现有模式，把所有系统都设计为异地灾备，成本和复杂度极高	通过云计算主机和VM高可用性、热迁移等技术，或与姐妹城市达成共识，利用对方的"电子政务云"相互备份，实现低成本异地灾备	即使遭遇重大灾害，造成全面彻底的破坏。仍然可以在数小时内恢复完整的政务系统，恢复正常工作，而且维护成本极低，只需要与姐妹城市的政务云相互备份即可

4.2 企业用户

云计算应用于农业、工业、商业、建筑、交通运输、教育培训等行业，下面从大型企业和中小企业对云计算的应用作简要介绍。

4.2.1 云计算与大型企业

大型企业一般实力雄厚，业务复杂。可以分为两种，一种是作为云服务商角色，另一种则是根据自身业务需要构建私有云的角色，当然也可以使用公有云及混合云。

1. 大型企业作为云服务商

21世纪是信息时代，谁拥有更多的资源，谁就站在了制高点，谁就能创造更多的财富。一些大型的IT企业恰恰看到了这样的发展趋势，才蜂拥而至地极力发展云技术。图4-2列出了部分云服务商提供的服务及其投入云计算行业的一个历程，以及它们是何时开始提供云计算的。到2012年以后，越来越多的大型IT企业进入云服务商的行列，这块蛋糕确实很诱人。

图4-2 云提供商历史阶段

2. 大型企业建设私有云

一般来讲，大型企业业务复杂，职能机构多，需要信息化的建设。云计算可以轻松实现不同设备间的数据与应用共享，有跨设备平台业务推广的优势，云计算的出现是软、硬件技术发展到一定阶段的产物，是大型企业发挥资源规模效应的关键。云计算平台具有高可扩展性、超大规模、高可用性、成本低廉等特点。

随着企业业务量的不断增加，在负载及加载运行的情况下，云计算能实时监控资源使用情况，做出分析并自动重新增加和分配相应的系统资源。同时，当业务处于阶段性需求时，云平台可弹性自动化地优化资源开销，节约维护成本，降低能耗。

当云计算下的软件系统出现故障时，云计算支持冗余的、能够自我恢复的高扩展性保障。

企业如何利用云计算平台，如何搭建自己的私有云以及混合云，需要结合企业内部信息化软、硬件的基础进行综合考虑，加以分析，以制定出合理的解决方案。

4.2.2 云计算与中小型企业

1. 中小企业可以挖掘云计算里潜在的商业机遇

通过恰当地运用云计算能力，企业可以快速地进入市场，或者在现有市场发布新产品或新服务。当需求增加时，它们可以迅速扩大。相反，当市场机会枯竭时，它们也可以迅速缩小，并尽量降低资本浪费。

中小企业可以借助云计算在更高的层面上和大企业竞争，自 1989 年微软推出 Office 办公软件以来，我们的工作方式已经发生了极大变化，而云计算则带来了云端的办公室——更强的计算能力，无须购买软件，省去了本地安装和维护的麻烦。其次，从某种意义上说，利用云计算，对计算需求量越来越大的中小企业，不需购买价格昂贵的硬件，只用从云计算供应商那里租用服务，在避免了硬件投资的同时，公司的技术部门也无须为忙乱不堪的技术维护而头疼，节省下来的时间可以进行更多的业务创新。Amazon 公司是云计算市场中的先行者，也是一个成功的尝试者，Amazon 公司云服务的提出，其初衷是为了解决多余服务器处于闲置状态而得不到充分利用的问题。

在意识到云计算会成为一种趋势时，有很多国内企业都希望自己能够真正进入云计算市场，从中占据有利的位置。

电信运营商拥有强大的网络优势，服务器规模庞大、资金实力雄厚，最重要的是有从事大规模数据中心和运营的经验，而且在我国具有网络垄断地位，所以他们利用云计算开始了自己的历史性的变革。

有了云计算，电信运营商可以改变自身 IT 资源的管理和运营模式。

电信运营商本身具有庞大的 IT 资产（增值业务平台、桌面办公终端等），每年都会有庞大的 IT 预算投入，也有庞大的 IT 维护人员队伍。但是经过长期 IT 投入和发展，积累的问题也越来越多：

（1）总体的资源利用率比较低。因为一般是选择性地进行投资，所以大部分 IT 设备平时都会处于低利用率状态，这就会造成电能的大量浪费。还有一点就是，所拥有的资源会服务于不同的部门，满足不同的目的，这就导致了资源被完全隔离，不能共享。如果部分业务增长比较快，那么 IT 资源就会不断地向其中投入，于是一部分就会长期处于低利用率状态。

（2）资源的维护压力较大，成本较高。由于资源是分散的，每一部分都需要相应的维护人员。每新增一个系统，就需要新增专门的或调配的维护人员。维护人员不仅要维护硬件设备、软件系统，也要维护应用软件带来的问题，这不仅效率低，也给维护带来压力。

因此，电信运营商可以利用云计算技术来改变自己所处的困境，通过改变已有的投资模式、资源维护模式等，让企业顺利转型，降低投入，节能减排，增强企业创新能力，从总体上提升企业的竞争力。

在云计算风起云涌的时代，毫无疑问，最受威胁的就是电信运营商的市场。电信运营商向云服务的快速转型，可以保住自己传统数据中心老大的位置，防止被云服务商抢走。电信运营商认识到了自己独特的优势：拥有着别的云计算公司无法比拟的宽带和网络资源，利用这一优势，快速地完成了从云服务的使用者到云服务提供者的转变。

云计算是一些可以由台式机或手机访问的服务——一种不需要花太多资金部署就可以获得的服务。当中小企业认识到云计算的潜在益处时，它们将可以选用那些在过去只有大型企业才有实力配备的 IT 基础设施、平台及软件。

随着移动业务的迅猛发展，与人们关系越来越亲密的手机将成为云计算的另一受益者。基于便携性和体积大小的限制，手机的计算、处理能力已处于瓶颈，也只有云计算才能满足广大用户对手机性能的要求。

中国移动——中国电信运营商的龙头，进行云计算的优势是很明显的：大量的移动终端用户就是云终端的使用者，手机是一种典型的云终端类型；中国移动作为网络运营商有着带宽优势；资金雄厚、服务器资源丰富、拥有巨大的用户群及用户信息。如果这些优势能够有效合理地利用，中国移动将在云计算时代发出耀眼的光芒。

借助云，庞大的企业可以将信息、数据库、存储以及加工信息的软件保存在一个虚拟的巨大计算机上。企业只需花最低端的硬件、软件投入即可削减 IT 开支，因为在云中，成套的商业技术与服务已经变得垂手可得。而企业只需要将注意力放在商业机会的获取和快速实现上。借助云计算，中国企业可以实现跨越式发展。

可以说，云计算的出现是中小企业走向信息化的重要转折点，由于云计算的出现，中小企业才有机会实现与大型企业同等的信息化水平。

2. 抓住机遇，迎接挑战

云计算时代，中小企业所拥有大量的数据无须存储在本地硬盘中，大部分数据可通过网络存储在云计算系统中，但是将云计算应用于中小企业还存在着很多问题。

首先，要求中小企业应该有统一的技术标准。因为各厂商在开发他们的产品和服务时各自为政，所以这给将来不同服务之间的互联互通带来了技术壁垒。

其次，会涉及云安全问题。云安全包括数据安全性、隐私问题、身份鉴别等方面。与传统的应用不同，在云计算下数据保存在云端，这对数据的访问控制、存储安全、传输安全和审计带来极大的挑战。与任何一家企业的数据中心相比，云供应商可以提供更加尖端的点对点、全面安全和隐私保护。例如，为了保护客户信息隐私，Amazon 公司用其专用的磁盘虚拟层更新了标准管理程序，自动清除所有存储的信息。

云安全常见的问题如下：

（1）云计算资源的滥用问题。由于通过云计算服务可以用极低的成本取得大量计算资源，于是就有了黑客利用云计算资源滥发垃圾邮件、破解密码。滥用云计算资源的这一恶意行为极有可能造成云服务供应商的网络地址被列入黑名单，导致其他用户无法正常访问云端资源。例如，Amazon EC2（弹性计算云）云服务曾经遭到滥用，而被第三方列入黑名单，导致服务中断。之后，Amazon 改用申请机制，对通过审查的用户解除发信限制。

（2）云服务供应商信任问题。在传统数据中心环境中，员工泄密的事常有耳闻，同样的问题也会发生在云计算的环境中。因为云服务供应商可能同时经营着多项业务，在一些业务和计划上可能与客户具有竞争关系，这其中可能存在着巨大的利益关系，所以会大幅地增加云服务供应商内部员工盗取客户资料的动机。选择云服务供应商要避免一些竞争关系，同时更应该小心谨慎地阅读云服务供应商提供的合约内容。

如果克服了以上种种困难，在云计算时代，中小企业会如雨后春笋，生机勃勃。

4.2.3 云计算与制造业

近几年，智能制造热潮正在兴起，而智能制造的成功推进，需要一系列的使能技术，云计算正是其中一项核心使能技术。

工业云应用是智能制造领域很多深层次应用的必要条件。在此对制造业云计算应用趋势和云计算支撑智能制造的应用场景进行简要分析。

众所周知，云计算包括 IaaS（基础设施即服务）、PaaS（平台即服务）和 SaaS（软件即服务）三种模式。

其中，通过 IaaS 服务，企业可以利用工业云将服务器、存储设备外包，广泛应用虚拟桌面和移动终端，减少或消除专职的 IT 运维人员，降低 IT 应用成本，专注于信息化应用。在 SaaS 应用方面，企业级邮件系统、视频会议、协同办公、CRM（客户关系管理）、在线招聘、供应链协同和电子商务等领域已经有成熟的应用，国外已出现完全基于 SaaS 的新一代三维 CAD 系统，例如 Onshape 和 Autodesk 的 Fusion360。在 PaaS 应用层面，很多工业软件企业也在将软件的开发平台服务化，支持软件功能的配置与扩展。同时，国际工业软件巨头正在从卖软件的 License 转型为卖订阅服务（Subscription），与客户实现双赢。

制造企业 IT 应用正在从本地走向云端。虽然在云应用方面，我国很多大中型制造企业，尤其是军工企业对信息安全问题的担忧，还是以私有云应用为主，但毫无疑问，未来制造企业云应用的主流方向是公有云和混合云，制造企业应当以开放的心态，建立自身的云计算应用策略。

在智能制造领域，云计算有广泛的应用场景。例如：

（1）在智能研发领域，可以构建仿真云平台，支持高性能计算，实现计算资源的有效利用和可伸缩，还可以通过基于 SaaS 的三维零件库，提高产品研发效率。

（2）在智能营销方面，可以构建基于云的 CRM 应用服务，对营销业务和营销人员进行有效管理，实现移动应用。

（3）在智能物流和供应链方面，可以构建运输云，实现制造企业、第三方物流和客户三方的信息共享，提高车辆往返的载货率，实现对冷链物流的全程监控，还可以构建供应链协同平台，使主机厂和供应商、经销商通过电子数据交换（Electronic Data Interchange，EDI）实现供应链协同。

（4）在智能服务方面，企业可以利用物联网云平台，通过对设备的准确定位来开展服务电商。

工业物联网是智能制造的基础。一方面，在智能工厂建设领域，通过物联网可以采集设备、生产、能耗、质量等方面的实时信息，实现对工厂的实时监控；另一方面，设备制造商可以通过物联网采集设备状态，对设备进行远程监控和故障诊断，避免设备非计划性停机，进而实现预测性维护，提供增值服务，并促进备品备件销售。工业物联网应用采集的海量数据的存储与分析，需要工业云平台的支撑，不论是通过机器学习还是认知计算，都需要工业云平台这个载体。2017 年 3 月，美国 GE 公司与中国电信签订战略合作协议，其核心就是将 GE 的 Predix 工业互联网平台，通过中国电信的通信网络和云平台在我国落地运营，为企业提供多种云服务，例如设备运行数据的可视化、分析、预测与优化等。

近年来，我国涌现出一批云计算平台，例如阿里云、腾讯云、京东云、华为云等，三大电信运营商也都有自己的云平台，国外的 Amazon 云也开始在中国市场落地，国家也在大力支持工业云平台建设。但是，工业云应用依然面临不少难点，并非简单地把工业软件放到云平台上就万事大吉。

一方面，工业软件本身的架构必须实现组件化、服务化，实现可配置，能够一定程度上满足企业的个性化需求；另一方面，工业云平台的运营商必须能够对企业级用户做出承诺，不但要确保企业的数据安全，而且未经企业授权，不能对企业存储在云平台上的业务数据进行任何形式的大数据分析，否则企业难以有真正的安全感。在此基础上，工业云平台的运营商才能找准自己的服务模式和盈利模式，实现可持续发展。

因此，推进云计算在制造业的应用任重道远，需要政府、企业、工业软件、云平台运营商多方协作，才能实现工业云的广泛应用，推进我国制造企业的数字化转型，实现智能制造。

4.2.4　云计算与商业企业（云电子商务）

互联网共经历了 20 多年时间，已经进行了两次大的技术升级，也就重新分配了两次财富。

第一次互联网的技术升级是 1994—2000 年的拨号上网，它孕育着互联网的第一次财富的重新分配；互联网的第二次技术升级是 2000 年到现在的宽带拨号上网，因此而带来的第二次财富的重新分配的代表有 Google（全球最大搜索引擎）、百度（中文最大的搜索引擎）、QQ（在线聊天，马化腾）、盛大（传奇和泡泡堂，陈天桥）、联众（棋牌游戏，鲍岳桥）。

而今互联网正在进行第三次大的技术升级，那就是 IPv6。IPv6 和现在的宽带技术相比会更快（比现在的宽带要快 1 000～10 000 倍），IP 地址更多（2^{128} 个 IP 地址，而现在的 IP 地址只有 2^{32} 个，IPv6 可以使地球上的每一粒砂子都拥有一个 IP 地址），更安全。当 IPv6 真正推向家庭的时候，将进行一次更大规模的财富重新分配。而 IPv6 并不是遥不可及的，中国已经在北京、上海、广州三个城市铺设了 6 000 千米的光缆，很快就会进入每一个家庭，当 IPv6 来临的时候，不是想不想上网，而是不上网不行。

人人都要上网，自然的生意也要搬到网上来经营，商业企业的管理者如何利用互联网给自己的企业带来发展和帮助呢？如何利用最低的成本获取最大的效益呢？如何让不懂互联网的企业进入互联网电子商务领域呢？

云商务的诞生将带动中国电子商务的发展，为各个中小企业以及个人网站的发展带来一次新的机遇！

新一代云电子商务是一个非常美丽的商业网络应用模式，它的出现将为不甘平庸、怀抱梦想的平民百姓带来自主创业的商机；为苦于无法把自己的产品推向更大市场的中小企业带来海量的分销渠道；为苦于耗费太多时间选购生活用品的消费者带来方便、节约和实惠。

通俗地说：云商务就好像电表和电线路，用户不需要自己发电了，只需要接上电，安上电表，按需付费即可；也可以比喻为燃气管道，用户再也不需要自己去买一罐一罐的燃气了。

云电子商务模式包括：云联盟、云推广、云搜索和云共享整套电子商务解决方案。

公司整合各个电子商务网站形成战略联盟，利益联盟，构建互联网上最大的站长联盟群体，以个人为中心，辐射周边的企业、商家、消费者，同时不断地发展和推动更多的人来建立自己的网站，开设自己新一代的云电子商务平台，然后由公司提供空中托管，保姆式经营，通过站长联盟和建立渠道网络，拓展更多的盈利通道，让一个没有技术、没有资金的平民百姓能以最少投资、最小风险、最大的回报来从事互联网创业，分享互联网财富。

云电子商务产品有 B2B（类似阿里巴巴）、C2C（类似淘宝网）、B2C（团购系统）和 B2B+C2C+B2C 综合系统。这些产品由许多模块化组成，价格低廉，几百至几千元就可以拥有一套功能强大的电子商务网站。更重要的是可以通过这个网站把自己的产品分销出去，还要让个人利用这个网站赚钱！新一代云电子商务管理系统一般包括团购电子商务系统（B2C）、商城电子商务系统（C2C）和企业交易电子商务系统（B2B）三个部分，如图 4-3 所示。云电子商务服务对象是创业者、企业商家和消费者，如图 4-4 所示。

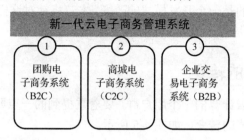

图 4-3 新一代云电子商务管理系统组成

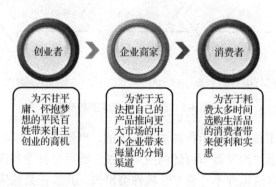

图 4-4 云电子商务服务对象

云电子商务对企业用户的好处如下：

（1）现在很多企业商家都在搭建自己的企业网站，目的是把自己的企业或产品推广到全国甚至全球，拓展销售通路，打造知名度。委托一般的建站公司一年至少也要几千元，多则几万元，推广和宣传还需要自己负责。

选择云电子商务平台就拥有了千千万万个帮其分销商品的渠道商，并终生锁定这些利益与企业相关的消费者，因为获得的是终身授权，企业只要把产品上传到自己的新一代电子商务网站，加入云联盟计划后商品信息就可以在千千万万个联盟网站上出现，消费者只要在他们的网站上点击购买，企业在后台看到订单进行交易后资金就会进入自己的网站账户，同时可以通过云联盟体系获得联盟网站里产品的销售佣金提成，企业不但给自己的产品拓展了销售通路，省去了大量的广告费用，而且能通过这个系统联盟赚钱——何乐而不为？

（2）个人选择云服务商提供的云商务平台就是选择了投入最小回报最大的互联网创业工具，可以用微不足道的资金投入，拥有一个融合 B2B、B2C、C2C 三种成功模式的电子商务平台，拥有千千万万个帮助您一起成功的事业伙伴。让企业能以非常高的起点介入互联网，不需要为策划运营和盈利方案而劳神，因为系统为用户设定好了前、中、后期盈利模式，拥有多种赚钱通路；也不需为网站的持续开发和技术问题操心，一旦获得系统的商业授权，将终身享受新一代公司研发团队的技术服务；客户网站还可以进行空中托管，进行"保姆式"指点，系统有网上网下的培训课程，还有各种站长服务手把手地指导用户经营自己的网站，轻松实现在家创业！

4.3 开发人员

云计算带给开发人员的是一个开发模式的改变，本节将针对这样一个开发模式的改变进行讲解。

4.3.1 软件开发模式的转变

这里将开发人员作为云计算的一个用户群，要着重提到的一点即是，云计算产业的发展同时带来了软件业的开发模式的转变，如图 4-5 所示。

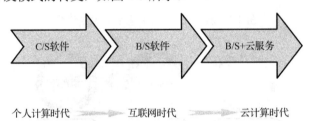

图 4-5 软件开发模式的转变

目前，大部分的应用软件都是运行在浏览器上的，也就是说，多数软件采用 B/S 结构的软件模型，用户更多的是通过浏览器即可访问应用系统，满足自身业务需求，越来越多的软件迁移到 B/S 结构上。当然，这里并不是说 C/S 软件会消失，其实在某些应用场景，这种结构的软件不会被替代。

4.3.2 B/S+云服务软件模式

B/S+云服务的软件模式已经到来。目前有很多大型云服务提供商将服务以颗粒的形式提供给用户和开发人员，有些企业利用云服务并结合自身业务，再次生成新的服务，开发人员可通过 API 访问这些服务接口，然后结合自己的业务逻辑开发应用软件，这种模式必将变得越来越普遍，这是信息化发展的必然。软件封装变得越来越容易，把更多的服务交给更专业的公司去做，企业只需要关注自身的业务。例如，如果想获取地图服务，难道还要再去开发一套瓦片切图到瓦片拼装，以及实现地图相关操作的功能吗？当然不用，我们只需去访问像 Google 地图 API、百度地图 API、搜狗地图 API、MapABC 地图 API 或者阿里云地图 API 等即可，它们更加专业。我们只需在地图上叠加功能即可，比如想实现一个热点事件地图网站，不管是利用网络爬虫，还是自己采集其他技术来获取一些热点新闻发生的地点坐标、图片及文字或者视频，再叠加在地图上，我们只要通过这些服务厂商提供的 API 接口调用即可。也就是说，我们只关注我们的点子及业务，而不需要做别人做得比自己更专业的工作。

现在的云计算最实用的价值是为开发人员提供自助服务工具,只需要规定适合自己的测试环境,要么是私有云,要么是通用的 IaaS(基础设施即服务)云,比如 Amazon Web Services,或是一个 PaaS(平台即服务)云。基于云的应用也非常适合应用程序的敏捷开发。把工作划分成许多小板块,不希望因为手动配置而减缓速度,我们希望测试它、部署它,然后继续工作。通常情况下,我们会得到一个预装的应用程序服务器、工作流程工具、资源监控以及需要着手处理的一些资源。对那些学习如何利用云的开发人员而言,这不仅提高了效率,还创建了一些极具价值的应用程序,更好地满足了企业的商业需要。云计算为开发人员省去了部署应用程序环境的时间,让他们有更多的时间、更多的精力花在开发技术方面。云计算的优势远远不止于提供良好的测试环境。这些年来,开发团队成员往往遍布全球,毫无疑问,类似 Wiki 的网页社交工具还可为开发人员提供状态报告以及其他沟通方式。人们或许想把源代码库、Bug 跟踪等资源共享在云端,随时方便他人访问。

许多开发商现在已支持 Web 合作,不管它们是否在云环境中工作。不过,我们需要想想如何防止云的突发性,有了云,确实会大大节省引用时间,特别是公共云服务——可以按照选择的需求来支付费用。

4.3.3 云计算对软件开发与测试的影响

1. 对软件开发的影响

云计算环境下,软件开发的环境、工作模式也将发生变化。虽然传统的软件工程理论不会发生根本性的变革,但基于云平台的开发工具、开发环境、开发平台将为敏捷开发、项目组内协同、异地开发等带来便利。软件开发项目组内可以利用云平台,实现在线开发,并通过云实现知识积累、软件复用。

云计算环境下,软件产品的最终表现形式更为丰富多样。在云平台上,软件可以是一种服务,如 SaaS,也可以就是一个 Web Services,还可以是在线下载的应用,如苹果的在线商店中的应用软件。

2. 对软件测试的影响

在云计算环境下,由于软件开发工作的变化,也必然对软件测试带来影响和变化。

软件技术、架构发生变化,要求软件测试的关注点也应做出相对应的调整。软件测试在关注传统的软件质量的同时,还应该关注云计算环境所提出的新的质量要求,如软件动态适应能力、大量用户支持能力、安全性、多平台兼容性等。

在云计算环境下,软件开发工具、环境、工作模式发生转变,也要求软件测试的工具、环境、工作模式发生相应的转变。软件测试工具也应工作在云平台之上,测试工具的使用也应可通过云平台来进行,而不再是传统的本地方式;软件测试的环境也可移植到云平台上,通过云构建测试环境;软件测试也应该通过云实现协同、知识共享、测试复用。

软件产品表现形式的变化,要求软件测试可以对不同形式的产品进行测试,如 Web Services 的测试、互联网应用的测试、移动智能终端内软件的测试等。

云计算的普及和应用还有很长的路,社会认可、人们习惯、技术能力,甚至是社会管理制度等都应做出相应的改变,才能让云计算真正普及。但无论怎样,基于互联网的应用将会逐渐渗透到每个人的生活中,对我们的服务、生活都会带来深远的影响。要应对这种变化,我们很有必要讨论业务在未来的发展模式,寻找努力的方向。

4.4 大众用户

通过云服务，大众用户可以存储个人电子邮件、相片、购买音乐、配置文件和信息、与社交网络互动、查找驾驶及步行路线、开发网站，以及与其他用户互动。

在另一方面，对于那些资金较少的商户，在云计算服务廉价费用的刺激下，精明的消费者正在使用基于云计算的工具开发自己的业务。消费者期望软件可以免费使用，而只需要额外的服务或者功能付费。用户可以创建网站吸引消费者，使用 eBay 或者 Craigslist 销售个人物品，通过虚拟市场营销、通过搜索引擎发布广告、通过网上银行管理资金、通过在线会计服务理财。

上面说了这么多云计算带给普通用户的好处，接下来讲讲云计算的一些缺点。比如把应用程序的数据存储在云端，却无法稳定、可靠地接入访问网络，我们对网络的依赖越来越强，或许在某一天，离开了网络什么事情都办不成。在云计算环境中，数据安全是让人担心的一个大问题。大批数据存储在异地的"数据中心"，这对黑客及认为掌握了信息如同掌握了"权力"的人来说是一个巨大的诱惑。一旦被别人窃取后果不堪设想。

另外，可靠性也是个问题。如果网络瘫痪，或者接入网络的那条线路瘫痪，除非问题得到解决，否则无法访问自己的数据。如果存放应用程序和数据的数据中心出现了故障，除非问题得到解决，否则我们无法使用。

尽管从理论上说，云计算从用户的角度来看更加环保，但所有数据和应用程序都必须存储在某个地方的计算机上；这些数据处于运行状态，因而能耗相当大。在许多方面，云计算不是那么尽如人意。

小　结

政府机构在云计算的发展过程中扮演着一个特殊的角色，承担着监管、使用和服务为一体的职责。政府机构作为云计算的提供商，是信息资源的最大生产者，也是信息资源的最大使用者。政府作为监管者，有责任降低使用云服务的"风险"，并通过"必要的监管职能确保用户和供应商的正常动作"，这里的监管职能是通过制定相应法律法规和行业标准加以约束，特别是对违反法律以及道德规范进行坚决打击，为整个社会以及"云计算生态环境"构建一个健康发展的外部环境，这个行业能为人民生活水平的提高以及国家财富的积累起积极作用。政府信息化发展需要云计算，这里所说的需要云计算是指对于某些政务信息公开化方面，云计算能够更好地解决。

政务云结合了云计算技术的特点，对政府管理和服务职能进行精简、优化、整合，并通过信息化手段在政务上实现各种业务流程办理和职能服务，为政府各级部门提供可靠的基础 IT 服务平台。

随着社会信息化程度的不断提高，某些基础性的软、硬件已经达到非常成熟的阶段，中小企业获取这些信息化资源的方式也变得越来越方便，很多技术已经被封装得更加简化实用，不用关心更多的原理，就像我们使用电话一样，我们只需要使用即可。这时中小型企业应学会站在巨人的肩膀上看远方，只要能够看见具体的一些应用价值，就会很快通过各种信息化技术得以实现，效率在这里体现得非常明显，也就是说"点子"变得越来越重要。

开发人员作为云计算的一个用户群，云计算带给开发人员的是开发模式的改变，云计算产业的发展也带来了软件业的开发模式的转变。

通过云服务，大众用户可以存储个人电子邮件、相片，购买音乐、配置文件和信息、与社交网络互动、查找驾驶或步行路线、开发网站，以及与云计算中的其他用户互动。

思考与练习

1. 云服务的用户有哪些？政府机构作为云用户应该怎么做？
2. 大型企业、中小企业在云服务的使用中分别应该怎样做？
3. 开发人员如何使用云计算？云计算环境下，软件开发行业如何改变开发模式？
4. 大众用户使用云服务可做什么？

第5章

云 技 术

⊖ **本章要点**

➤ 高性能计算技术
➤ 分布式数据存储技术
➤ 虚拟化技术
➤ 用户交互技术
➤ 安全管理技术
➤ 运营支撑管理技术

通过对云计算技术体系的分析，可见云计算主要支撑的技术包括：高性能计算技术、分布式数据存储技术、虚拟化技术、用户交互技术、安全管理技术和运营支撑管理技术。

本章分别阐述这六类技术。

5.1 高性能计算技术

随着科技的发展，人们要求处理事情的速度也在不断地提高，正所谓"高效率办事，快节奏生活"，因此高性能计算应运而生，高性能计算机在高性能运算中扮演了重要的角色，高性能计算机的出现，云计算的概念也随之而生，因此高性能计算技术是云计算的关键技术之一。什么是高性能计算呢？

5.1.1 高性能计算的概念

简单地说，高性能计算（High Performance Computing）是计算机科学的一个分支，研究并行算法和开发相关软件，致力于开发高性能计算机。

高性能计算机是人类探索未知世界最有力的武器，高性能计算技术解决方案的本质是支持全面分析、快速决策，即通过收集、分析和处理全面的材料、大量原始资料以及模拟自然现象或产品，以最快的速度得到最终分析结果，揭示客观规律、支持科学决策。对科研工作者来说，这意味着减少科学突破的时间、增加突破的深度；对工程师来说，这意味着缩短新产品上市的时间、增加复杂设计的可信度；对国家来说，这意味着提高综合国力和参与全球竞争的实力。

对称多处理、大规模并行处理机、集群系统、消息传递接口、集群系统管理与任务都是高性能计算技术的内容。

5.1.2 对称多处理

对称多处理（Symmetrical Multi-Processing，简称 SMP），是指在一台计算机上汇集了一组处理器（多 CPU），各 CPU 之间共享内存子系统以及总线结构。它是相对非对称多处理技术而言的、应用十分广泛的并行技术。

在这种架构中，一台计算机不再由单个 CPU 组成，而同时由多个处理器运行操作系统的单一副本，并共享内存和一台计算机的其他资源。虽然同时使用多个 CPU，但是从管理的角度来看，它们的表现就像一台单机一样。系统将任务队列对称地分布于多个 CPU 之上，从而极大地提高了整个系统的数据处理能力。所有的处理器都可以平等地访问内存、I/O 和外部中断。在对称多处理系统中，系统资源被系统中所有 CPU 共享，工作负载能够均匀地分配到所有可用处理器上。

人们平时所说的双 CPU 系统，实际上是对称多处理系统中最常见的一种，通常称为"2路对称多处理"，它在普通的商业、家庭应用之中并没有太多实际用途，但在专业制作，如3D Studio MAX、Photoshop 等软件应用中获得了非常良好的性能表现，是组建廉价工作站的良好伙伴。随着用户应用水平的提高，只使用单个的处理器确实已经很难满足实际应用的需求，因而各服务器厂商纷纷通过采用对称多处理系统来解决这一矛盾。在国内市场上这类机型的处理器一般以 4～8 个为主，有少数是 16 个处理器。但是一般来讲，SMP 结构的机器可扩展性较差，很难做到 100 个以上多处理器，常规的一般是 8～16 个，不过这对于多数的用户来说已经够用了。这种机器的好处在于它的使用方式和微机或工作站的区别不大，编程的变化相对来说比较小，原来用微机工作站编写的程序如果要移植到 SMP 机器上使用，改动起来也相对比较容易。SMP 结构的机型可用性比较差。因为 4 个或 8 个处理器共享一个操作系统和一个存储器，一旦操作系统出现了问题，整台机器就完全瘫痪了。而且由于这种机器的可扩展性较差，不容易保护用户的资源。但是这类机型技术比较成熟，相应的软件也比较多，因此现在国内市场上推出的并行机基本都是这一种。PC 服务器中最常见的对称多处理系统通常采用 2 路、4 路、6 路或 8 路处理器。目前 UNIX 服务器可支持最多 64 个 CPU 的系统，如 Sun 公司的产品 Enterprise 10000。SMP 系统中最关键的技术是如何更好地解决多个处理器的相互通信和协调问题。

5.1.3 大规模并行处理

大规模并行处理（Massively Parallel Processing，简称 MPP）系统，是巨型计算机的一种，它以大量处理器并行工作获得高速度。MPP 系统的研究工作于 20 世纪 60 年代就已经开始，但近 10 年才成为工业产品。MPP 系统的主要应用领域是气象、流体动力学、人类学和生物学、核物理、环境科学、半导体和超导体研究、视觉科学、认识学、物理探测等极大运算量的领域。RISC 处理器和处理器间高效互联技术的发展使得 MPP 系统在很多领域取得了比传统的向量巨型机好得多的性能价格比，并比向量机有高得多的发展潜力，开始成为巨型机的主要品种。1995年 MPP 系统已经出现峰值达 355GFLOPS 的品种。到 1996 年底已经出现每秒运算 1 万亿次（TFLOPS）的品种，2000 年则达到了 10～30TFLOPS 的高水平。

从技术角度看，MPP 系统分为单指令多数据流（SIMD）系统和多指令流多数据流（MIMD）系统两类。SIMD 系统结构简单，应用面窄，MIMD 系统则是主流，有的 MIMD 系统同时支持SIMD 方式。MPP 系统的主存储器体系分为集中共享方式和分布共享方式两类，分布共享方式则是一种趋势。

MPP 系统的成熟和普及还需要做大量的工作，以研究更好的、更通用的体系结构，更有效的通信机制，更有效的并行算法，更好的软件优化技术，同时要着重解决 MPP 系统程序设计十分困难的问题，提供良好的操作系统和高级程序语言，以及提供方便用户使用的、可视化的交互式软件开发工具。

5.1.4　集群系统

集群（Cluster）技术是一种较新的技术，可以在付出较低成本的情况下获得在性能、可靠性、灵活性方面的相对较高的收益，其任务调度则是集群系统中的核心技术。

集群是一组相互独立的、通过高速网络互联的计算机，它们构成了一个组，并以单一系统的模式加以管理。一个客户与集群相互作用时，集群像是一个独立的服务器。集群配置用于提高可用性和可缩放性。

集群系统可以达到如下目的：

1. 提高性能

一些计算密集型应用，如天气预报、核试验模拟等，需要计算机有很强的运算处理能力，现有的技术，即使普通的大型机其计算也很难胜任。这时，一般都使用计算机集群技术，集中几十台甚至上百台计算机的运算能力来满足要求。提高处理性能一直是集群技术研究的一个重要课题之一。

2. 降低成本

通常一套较好的集群配置，其软-硬件开销要超过 100 000 美元。但与价值上百万美元的专用超级计算机相比已属相当便宜。在达到同样性能的条件下，采用计算机集群比采用同等运算能力的大型计算机具有更高的性价比。

3. 提高可扩展性

用户若想扩展系统能力，不得不购买更高性能的服务器，才能获得额外所需的 CPU 和存储器。如果采用集群技术，则只需要将新的服务器加入集群中即可，从客户来看，服务无论从连续性还是性能上都几乎没有变化，好像系统在不知不觉中完成了升级。

4. 增强可靠性

集群技术使系统在故障发生时仍可以继续工作，将系统停运时间减到最小。集群系统在提高系统可靠性的同时，也大大降低了故障损失。

按照应用目的不同，集群可以分为：

1）科学集群

科学集群是并行计算的基础。通常，科学集群涉及为集群开发的并行应用程序，以解决复杂的科学问题。科学集群对外就好像一台超级计算机，这种超级计算机内部由十至上万个独立处理器组成，并且在公共消息传递层上进行通信，以运行并行应用程序。

2）负载均衡集群

负载均衡集群为企业需求提供了更实用的系统。负载均衡集群使负载可以在计算机集群中尽可能平均地分摊处理。负载通常包括应用程序处理负载和网络流量负载。这样的系统非常适合向使用同一组应用程序的大量用户提供服务。每个节点都可以承担一定的处理负载，并且可以实现处理负载在节点之间的动态分配，以实现负载均衡。对于网络流量负载，当网络服务程序接收了高入网流量，以致无法迅速处理，这时，网络流量就会发送给在其他节点上运行的网络服务程序。同时，还可以根据每个节点上不同的可用资源或网络的特殊环境来进行优化。与科学计算集群一样，负载均衡集群也在多节点之间分发计算处理负载。它们之间的最大区别在于缺少跨节点运行的单并行程序。在大多数情况下，负载均衡集群中的每个节点都是运行单独软件的独立系统。

但是，不管是在节点之间进行直接通信，还是通过中央负载均衡服务器来控制每个节点的负载，在节点之间都有一种公共关系。通常，使用特定的算法来分发该负载。

3）高可用性集群

当集群中的一个系统发生故障时，集群软件迅速做出反应，将该系统的任务分配到集群中其他正在工作的系统上执行。考虑到计算机硬件和软件的易错性，高可用性集群的主要目的是使集群的整体服务尽可能可用。如果高可用性集群中的主节点发生了故障，那么这段时间内将由次节点代替它。次节点通常是主节点的镜像。当它代替主节点时，它可以完全接管其身份，因此使系统环境对用户来说是一致的。

高可用性集群使服务器系统的运行速度和响应速度尽可能快。它们经常利用在多台机器上运行的冗余节点和服务，用来相互跟踪。如果某个节点失败，它的替补者将在几秒钟或更短时间内接管它的职责。因此，对于用户而言，集群永远不会停机。

在实际的使用中，集群的这三种类型相互交融，如高可用性集群也可以在其节点之间均衡用户负载。同样，也可以从要编写应用程序的集群中找到一个并行集群，它可以在节点之间执行负载均衡。从这个意义上讲，这种集群类别的划分是一个相对的概念，不是绝对的。

根据典型的集群体系结构，集群中涉及的关键技术可以归属于四个层次。

（1）网络层：网络互连结构、通信协议、信号技术等。

（2）节点机及操作系统层：高性能客户机、分层或基于微内核的操作系统等。

（3）集群系统管理层：资源管理、资源调度、负载平衡、并行 IPO、安全等。

（4）应用层：并行程序开发环境、串行应用、并行应用等。

集群技术是以上四个层次的有机结合，所有的相关技术虽然解决的问题不同，但都有其不可或缺的重要性。

集群系统管理层是集群系统所特有的功能与技术的体现。在未来按需（On Demand）计算的时代，每个集群都应成为业务网格中的一个节点，所以自治性（自我保护、自我配置、自我优化、自我治疗）也将成为集群的一个重要特征。自治性的实现，各种应用的开发与运行，大部分直接依赖于集群的系统管理层。此外，系统管理层的完善程度决定着集群系统的易用性、稳定性、可扩展性等诸多关键参数。正是集群管理系统将多台机器组织起来，使之可以被称为"集群"。

5.1.5 消息传递接口

消息传递接口（Message Passing Interface，简称 MPI）是用于分布式存储器并行计算机的标准编程环境。MPI 的核心构造是消息传递，一个进程将信息打包成消息，并将该消息发送给其他进程。但是，MPI 包含比简单的消息传递更多的内容。MPI 包含一些例程，这些例程可以同步进程、求分布在进程集中的数值的总和、在同一个进程集中分配数据，以及实现更多的功能。

在 20 世纪 90 年代早期人们创建了 MPI，以提供一种能够运行在集群、MPP，甚至是共享存储器机器中的通用消息传递环境。MPI 以一种库的形式发布，官方的规范定义了对 C 和 FORTRAN 的绑定（对其他语言的绑定也已经被定义）。当今 MPI 程序员主要使用 MPI 版本 1.1（即 MPI-1，1995 年发行）。在 1997 年发行了一个增强版本的规范 MPI 2.0，它具有并行 I/O、动态进程管理、单路通信和其他高级功能。遗憾的是，由于它对原有的标准增加了复杂的内容，使得到目前为止，仅有少量的 MPI 实现支持 MPI 2.0（即 MPI-2）。

对 MPI 的定义是多种多样的，但不外乎下面三个方面，它们限定了 MPI 的内涵和外延。

（1）MPI 是一个库，而不是一门语言。许多人认为 MPI 就是一种并行语言，这是不准确的。但是按照并行语言的分类，可以把 FORTRAN+MPI 或 C+MPI 看作是一种在原来串行语言基础之上扩展后得到的并行语言。MPI 库可以被 FORTRAN 77/C/FORTRAN 90/C++调用，从语法上说，它遵守所有对库函数/过程的调用规则，和一般的函数/过程没有什么区别。

（2）MPI 是一种标准或规范的代表，而不特指某一个对它的具体实现。迄今为止，所有的并行计算机制造商都提供对 MPI 的支持，可以在网上免费得到 MPI 在不同并行计算机上的实现，一个正确的 MPI 程序可以不加修改地在所有的并行机上运行。

（3）MPI 是一种消息传递编程模型，并成为这种编程模型的代表和事实上的标准。MPI 虽然很庞大，但是它的最终目的是服务于进程间通信这一目标的。关于什么是 MPI 的问题涉及多个不同的方面。当我们提到 MPI 时，不同的上下文中会有不同的含义，它可以是一种编程模型，也可以是一种标准，当然也可以指一类库。只要全面把握了 MPI 的概念，这些区别是不难理解的。

1．MPI 的三个主要目的

（1）较高的通信性能。

（2）较好的程序可移植性。

（3）强大的功能。

MPI 包括几个在实际使用中都十分重要但有时又是相互矛盾的几个方面，具体地说，包括：

➢ 提供应用程序编程接口。

➢ 提高通信效率。措施包括避免存储器到存储器的多次重复拷贝，允许计算和通信的重叠等。

➢ 可在异构环境下提供实现。

➢ 提供的接口可以方便 C 语言和 FORTRAN 77 的调用。

➢ 提供可靠的通信接口，即用户不必处理通信失败。定义的接口和现在已有接口（如 PVM、NX、Express、p4 等）差别不能太大，但是允许扩展以提供更大的灵活性。定义的接口能在基本的通信和系统软件无重大改变时，在许多并行计算机生产商的平台上实现。

接口的语义是独立于语言的。

接口设计应是线程安全的。MPI 提供了一种与语言和平台无关-可以被广泛使用的编写消息传递程序的标准,用它来编写消息传递程序,不仅实用、可移植、高效和灵活,还和当前已有的实现没有太大的变化。

2. MPI 的语言绑定与实现

在 MPI-1 中明确提出了 MPI 和 FORTRAN 77 与 C 语言的绑定,并且给出了通用接口和针对 FORTRAN 77 与 C 的专用接口说明,MPI-1 的成功说明 MPI 选择的语言绑定策略是正确和可行的。

FORTRAN 90 是 FORTRAN 的扩充,它在表达数组运算方面有独特的优势,还增加了模块等现代语言的方便开发与使用的各种特征,它目前面临的一个问题是 FORTRAN 90 编译器远不如 FORTRAN 77 编译器那样随处可见,但提供 FORTRAN 90 编译器的厂商正在逐步增多。C++作为面向对象的高级语言,随着编译器效率和处理器速度的提高,它可以取得接近于 C 的代码效率,面向对象的编程思想已经被广为接受,因此在 MPI-2 中,除了和原来的 FORTRAN 77 和 C 语言实现绑定之外,进一步与 FORTRAN 90 和 C++结合起来,提供了四种不同的接口,为编程者提供了更多选择的余地。但是 MPI-2 目前还没有完整的实现版本。

MPICH 是一种最重要的 MPI 实现,它可以从 http://www.mpich.org 免费取得。更为重要的是,MPICH 是一个与 MPI-1 规范同步发展的版本,每当 MPI 推出新的版本,就会有相应的 MPICH 的实现版本,目前 MPICH 的最新版本是 MPICH-1.2.1,它支持部分的 MPI-2 的特征。Argonne and MSU(阿尔贡)国家试验室和 MSU(密西根州立大学)对 MPICH 做出了重要的贡献。在本书中,未特别说明,均指在基于 Linux 集群的 MPICH 实现。

3. MPI 编程的基本概念

一个 MPI 并行程序由一组运行在相同或不同计算机/计算结点上的进程或线程构成。这些进程或线程可以运行在不同的处理机上,也可以运行在相同的处理机上。为统一起见,MPI 程序中一个独立参与通信的个体称为一个进程(Process)。一个 MPI 进程通常对应于一个普通进程或线程,但是在共享存储/消息传递混合模式程序中,一个 MPI 进程代表一组 UNIX 线程。

云计算涉及的高性能计算技术非常丰富,如集群系统的管理与任务,本节不再赘述。

5.2 分布式数据存储技术

分布式数据存储简单来说,就是将数据分散存储到多个数据存储服务器上。分布式存储目前多借鉴 Google 的经验,在众多的服务器中搭建一个分布式文件系统,再在这个分布式文件系统上实现相关的数据存储业务,甚至是再实现二级存储业务。

分布式数据存储技术包含非结构化数据存储和结构化数据存储。其中,非结构化数据存储主要采用文件存储和对象存储技术,而结构化数据存储主要采用分布式数据库技术,特别是 NoSQL 数据库。下面分别阐述这三方面的技术。

5.2.1 分布式文件系统

为了存储和管理云计算中的海量数据,Google 提出了分布式文件系统(Google File

System，GFS）。GFS 成为分布式文件系统的典型案例。Apache Hadoop 项目的 HDFS 实现了 GFS 的开源版本。

Google GFS 是一个大规模分布式文件存储系统，但是和传统分布式文件存储系统不同的是，GFS 在设计之初就考虑到云计算环境的典型特点：结点由廉价不可靠的 PC 构建，因而硬件失败是一种常态而非特例；数据规模很大，因而相应的文件 I/O 单位要重新设计；大部分数据更新操作为数据追加，如何提高数据追加的性能成为性能优化的关键。相应的 GFS 在设计上有以下特点：

> 利用多副本自动复制技术，用软件的可靠性来弥补硬件可靠性的不足。

> 将元数据和用户数据分开，用单点或少量的元数据服务器进行元数据管理，大量的用户数据结点存储分块的用户数据，规模可以达到 PB 级。

> 面向一次写多次读的数据处理应用，将存储与计算结合在一起，利用分布式文件系统中数据的位置相关性进行高效的并行计算。

GFS/HDFS 非常适于进行以大文件形式存储的海量数据的并行处理，但是，当文件系统的文件数量持续上升时，元数据服务器的可扩展性面临极限。以 HDFS 为例，只能支持千万级的文件数量，如果用于存储互联网应用的小文件则有困难。在这种应用场景面前，分布式对象存储系统更为有效。

5.2.2　分布式对象存储系统

与分布式文件系统不同，分布式对象存储系统不包含树状命名空间（Namespace），因此在数量增长时可以更有效地将元数据平衡地分布到多个结点上，提供理论上无限的可扩展性。

对象存储系统是传统的块设备的延伸，具有更高的"智能"，上层通过对象 ID 来访问对象，而不需要了解对象的具体空间分布情况。相对于分布式文件系统，在支撑互联网服务时，对象存储系统具有如下优势：

> 相对于文件系统的复杂 API，分布式对象存储系统仅提供基于对象的创建、读取、更新、删除的简单接口，在使用时更方便而且语义没有歧义。

> 对象分布在一个平坦的空间中，而非文件系统那样的命名空间之中，这提供了很大的管理灵活性。既可以在所有对象之上构建树状逻辑结构，也可以直接用平坦的空间，还可以只在部分对象之上构建树状逻辑结构，甚至可以在同一组对象之上构建多个命名空间。

Amazon 的 S3 就属于对象存储服务。S3 通过基于 HTTP 的 REST 接口进行数据访问，按照用量和流量进行计费，其他的云服务商也提供类似的接口服务。很多互联网服务商，如 Facebook 等也构建了对象存储系统，用于存储图片、照片等小型文件。

5.2.3　分布式数据库管理系统

传统的单机数据库采用"向上扩展"的思路来解决计算能力和存储能力的问题，即增加 CPU 处理能力、内存和磁盘数量。这种系统目前最大能够支持几个 TB 数据的存储和处理，远不能满足实际需求。采用集群设计的分布式数据库逐步成为主流。传统的集群数据库的解决方案大体分为以下两类：

> ➤ Share-Everything（Share-Something）。数据库结点之间共享资源，例如磁盘、缓存等。当节点数量增大时，结点之间的通信将成为瓶颈；而且处理各个结点对数据的访问控制也为事务处理带来麻烦。

> ➤ Share-Nothing。所有的数据库服务器之间并不共享任何信息。当任意一个结点接到查询任务时，都会将任务分解到其他所有的结点上面，每个结点单独处理并返回结果。但由于每个结点容纳的数据和规模并不相同，因此如何保证一个查询能够被均衡地分配到集群中成为一个关键问题。同时，结点在运算时可能从其他结点获取数据，这同样也延长了数据处理时间。在处理数据更新请求时，Share-Nothing 数据库需要保证多结点的数据一致性，需要快速准确定位到数据所在结点。

在云计算环境下，大部分应用不需要支持完整的 SQL 语义，而只需要 Key-Value 形式或略复杂的查询语义。在这样的背景下，进一步简化的各种 NoSQL 数据库成为云计算中结构化数据存储的重要技术。

Google 的 BigTable 是一个典型的分布式结构化数据存储系统。在表中，数据是以"列族"为单位组织的，列族用一个单一的键值作为索引，通过这个键值，数据和对数据的操作都可以被分布到多个结点上进行。

在开源社区中，Apache HBase 使用了和 BigTable 类似的结构，基于 Hadoop 平台提供 BigTable 的数据模型，而 Cassandra 则采用了 Amazon Dynamo 的基于 DHT 的完全分布式结构，实现更好的可扩展性。

5.3 虚拟化技术

虚拟化是云计算中的核心技术之一，它可以让 IT 基础设施更加灵活，更易于调度，且能更强地隔离不同的应用需求。

5.3.1 虚拟化简介

1. 什么是虚拟化

虚拟化（Virtualization）是一种资源管理技术，是将计算机的各种实体资源，如服务器、网络、内存及存储等，予以抽象、转换后呈现出来，打破实体结构间的不可切割的障碍，使用户可以比原本的配置更好的方式来应用这些资源。这些资源的新虚拟部分是不受现有资源的架设方式、地域或物理配置所限制。一般所指的虚拟化资源包括计算能力和数据存储。

虚拟化本质：将原来运行在真实环境上的计算系统或组件运行在虚拟出来的环境中。其本质如图 5-1 所示。

虚拟化的主要目的是对 IT 基础设施进行简化。它可以简化对资源以及对资源管理的访问。

2. 虚拟化的优势

通过虚拟化可以整合企事业单位服务器，充分利用昂贵的硬件资源，大幅提升系统资源利用率，与传统解决方案相比，虚拟化有如下优势：

真实计算模式 虚拟计算模式

图 5-1　虚拟化原理

（1）整合服务器，提高资源利用率。

通过整合服务器将共用的基础架构资源聚合到池中，打破原有的"一台服务器一个应用程序"模式。

（2）降低成本，节能减排，构建绿色 IT。

由于服务器及相关 IT 硬件更少，因此减少了占地空间，也减少了电力和散热需求。管理工具更加出色，可帮助提高服务器/管理员比例，因此所需人员数量也将随之减少。

（3）资源池化，提升 IT 灵活性。

（4）统一管理，提升系统管理效率。

（5）完善业务的连续性保障对称多处理、大规模并行处理机、集群系统、消息传递接口、集群系统管理与任务都是高性能计算技术的内容。

传统解决方案同虚拟化解决方案比较，如表 5-1 所示。

表 5-1　传统解决方案与虚拟化解决方案比较

	传统解决方案 100 台 IBM X3850	虚拟化解决方案 25 台 X3850+虚拟化技术 （暂定整合比 10:1，相当于至少 250 台物理服务器）
1. 机房电力成本、制冷成本及承重压力	极高	1/4
2. 每个应用的硬件成本	10 万	4 万
3. 统一管理	额外购买、安装代理、多 OS 支持	统一管理平台，对虚拟机实现统一管理
4. 业务连续性保障	无	计划内停机 计划外停机
5. 平均资源利用率	10%	80%
6. 资源动态调整	无法实现	逻辑资源池
7. 灾备方案的复杂度及可靠性	异常复杂且成功率难以保障	可靠、简单、经济的灾备解决方案
8. 数据中心地理位置变量	异常复杂	存储在线迁移
9. 部署时间	周期较长	1/10

3. 如何实现虚拟化

实现虚拟化的解决方案如下。

1）软件方案

"客户"操作系统很多情况下是通过虚拟机监控器（Virtual Machine Monitor，VMM）与硬件进行通信的，由 VMM 决定其对系统上所有虚拟机的访问。在纯软件虚拟化解决方案中，VMM 在软件套件中的位置是传统意义上操作系统所处的位置，而操作系统的位置是传统意义上应用程序所处的位置。这一额外的通信层需要进行二进制转换，以通过提供到物理资源的接口，模拟硬件环境。这种转换必然会增加系统的复杂性。

2）硬件方案

CPU 的虚拟化技术是一种硬件方案，支持虚拟技术的 CPU 带有特别优化过的指令集来控制虚拟过程，通过这些指令集，VMM 会很容易提高性能，相比软件的虚拟实现方式会很大程度上提高性能。由于虚拟化硬件可提供全新的架构，支持操作系统直接在上面运行，从而无须进行二进制转换，减少了相关的性能开销，极大简化了 VMM 设计，进而使 VMM 能够按通用标准进行编写，性能更加强大。

（1）工作原理

虚拟化解决方案的底部是要进行虚拟化的机器。这台机器可能直接支持虚拟化，也可能不会直接支持虚拟化，这就需要系统管理程序层的支持。系统管理程序可以看作是平台硬件和操作系统的抽象化。在某种情况下，这个系统管理程序就是一个操作系统，此时，它就称为主机操作系统。系统管理程序之上是客户机操作系统，也称为虚拟机（VM）。这些 VM 都是一些相互隔离的操作系统，将底层硬件平台视为自己所有，但实际上是系统管理程序为它们制造了假象。

（2）实现方法

毫无疑问，最复杂的虚拟化实现技术就是硬件仿真。在这种方法中，可以在宿主系统上创建一个硬件 VM 来仿真所想要的硬件。正如用户所能预见的一样，使用硬件仿真的主要问题是速度会非常慢。由于每条指令都必须在底层硬件上进行仿真，因此速度减慢 100 倍的情况也并不稀奇。若要实现高度保真的仿真，包括周期精度、所仿真的 CPU 管道以及缓存行为，实际速度差距甚至可能会达到 1 000 倍之多。硬件仿真也有自己的优点。例如，使用硬件仿真，可以在一个 ARM 处理器主机上运行为 PowerPC 设计的操作系统，而不需要任何修改。甚至可以运行多个虚拟机，每个虚拟机仿真一个不同的处理器。

4. 如何轻松实现虚拟化

Linux 在虚拟化方面已经有了很多解决方案：VMware、VirtualBox、Xen 和 KVM。

KVM 是一个全虚拟化的解决方案。可以在 x86 架构的计算机上实现虚拟化功能。但 KVM 需要 CPU 虚拟化功能的支持，只可在具有虚拟化支持的 CPU 上运行，即具有 VT 功能的 Intel CPU 和具有 AMD-V 功能的 AMD CPU。

5. 开源技术

1）Xen

Xen 是一个开放源代码虚拟机监视器，由剑桥大学开发。它打算在单个计算机上运行多达 100 个满特征的操作系统。操作系统必须进行显式地修改（"移植"）以便在 Xen 上运行。

Xen 虚拟机可以在不停止的情况下在多个物理主机之间实时迁移。在操作过程中，虚拟机在没有停止工作的情况下，内存被反复地复制到目标机器。虚拟机在最终目的地开始执行之前，会有一次 60～300 毫秒的非常短暂的暂停以执行最终的同步化，给人无缝迁移的感觉。

Xen 是一个基于 x86 架构、发展最快、性能最稳定、占用资源最少的开源虚拟化技术。Xen

可以在一套物理硬件上安全地执行多个虚拟机，与 Linux 是一个完美的开源组合，Novell SUSE Linux Enterprise Server 最先采用了 Xen 虚拟技术。它特别适用于服务器应用整合，可有效节省运营成本，提高设备利用率，最大化利用数据中心的 IT 基础架构。

应用案例如下。

（1）腾讯公司——中国最大的 Web 服务公司

腾讯公司经过多方测试比较后，最终选择了 Novell SUSE Linux Enterprise Server 中的 Xen 超虚拟化技术。该技术帮助腾讯改善了硬件利用率以及提高系统负载变化时的灵活性。客户说："在引入 Xen 超虚拟化技术后，我们可以在每台物理机器上运行多个虚拟服务器，这意味着我们可以潜在地显著扩大用户群，而不用相应地增加硬件成本。"

（2）宝马集团——驰名世界的高档汽车生产企业

宝马集团（BMW Group）利用 Novell 带有集成 Xen 虚拟化软件的 SUSE Linux Enterprise Server 来执行其数据中心的虚拟化工作量，从而降低硬件成本、简化部署流程。采用虚拟化技术使该公司节省了高达 70%的硬件成本，同时节省了大量的电力成本。

（3）云谷科技——基于 Xen 的 VPS 管理平台研发公司

XenSystem 是基于 Xen 的虚拟技术开发的一款 VPS 管理系统。运用 IT 业界最新的"云计算"和"云存储"的设计理念，支持自动化的 VPS 云主机和服务器的实时管理功能，具备良好的兼容性和稳定性，从而简单、高效地管理 VPS 主机的运作。与 Hyper-V 基于 Xen 的虚拟化技术结合后，VPS 更趋稳定，运作更为高效。这也意味着 IDC 的运作成本会大大地降低，利润得以增加。

2）KVM

KVM 是 Kernel-based Virtual Machine 的简称，是一个开源的系统虚拟化模块，自 Linux 2.6.20 之后集成在 Linux 的各个主要发行版本中。它使用 Linux 自身的调度器进行管理，所以相对于 Xen，其核心源码很少。KVM 目前已成为学术界的主流 VMM 之一。

KVM 的虚拟化需要硬件支持（如 Intel VT 技术或者 AMD V 技术），是基于硬件的完全虚拟化。

5.3.2 虚拟化分类

1. 根据提供的内容分类

根据虚拟化提供的内容，大致可以分为四个层级，由上往下依次为：应用虚拟化、框架虚拟化、桌面虚拟化和系统虚拟化。其中，系统虚拟化在业界一线更多地被称为服务器虚拟化，云操作系统正是使用此类虚拟化技术。由于处在底层，服务器虚拟化也是其他几种虚拟化的基础。

2. 根据实现机制分类

虚拟化的实现机制，主要有全虚拟化、半虚拟化和硬件辅助虚拟化三类，虽然还有其他虚拟化的实现方法，但应用范围较窄，或存在诸多限制和不足，不属于主流。

➢ 全虚拟化（Full Virtualization）：通过称为虚拟机监控器（VMM）的软件来管理硬件资源，提供虚拟的硬件设备，并截获上层软件发往硬件层的指令，将其重新定向到虚拟硬件。其特点是操作系统不需要做任何修改，能提供较好的用户体验，而且支持多种不同的操作系统。vSphere 所使用的技术属于全虚拟化。

➢ 半虚拟化（Para Virtualization）：同样由 VMM 管理硬件资源，并对虚拟机提供服务。不同的是半虚拟化需要修改操作系统内核，使操作系统在处理特权指令的时候能直接交付给 VMM，免去了截获重定向的过程，因此在性能上有很大的优势，但需要修改操作系统是一大软肋，代表产品是早期的 Xen 虚拟机。

➢ 硬件辅助虚拟化（Hardware Assisted Virtualization）：是由硬件厂商提供的功能，主要用来和全虚拟化或半虚拟化配合使用。如 Intel 提供的 VT-x 技术，通过在 CPU 中引入被称为"Root Operation"的 ring 层来处理虚拟化的过程。现在许多全虚拟化产品都离不开硬件辅助虚拟化的支持，如著名的 KVM、Microsoft 的 Hyper-V 等。

目前，结合了硬件辅助虚拟化的全虚拟化技术属于业界主流。这种组合下，虚拟机的性能可以非常接近物理机，并且用户体验也非常好，因此可以预见今后仍然是主流。

3. 根据 VMM 的类型分类

➢ 托管型（Hosted）：也称为寄居架构或 Type 2，这种虚拟机监视器是一个应用程序，需要依赖于传统的操作系统。在此 VMM 之上再运行虚拟机的硬件层、操作系统和应用程序。托管型 VMM 的缺点很明显：太多的层级使得整个架构过于复杂，而且传统的操作系统往往很臃肿，会争用非常多的资源。这类产品有 Oracle 的 VirtualBox、Microsoft Virtual PC、VMware Workstation 等。

➢ Hypervisor：也称为原生架构或 Type 1，VMM 直接运行在硬件层上，不需要依赖传统的操作系统，或者说其本身就是一个精简的、专门针对虚拟化进行定制和优化的操作系统。这种架构下，层级更少，而且避免了庞大的通用操作系统占用硬件资源，能使虚拟机获得更好的性能。这类产品也有缺点：为了保证稳定性和安全性，其代码体积非常小，无法嵌入过多的产品驱动，也不提供安装驱动的接口，因此对硬件的支持非常有限。vSphere 的核心组件 ESXi 就是一个典型的 Hypervisor，在 ESXi 环境下，很多桌面级硬件都无法工作。

显然，托管型 VMM 比较适合个人应用，如开发人员临时搭建特定的环境用于针对目标平台的编译、普通用户体验不同类型的操作系统等。对于企业生产环境，还是需要强大的 Hypervisor 来最大限度地保障虚拟机的稳定性和性能。传统的物理机、托管型虚拟机监控器和 Hypervisor 的区别如图 5-2 所示。

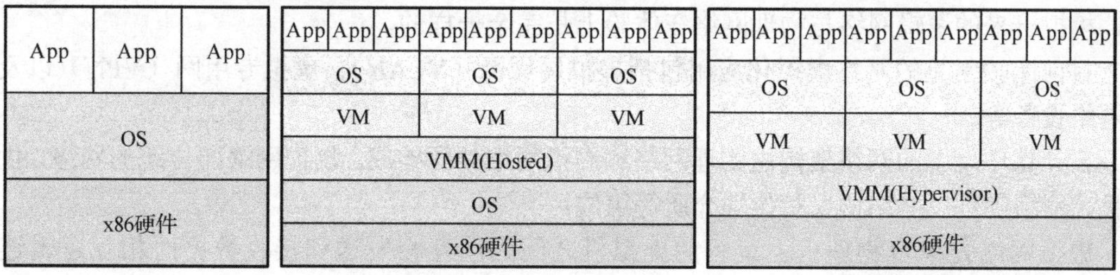

App	App	App
OS		
x86硬件		

App	App	App	App	App	App	App	App	App
OS			OS			OS		
VM			VM			VM		
VMM(Hosted)								
OS								
x86硬件								

App	App	App	App	App	App	App	App	App
OS			OS			OS		
VM			VM			VM		
VMM(Hypervisor)								
x86硬件								

图 5-2　物理机、托管型 VMM 和 Hypervisor 的区别

5.3.3　服务器虚拟化

服务器的虚拟化是将服务器物理资源抽象成逻辑资源，让一台服务器变成几台甚至上百台相互隔离的虚拟服务器，不再受限于物理上的界限，而是让 CPU、内存、磁盘、I/O 等硬件变

成可以动态管理的"资源池"，从而提高资源的利用率，简化系统管理，实现服务器整合，让IT对业务的变化更具适应力，如图5-3所示。

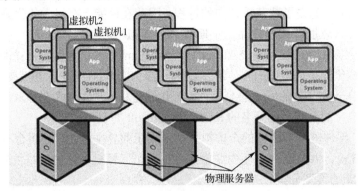

图 5-3　服务器虚拟化

服务器虚拟化主要分为三种："一虚多""多虚一"和"多虚多"。"一虚多"是一台服务器虚拟成多台服务器，即将一台物理服务器分割成多个相互独立、互不干扰的虚拟环境。"多虚一"就是多个独立的物理服务器虚拟为一个逻辑服务器，使多台服务器相互协作，处理同一个业务。"多虚多"是将多台物理服务器虚拟成一台逻辑服务器，再将其划分为多个虚拟环境，即多个业务在多台虚拟服务器上运行。

服务器虚拟化的特点如下：

通过服务器虚拟化把一个实体服务器分割成多个小的虚拟服务器，多个服务器依靠一台实体机生存。最普通的服务器虚拟化方法是使用虚拟机，它可以使一个虚拟服务器像是一台独立的计算机，IT部门通常使用服务器虚拟化来支持各种工作，例如支持数据库、文件共享、图形虚拟化以及媒体交互。由于将服务器分割成多个小的虚拟服务器，提高了效率，降低了企业成本。但是这种分割在桌面虚拟化中却不常使用，桌面虚拟化范围更广。

5.3.4　网络虚拟化

网络虚拟化是在一个物理网络上模拟出多个逻辑网络。局域网的计算机之间是互连互通的，模拟出来的逻辑网络与物理网络在体验上是完全一样的。

目前比较常见的网络虚拟化应用包括虚拟局域网（VLAN）、虚拟专用网（VPN）以及虚拟网络设备等。

云计算环境下的网络架构由物理网络和虚拟网络共同构成。物理网络即传统的网络，由计算机、网络硬件、网络协议和传输介质等组成。

虚拟网络是单台物理机上运行的虚拟机之间为了互相发送和接收数据而相互逻辑连接所形成的网络。虚拟网络由虚拟适配器和虚拟交换机组成。虚拟机里的虚拟网卡连接到虚拟交换机里特定的端口组中，由虚拟交换机的上行链路连接到物理适配器，物理适配器再连接到物理交换机。每个虚拟交换机可以有多个上行链路连接到多个物理网卡，但同一个物理网卡不能连接到不同的虚拟交换机。可将虚拟交换机的上行链路看作是物理网络和虚拟网络的边界。

5.3.5　存储虚拟化

1. 什么是存储虚拟化

存储虚拟化就是对存储硬件资源进行抽象化表现,是在物理存储系统和服务器之间的一个虚拟层,管理和控制所有存储资源并对服务器提供存储服务,也就是说服务器不直接与存储硬件打交道,由这一虚拟层来负责存储硬件的增减、调换、分拆、合并等,即在软件层截取主机端对逻辑空间的 I/O 请求,并把它们映射到相应的真实物理位置,这样将展现给用户一个灵活的、逻辑的数据存储空间,如图 5-4 所示。

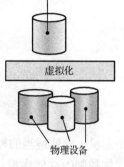

图 5-4　存储虚拟化

2. 存储虚拟化的好处

（1）提高整体利用率,同时降低系统管理成本

将存储硬件虚拟成一个"存储池",把许多零散的存储资源整合起来,从而提高整体利用率,同时降低系统管理成本。

与存储虚拟化配套的资源分配功能具有资源分割和分配能力,可以依据"服务水平协议（Service Level Agreement）"的要求对整合起来的存储池进行划分,以最高的效率、最低的成本来满足各类不同应用在性能和容量等方面的需求。特别是虚拟磁带库,对于提升备份、恢复和归档等应用服务水平起到了非常显著的作用,极大地节省了企业的时间和降低了成本。

（2）提升存储环境的整体性能和可用性水平

除了时间和成本方面的好处,存储虚拟化还可以提升存储环境的整体性能和可用性水平,这主要得益于"在单一的控制界面中动态地管理和分配存储资源"。

（3）缩短数据增长速度与企业数据管理能力之间的差距

在当今的企业运行环境中,数据的增长速度非常快,而企业管理数据能力的提高速度总是远远落在后面。通过虚拟化,许多既消耗时间又多次重复的工作,可以通过自动化的方式来进行,例如备份/恢复、数据归档和存储资源分配等,大大减少了人工作业。因此,通过将数据管理工作纳入单一的自动化管理体系,存储虚拟化可以显著地缩短数据增长速度与企业数据管理能力之间的差距。

（4）充分利用整合存储资源

只有网络级的虚拟化,才是真正意义上的存储虚拟化。它能将存储网络上的各种品牌的存储子系统整合成一个或多个可以集中管理的存储池（存储池可跨多个存储子系统）,并在存储池中按需要建立一个或多个不同大小的虚卷,并将这些虚卷按一定的读/写授权分配给存储网络上的各种应用服务器。这样就达到了充分利用存储容量、集中管理存储、降低存储成本的目的。

3. 存储虚拟化的方法

方法 1：基于主机的虚拟存储

基于主机的虚拟存储依赖于代理或管理软件,它们安装在一台或多台主机上,实现存储虚拟化的控制和管理,如图 5-5 所示。由于控制软件运行在主机上,这就会占用主机的处理时间,因此,这种方法的可扩充性较差,实际运行的性能不是很好。因为有可能导致不经意间越权访问到受保护的数据,所以基于主机的方法有可能影响到系统的稳定性和安全性。这种方法要求

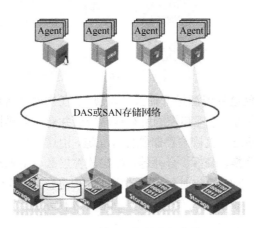

图 5-5　基于主机的虚拟存储

在主机上安装适当的控制软件，因此一个主机的故障可能影响整个 SAN 系统中数据的完整性。软件控制的存储虚拟化还可能由于不同存储厂商软、硬件的差异而带来不必要的互操作性开销，所以这种方法的灵活性也比较差。

但是，因为不需要任何附加硬件，基于主机的虚拟化方法最容易实现，其设备成本最低。使用这种方法的供应商趋于成为存储管理领域的软件厂商，而且目前已经有成熟的软件产品。这些软件可以提供便于使用的图形接口，方便用于 SAN 的管理和虚拟化，在主机和小型 SAN 结构中有着良好的负载平衡机制。从这个意义上看，基于主机的存储虚拟化是一种性价比不错的方法。

方法 2：基于存储设备的虚拟化

基于存储设备的存储虚拟化方法依赖于提供相关功能的存储模块，如图 5-6 所示。如果没有第三方的虚拟软件，基于存储的虚拟化只能提供一种不完全的存储虚拟化解决方案。对于包含多厂商存储设备的 SAN 存储系统，这种方法的运行效果并不是很好。依赖于存储供应商的功能模块将会在系统中排斥 JBODS（Just a Bunch of Disks，磁盘簇）和简单存储设备的使用，因为这些设备并没有提供存储虚拟化的功能。当然，利用这种方法意味着最终将锁定某一家存储供应商。

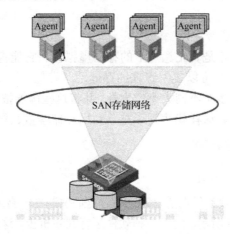

图 5-6　基于存储设备的虚拟化

基于存储的虚拟化方法也有一些优势：在存储系统中这种方法较容易实现，容易和某个特定存储供应商的设备相协调，所以更容易管理，同时它对用户或管理人员都是透明的。但是，我们必须注意到，因为缺乏软件的支持，这就使得解决方案更难以市场化和被监控。

方法 3：基于网络的虚拟存储

基于网络的虚拟化方法是在网络设备之间实现存储虚拟化的功能，如图 5-7 所示。

图 5-7　基于网络的虚拟存储

具体有下面几种方式：

（1）基于互联设备的虚拟化

基于互联设备的方法如果是对称的，那么控制信息和数据运行在同一条通道上；如果不对称，则控制信息和数据运行在不同的路径上。在对称的方式下，互联设备可能成为瓶颈，但是多重设备管理和负载平衡机制可以减缓瓶颈的矛盾。同时，在多重设备管理环境中，当一个设备发生故障时，也比较容易支持服务器实现故障接替。但是，这将产生多个 SAN 孤岛，因为一个设备仅控制与它所连接的存储系统。非对称式虚拟存储比对称式更具有可扩展性，因为数据和控制信息的路径是分离的。

基于互联设备的虚拟化方法能够在专用服务器上运行，使用标准操作系统，例如 Windows、Sun Solaris、Linux 或供应商提供的操作系统。这种方法运行在标准操作系统中，具有基于主机方法的诸多优势——易使用、设备便宜。许多基于设备的虚拟化提供商也提供附加的功能模块来改善系统的整体性能，能够获得比标准操作系统更好的性能和更完善的功能，但需要更高的硬件成本。

但是，基于设备的方法也继承了基于主机虚拟化方法的一些缺陷，因为它仍然需要一个运行在主机上的代理软件或基于主机的适配器，任何主机的故障或不适当的主机配置都可能导致访问到不被保护的数据。同时，在异构操作系统间的互操作性仍然是一个问题。

（2）基于路由器的虚拟化

基于路由器的方法是在路由器固件上实现存储的虚拟化功能。供应商通常也提供运行在主机上的附加软件来进一步增强存储管理能力。在此方法中，路由器被放置于每个主机到存储网络的数据通道中，用来截取网络中任何一个从主机到存储系统的命令。由于路由器潜在地为每一台主机服务，大多数控制模块存在于路由器的固件中，相对于基于主机和大多数基于互联设备的方法，这种方法的性能更好、效果更佳。由于不依赖于在每个主机上运行的代理服务器，这种方法比基于主机或基于设备的方法具有更好的安全性。当连接主机到存储网络的路由器出现故障时，仍然可能导致主机上的数据不能被访问。但是只有连接于故障路由器的主机才会受到影响，其他主机仍然可以通过其他路由器访问存储系统。路由器的冗余可以支持动态多路径，这也为上述故障问题提供了一个解决方法。由于路由器经常作为协议转换的桥梁，基于路由器的方法也可以在异构操作系统和多供应商存储环境之间提供互操作性。

5.3.6　应用虚拟化

将应用程序与操作系统解耦合，为应用程序提供了一个虚拟的运行环境，其中包括应用程序的可执行文件和它所需的运行环境。应用虚拟化服务器可以实时地将用户所需的程序组件推送到客户端的应用虚拟化运行环境。应用程序虚拟化如图 5-8 所示。

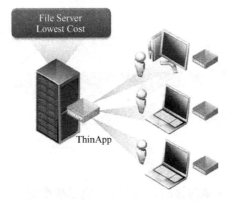

图 5-8　应用程序虚拟化

5.3.7　其他虚拟化

1. 桌面虚拟化

解决个人计算机的桌面环境（包括应用程序和文件等）与物理机之间的耦合关系。经过虚拟化的桌面环境被保存在远程的服务器上，当用户使用具有足够显示能力的兼容设备（比如PC、智能手机等）在桌面环境上工作时，所有的程序与数据都运行和最终保存在这个远程的服务器上。桌面虚拟化如图 5-9 所示。

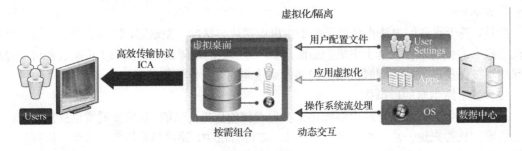

图 5-9　桌面虚拟化

2. 高级语言虚拟化

高级语言虚拟化解决的是可执行程序在不同体系结构计算机间迁移的问题。由高级语言编写的程序将编译为标准的中间指令，这些指令在解释执行或编译环境中被执行，如 Java 虚拟机 JVM。

5.3.8 虚拟化市场现状

从截至 2012 年末的统计数据分析，国内客户对于"服务器虚拟化"的采用要高于"桌面虚拟化"，在产品技术服务的选择上，国际厂商 Vmware、Citrix（思杰）的采用率要远高于国内厂商。

1. 虚拟化市场总体现状

多数客户未同时采纳"桌面虚拟化"与"服务器虚拟化"，未采用桌面虚拟化的客户主要原因在于最终使用者的接受程度、用户体验以及预算成本方面受限，如图 5-10 所示。

用户对服务器虚拟化与桌面虚拟化采纳比例

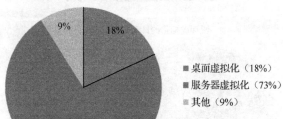

图 5-10 虚拟化市场总体现状

2. 服务器虚拟化现状

2012 年服务器虚拟化的部署在国内取得了良好的发展，其中以运营商、高等院校为代表的客户群体已经充分认识到其优势。服务器虚拟化市场现状如图 5-11 所示。

服务器虚拟化行业客户比例

图 5-11 服务器虚拟化市场现状

3. 桌面虚拟化现状

采用桌面虚拟化用户的日常应用，其中以日常的 Office 办公软件套件、IE 等为首，而行业客户生产业务如 OA、MIS 客户端的应用也占大部分份额，但在制图与影音娱乐方面的应用相对较少，桌面虚拟化现状和桌面虚拟化的日常应用分别如图 5-12 和图 5-13 所示。

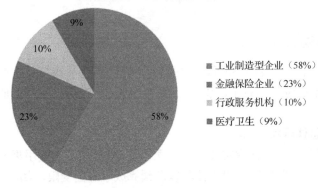

图 5-12　桌面虚拟化市场现状

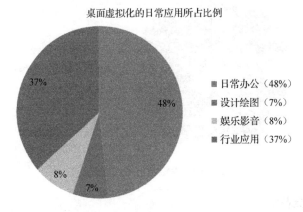

图 5-13　桌面虚拟化的日常应用

4. 应用虚拟化现状

应用虚拟化技术在近两年发展很快，在一些涉及工业制造与绘图设计的机构里，已经开始广泛使用应用虚拟化的产品和技术，比如 CAD、UG 等大型行业软件不仅单机授权价格高达数万元，而且每次进行安装配置都非常耗费时间。应用虚拟化日常应用如图 5-14 所示。

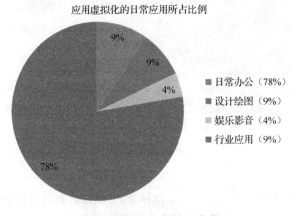

图 5-14　应用虚拟化的日常应用

5.3.9 主流的虚拟化软件

1. 服务器虚拟化国外主流厂商

（1）VMware vSphere

VMware 的服务器虚拟化软件 ESX Server 是在通用环境下分区和整合系统的虚拟主机软件，同时也是一个具有高级资源管理功能高效、灵活的虚拟主机平台。VMware 的虚拟化架构分为寄居架构和裸金属架构两种。寄居架构（如 VMWare workstation）是安装在操作系统上的应用程序，依赖于主机的操作系统对设备的支持和对物理资源的管理。裸金属架构（如 VMware vSphere）直接安装在服务器的硬件上，并允许多个未经修改的操作系统及应用程序在共享物力资源的虚拟机中运行。

（2）Citrix XenServer

Citrix 的 XenServer 是一款基于 Xen hypervisor 的开源虚拟化产品，它为客户提供了一个开放性架构，允许客户按照与自身物理和虚拟服务器环境相同的方法来进行存储管理，其管理工具 CUI 是其最大的亮点。

（3）Microsoft Hyper-V

Microsoft 的服务器虚拟化软件 Hyper-V 是 Microsoft 提出的一种系统管理程序虚拟化技术，是 Microsoft 第一个采用类似 VMware 和 Citrix 开源 Xen 一样的基于 hypervisor 的技术，Hyper-V 的优势则在于免费，因为 Hyper-V 是与 Windows Server 集成的。

2. 服务器虚拟化国内主流厂商

华为 FusionSphere

FusionSphere 是华为自主知识产权的云操作系统，集虚拟化平台和云管理特性于一身，让云计算平台建设和使用更加便捷，专门满足企业和运营商客户云计算的需求。FusionSphere 包括 FusionCompute 虚拟化引擎和 FusionManager 云管理等组件，能够为客户大大提高 IT 基础设施的利用效率，提高运营维护效率，降低 IT 成本。

FusionCompute 是云操作系统基础软件，主要由虚拟化基础平台和云基础服务平台组成，主要负责硬件资源的虚拟化，以及对虚拟资源、业务资源、用户资源的集中管理。它采用虚拟计算、虚拟存储、虚拟网络等技术，完成计算资源、存储资源、网络资源的虚拟化；同时通过统一的接口，对这些虚拟资源进行集中调度和管理，从而降低业务的运行成本，保证系统的安全性和可靠性，协助运营商和企业客户构建安全、绿色、节能的云数据中心。

华为 FusionManager 是云管理系统，通过统一的接口，对计算、网络和存储等虚拟资源进行集中调度和管理，提升运维效率，保证系统的安全性和可靠性，帮助运营商和企业构筑安全、绿色、节能的云数据中心。

3. 桌面虚拟化国外主流厂商

（1）Citrix XenDesktop

Citrix XenDesktop 作为在桌面虚拟化领域公认的领头羊，最新版本的 XenDesktop 已经和 FlexCast 管理架构中的 XenApp 进行了集成。不同于只能安装在一种 hypervisor 上的 View，XenDesktop 可以运行在 Citrix 自家的 XenServer、VMware ESXi 或者 Microsoft Hyper-V 上。Citrix 的 HDX 技术可以优化网络中对于桌面和应用程序的交互，这是消费者认为 XenDesktop 不同于其他 VDI 软件的重要特性之一。这种技术基于传输控制协议（TCP），但是在某些特定情况下只能使用用户数据报协议（UDP）。HDX 在 WAN 链路中可以发挥更大的作用，并且支持 3D 图形、多媒体及其他多种周边设备。HDX 3-D Pro 甚至可以为具有相关需求的应用程序提供图形加速。此外，Citrix XenDesktop 7 中的 HDX for Mobile 还提供了手势和滑动功能，更加适合触控设备。

（2）VMware Horizon View

VMware Horizon View 之前被简称为"View"，而现在已经成为 VMware Horizon 产品线中针对桌面、应用和移动设备的一款产品。这款 VDI 软件运行在自家的 ESXi hypervisor 上，不支持其他 hypervisor。其原生支持基于 UDP 而不是 TCP 协议的 PC over IP（PCoIP）协议。管理员可以使用 vCenter 和 View 组件来管理 Horizon View。

4．桌面虚拟化国内主流厂商

（1）华为 FusionAccess

华为 FusionAccess 桌面管理软件，主要由接入和访问控制层、虚拟应用层、虚拟桌面云管理层和业务运营平台组成。FusionAccess 提供图形化的界面，运营商或企业的管理员通过界面可快速为用户发放、维护和回收虚拟桌面，实现虚拟资源的弹性管理，提高资源利用率，降低运营成本。

（2）中兴 ZXCLOUD iRAI

中兴通讯 ZXCLOUD iRAI 是一种桌面虚拟化解决方案，基于云计算技术随时随地按照需求为用户交付完整的 Windows、Linux 桌面。通过虚拟化技术实现基础设施、桌面、应用等资源的共享，虚拟桌面解决方案包括桌面服务端和瘦终端，桌面服务端在云端托管并统一管理；用户能够获得完整的 PC 使用体验。基于中兴通讯桌面虚拟化解决方案，用户可以通过任何设备，在任何地点，任何时间访问位于云端属于自己的桌面。

5.3.10 虚拟化资源管理

虚拟化资源是云计算中最重要的组成部分之一，对虚拟化资源的管理水平直接影响云计算的可用性、可靠性和安全性。虚拟化资源管理主要包括对虚拟化资源的监控、分配和调度。

云资源池中应用的需求不断改变，在线服务的请求经常不可预测，这种动态的环境要求云计算的数据中心或计算中心能够对各类资源进行灵活、快速和动态地按需调度。云计算中的虚拟化资源与以往的网络资源相比，有以下特征：

（1）数量更为巨大。

（2）分布更为离散。

（3）调度更为频繁。

（4）安全性要求更高。

通过对虚拟化资源的特征分析以及目前网络资源管理的现状，确定虚拟化资源的管理应该满足以下准则：

（1）所有虚拟化资源都是可监控和可管理的。

（2）请求的参数是可监控的，监控结果可以被证实。

（3）通过网络标签可以对虚拟化资源进行分配和调度。

（4）资源能高效地按需提供服务。

（5）资源具有更高的安全性。

在虚拟化资源管理调度接口方面，表述性状态传递（Representational State Transfer，简称 REST）有能力成为虚拟化资源管理强有力的支撑。REST 实际上就是各种规范的集合，包括 HTTP 协议、客户端/服务器模式等。在原有规范的基础上增加新的规范，就会形成新的体系结构。而 REST 正是这样一种体系结构，它结合了一系列的规范形成了一种新的基于 Web 的体系结构，使其更有能力来支撑云计算中虚拟化资源对管理的需求。

5.4 用户交互技术

随着云计算的逐步普及，浏览器已经不仅仅是一个客户端的软件，而逐步演变为承载着互联网的平台。浏览器与云计算的整合技术主要体现在两个方面，浏览器网络化与浏览器云服务。

国内各家浏览器都将网络化作为其功能的标配之一，主要功能体现在用户可以登录浏览器，并通过自己的账号将个性化数据同步到服务端。用户在任何地方，只需要登录自己的账号，就能够同步更新所有的个性内容，包括浏览器选项配置、收藏夹、网址记录、智能填表、密码保存等。

目前的浏览器云服务主要体现在 P2P 下载、视频加速等单独的客户端软件中，主要的应用研究方向包括，基于浏览器的 P2P 下载、视频加速、分布式计算、多任务协同工作等。在多任务协同工作方面，AJAX（Asynchronous JavaScript And XML，异步 JavaScript 和 XML）是一种创建交互式网页应用的网页开发技术，改变了传统网页的交互方式，改进了交互体验。

5.5 安全管理技术

安全问题是用户是否选择云计算的主要顾虑之一。传统集中式管理方式下也有安全问题，云计算的多租户、分布性以及对网络和服务提供者的依赖性，为安全问题带来新的挑战。其中，主要的数据安全问题和风险包括：

1. 数据存储及访问控制

包括如何有效存储数据以避免数据丢失或损坏，如何避免数据被非法访问和篡改，如何对多租户应用进行数据隔离，如何避免数据服务被阻塞，如何确保云端退役（at rest）数据的妥善保管或销毁等。

2. 数据传输保护

包括如何避免数据被窃取或攻击，如何保证数据在分布式应用中有效传递等。

3. 数据隐私及敏感信息保护

包括如何保护数据所有权并可根据需要提供给受信方使用，如何将个人身份信息及敏感数据挪到云端使用等。

4. 数据可用性

包括如何提供稳定可靠的数据服务以保证业务的持续性，如何进行有效的数据容灾及恢复等。

5. 依从性管理

包括如何保证数据服务及管理符合法律及政策的要求等。

相应的数据安全管理技术包括：

（1）数据保护及隐私（Data Protection and Privacy）包括虚拟镜像安全、数据加密及解密、数据验证、密钥管理、数据恢复和云迁移的数据安全等。

（2）身份及访问管理（Identity and Access Management，简称 IAM）包括身份验证、目录服务、联邦身份鉴别/单点登录（Single Sign On，简称 SSO）、个人身份信息保护、安全断言置标语言（SAML）、虚拟资源访问、多租户数据授权、基于角色的数据访问和云防火墙技术等。

（3）数据传输（Data Transportation）

包括传输加密及解密、密钥管理和信任管理等。

（4）可用性管理（Availability Management）

包括单点故障（Single Point of Failure，简称 SPoF）、主机防攻击和容灾保护等。

（5）日志管理（Log Management）

包括日志系统、可用性监控、流量监控、数据完整性监控和网络入侵监控等。

（6）审计管理（Audit Management）

包括审计信任管理和审计数据加密等。

（7）依从性管理（Compliance Management）

包括确保数据存储和使用等符合相关的风险管理和安全管理的规定要求。

5.6 运营支撑管理技术

为了支持规模巨大的云计算环境，需要成千上万台服务器来支撑。如何对数以万计的服务器进行稳定高效地运营管理，成为云服务是否被用户认可的关键因素之一。下面从云的部署、负载管理和监控、计量计费、服务等级协议（Service Level Agreement，简称 SLA）、能效评测这五个方面分别阐述云的运营管理。

1. 云的部署

云的部署包括两个方面：云本身的部署和应用的部署。如前所述，云一方面规模巨大，另一方面要求很好的服务健壮性、可扩展性和安全性。因此，云的部署是一个系统性的工程，涉及机房建设、网络优化、硬件选型、软件系统开发和测试、运维等各个方面。为了保证服务的健壮性，需要将云以一定冗余部署在不同地域的若干机房。为了应对规模的不断增长，云要具备便利的、近乎无限的扩展能力，因而从数据存储层、应用业务层到接入层都需要采用相应的措施。为了保护云及其应用的安全，需要建立起各个层次的信息安全机制。

除此之外，还需要部署一些辅助的子系统，如管理信息系统（MIS）、数据统计系统、安全系统、监控和计费系统等，它们帮助云的部署和运营管理达到高度自动化和智能化的程度。

云本身的部署对云的用户来说是透明的。一个设计良好的云，应使得应用的部署对用户也是透明和便利的。这依赖云提供部署工具（或 API）帮助用户自动完成应用的部署。一个完整的部署流程通常包括注册、上传、部署和发布四个过程。

2. 负载管理和监控

云的负载管理和监控是一种大规模集群的负载管理和监控技术。在单个结点粒度，它需要能够实时地监控集群中每个结点的负载状态，报告负载的异常和结点故障，对出现过载或故障的结点采取既定的预案。在集群整体粒度，通过对单个结点、单个子系统的信息进行汇总和计算，近乎实时地得到集群的整体负载和监控信息，为运维、调度和控制成本提供决策。与传统的集群负载管理和监控相比，云对负载管理和监控有新的要求。首先，新增了应用粒度，即以应用为粒度来汇总和计算该应用的负载和监控信息，并以应用为粒度进行负载管理。应用粒度是可以再细分的，在下面的"计量计费"一节中会提到，粒度甚至精细到 API 调用的粒度。其次，监控信息的展示和查询现在要作为一项服务提供给用户，而不仅仅是少量的专业集群运维人员，这需要高性能的数据流分析处理平台的支持。

3. 计量计费

云的主要商业运营模式是采取按量计费的收费方式，即便对于私有云，其运营企业或组织也可能有按不同成本中心进行成本核算的需求。为了精确地度量"用了多少"，就需要准确的、及时的计算云上的每一个应用服务使用了多少资源，这称为服务计量。

服务计量是一个云的支撑子系统，它独立于具体的应用服务，像监控一样能够在后台自动地统计和计算每一个应用在一定时间点的资源使用情况。对于资源的衡量维度主要是，应用的上行（in）/下行（out）流量、外部请求响应次数、执行请求所花费的 CPU 时间、临时和永久数据存储所占据的存储空间、内部服务 API 调用次数等。也可认为，任何应用使用或消耗的云资源，只要可以被准确地量化，就可以作为一种维度来计量。实践中，计量通常既可以用单位时间内资源使用的多少来衡量，如每天多少字节流量；也可以用累积的总使用量来衡量，如数据所占用的存储空间字节大小。

在计量的基础上，选取若干合适的维度组合，制定相应的计费策略，就能够进行计费。计费子系统将计量子系统的输出作为输入，并将计费结果写入账号子系统的财务信息相关模块，完成计费。计费子系统还产生可供审计和查询的计费数据。

4. SLA

SLA 是在一定开销下为保障服务的性能和可靠性，服务提供商与用户间定义的一种双方认可的协定。对于云服务而言，SLA 是必不可少的，因为用户对云服务的性能和可靠性有不同的要求。从用户的角度而言，也需要从云服务提供商处得到具有法律效力的承诺，来保证支付费用之后得到应有的服务质量。从目前的实践看，国外的大型云服务提供商均提供了SLA。

一个完整的 SLA 同时也是一个具有法律效力的合同文件，它包括所涉及的当事人、协定条款、违约的处罚、费用和仲裁机构等。当事人通常是云服务提供商与用户。协定条款包含对服务质量的定义和承诺。服务质量一般包括性能、稳定性等指标，如月均稳定性指标、响应时间、故障解决时间等。实际上，SLA 的保障是以一系列服务等级目标（Service Level Objective，简称 SLO）的形式定义的。SLO 是一个或多个有限定的服务组件的测量的组合。一个 SLO 被实现是指那些有限定的组件的测量值在限定范围里，通过前述的对云及应用的监控和计量，可以计算哪些 SLO 被实现或未被实现，如果一个 SLO 未被实现，即 SLA 的承诺未能履行，就可以按照"违约的处罚"对当事人（一般是云服务提供商）进行处罚。通常采取的方法是减免用户已缴纳或将缴纳的费用。

5. 能效评测

云计算提出的初衷是将资源和数据尽可能放在云中，通过资源共享、虚拟化技术和按需使用的方式提高资源利用率，降低能源消耗。但是在实际应用中，大型数据中心的散热问题造成了大量的能源消耗。如何有效地降低能源消耗构建绿色的数据中心，成为云服务提供商迫切需要解决的问题之一。

云计算数据中心的能耗测试评价按照不同的维度有不同的测试手段和方法。针对传统的数据中心它有显性评价体系和隐性评价体系两个方面。

显性的能耗测试评价可以参照传统数据中心的评价体系，具体包括：能源效率指标、IT 设备的能效比、IT 设备的工作温度和湿度范围和机房基础设施的利用率指标。能源效率指标用于评估一个数据中心使用的能源中有多少用于生产，还有多少被浪费。在这方面，绿色网格组织的电源使用效率（Power Usage Effectiveness，简称 PUE）指标影响力较大。PUE 值越小，意味着机房的节能性越好。目前，国内绝大多数的数据中心的 PUE 值为 3 左右，而欧美一些国家数据中心的 PUE 平均值为 2 左右。

隐性能耗测试评价包括云计算服务模式节省了多少社会资源，由于客户需求的不同，云吞吐量的变化节省了多少 IT 设备的投资和资源的重复建设。这些测试评价很多时候不能量化或者不能够进行精准地评价。

为了实现对数据中心能源的自动调节，满足相关的节能要求，一些 IT 厂商和标准化组织纷纷推出节能技术及能耗检测工具，如 HP（惠普）公司的动态功率调整技术（Dynamic Power Saver，简称 DPS）、IBM 的 Provisioning 软件。

小 结

通过对云计算参考架构中不同角色、不同功能的分析，可见云计算主要支撑技术包括：高性能计算技术、分布式存储技术、虚拟化技术、用户交互技术、安全管理技术和运营支撑管理技术。

高性能计算是计算机科学的一个分支，研究并行算法和开发相关软件，致力于开发高性能计算机。对称多处理、大规模并行处理机、集群系统、消息传递接口、集群系统管理与任务都是高性能计算技术的内容。

分布式数据存储简单来说，就是将数据分散存储到多个数据存储服务器上。分布式数据存储技术包含非结构化数据存储和结构化数据存储。其中，非结构化数据存储主要采用文件存储和对象存储技术，而结构化数据存储主要采用分布式数据库技术，特别是 NoSQL 数据库。

虚拟化是一种资源管理技术，是将计算机的各种实体资源，如服务器、网络、内存及存储等，予以抽象、转换后呈现出来，打破实体结构间的不可切割的障碍，使用户可以比原本的配置更好的方式来应用这些资源。这些资源的新虚拟部分不受现有资源的架设方式、地域或物理配置所限制。虚拟化的主要目的是对 IT 基础设施进行简化。它可以简化对资源以及对资源管理的访问。通过虚拟化可以整合企事业单位服务器，充分利用昂贵的硬件资源，大幅提升系统资源利用率。

根据虚拟化提供的内容，大致可以分为四个层级，由上往下依次为应用虚拟化、框架虚拟化、桌面虚拟化和系统虚拟化。其中，系统虚拟化在业界一线更多地被称为服务器虚拟化，云操作系统正是使用此类虚拟化技术。由于处在底层,服务器虚拟化也是其他几种虚拟化的基础。虚拟化的实现机制,主要有全虚拟化、半虚拟化和硬件辅助虚拟化三类,虽然还有其他虚拟化的实现方法,但应用范围较窄,或存在诸多限制和不足,不属于主流。

为了支持规模巨大的云计算环境,需要成千上万台服务器来支撑。如何对数以万计的服务器进行稳定高效地运营管理,成为云服务是否被用户认可的关键因素之一。云的运营管理涉及云的部署、负载管理和监控、计量计费、服务等级协议、能效评测这五个方面。

思考与练习

1. 通过云计算参考模型分析,云计算有哪些主要支撑技术?
2. 高性能计算技术在云计算中的功能是什么?
3. 分布存储技术主要解决云计算中什么问题?
4. 何为虚拟化?简述服务器虚拟化、桌面虚拟化、存储虚拟化、网络虚拟化和应用虚拟化。
5. 什么是用户交互技术?如何支撑云计算?
6. 简述运营支撑管理技术在云计算中的支撑作用。

第*6*章

云 存 储

本章要点

➢ 云存储概念
➢ 云存储的优势
➢ 云存储的结构
➢ 云存储的技术前提及趋势
➢ 云存储的应用

今天的社会生活，每一个人都离不开信息，每天都在使用和生产许多数据，它们或存储在本地 PC、U 盘、移动硬盘，或存储在电子邮箱、QQ 空间，或存储在网络上。随着互联网的快速发展，云计算的产生，人们对云存储的应用日益深入和广泛，什么是云存储？有什么优势？系统结构怎么样？企事业单位和个人如何选择应用云存储提高生产效率、方便生活等是本章向读者要介绍的内容。

6.1 云存储概念

在 PC 时代用户的文件存储在本地存储设备中（如硬件、软盘或 U 盘中），云存储则不将文件存储在本地存储设备上，而是存储在"云"中，这里的云即"云存储"。云存储（Cloud Storage）通常是由专业的 IT 厂商提供的存储设备和为存储服务相关技术的集合，即它是指通过集群应用、网格技术或分布式文件系统等功能，将网络中大量各种不同类型的存储设备通过应用软件集合起来协同工作，共同对外提供数据存储和业务访问功能的一个系统。云存储的核心是应用软件与存储设备相结合，通过应用软件来实现存储设备向存储服务的转变，是一个以数据存储和管理为核心的云计算系统。

提供云存储服务的 IT 厂商主要有 Microsoft、IBM、Google、网易、新浪、中国移动 139 邮箱、中国电信、百度云盘、360 企业云盘和华为云盘等。它们为企事业单位和个人在信息存储、分享、协同工作等方面提供了极大方便，可在任何时间、任何地点，只要能上网就能获取和存储信息。

云存储的概念一经提出，就得到众多厂商的支持和关注，如 Amazon 推出的 Elastic Compute Cloud（EC2，弹性计算云）云存储产品，旨在为用户提供互联网服务的同时提供更强的存储和计算功能。Microsoft 推出了提供网络移动硬盘服务的 Windows Live SkyDrive Beta 测试版。EMC 加入基础架构项目，致力于云计算环境下关于信任和可靠度保证的全球研究协作，IBM 也将云计算标准作为全球备份中心的 3 亿美元扩展方案的一部分。

当云计算系统运算和处理的核心是大量数据的存储和管理时，云计算系统需要配置大量存储设备，云计算系统就转变成为一个云存储系统，因此云存储也是一个以数据存储和管理为核心的云计算系统。从云计算的角度出发，云存储可以认为是配置了大容量存储空间的一个云计算系统。在线存储系统是基于云存储系统的云存储服务系统。

需要强调的是：云存储不仅仅是存储，更重要的是服务。就如同云状的广域网和互联网一样，云存储对使用者来讲，不是指某一个具体的设备，而是指由许许多多的存储设备和服务器所构成的集合体。使用者使用云存储，并不是使用某一个存储设备，而是使用整个云存储系统带来的一种数据访问服务。所以严格地讲，云存储不是存储，而是一种服务。

云存储的核心是应用软件与存储设备相结合，通过应用软件来实现存储设备向存储服务的转变。

6.2　云存储的优势

当使用传统存储某一个独立设备时，必须清楚这个存储设备是什么型号、什么接口和传输协议，必须清楚地知道在存储系统中有多少块磁盘，分别是什么型号、多大容量，必须清楚存储设备和服务器之间采用什么样的连接线缆。为了保证数据安全和业务的连续性，还需要建立相应的数据备份系统和容灾系统。除此之外，还必须对存储设备进行定期的状态监控、维护、软硬件更新和升级。

使用云存储时，上面所提到的一切对使用者来说不需要了。云存储系统中的所有设备对使用者来讲是完全透明的，任何地方的任何一个经过授权的使用者都可以通过一根接入的线缆与云存储连接，对云存储进行数据访问。

了解云存储的优势，有利于更加深刻地认识和应用云存储，增强使用云存储的信心和更加科学地应用云存储。它具有高可靠性、高性能、易于管理、成本低廉、绿色节能和易于扩展等优势，如图 6-1 所示。

1. 高可靠性、高性能

传统存储系统升级时需要备份、停机，换上新设备时会导致服务的停止，而云存储并不单独依赖某一台存储设备，系统升级不会影响同时提供服务。云存储系统，硬件冗余，帮助自动切换，数据传输快速，信息随要随到。

2. 更易于管理

传统存储的管理工作，要面对不同存储厂商的不同管理界面，数据中心人员经常要面对不同的存储产品，在这种情况下，为了了解每个存储的使用状况（容量、负载等），将使管理工作非常复杂。

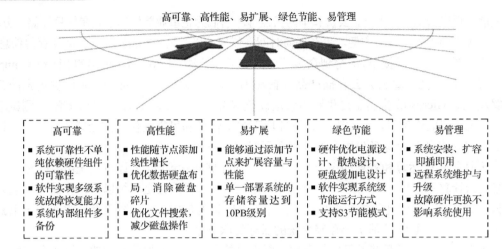

图 6-1　云存储的优势

对于云存储来说，再多的存储服务器，在管理人员眼中，只是一台存储设备，管理人员只需在整体硬盘容量快用完时，采购服务器即可，每次服务器的使用状况，可以在一个管理界面上看到，从而使得管理工作简单。

3. 成本更低廉，绿色节能

使用云存储的用户，无须创建本单位的数据中心，免费或只需付少量租赁费即可使用，对于服务供应商来说，只是先前投入，没有浪费，非常节省电能。

4. 易于扩展

传统存储采用串行扩容，不管它接多少扩展箱，总是有个极限。云存储使用的是并行扩容，容量不够了，只须新购存储服务器即可，容量立即增加，几乎没有限制。

6.3　云存储的结构

本节从云存储系统的结构模型和云存储系统的核心两方面介绍云存储的结构。

1. 云存储系统的结构模型

云存储系统的结构模型由存储层、基础管理层、应用接口层和访问层四部分组成，如图 6-2 所示。

（1）存储层

存储是云存储最基础的部分，存储设备可以是 FC（Fiber Channel，光纤通道）存储设备，可以是 NAS（Network Attached Storage，网络附属存储）和 iSCSI（Internet Small Computer Systems Interface，Internet 小型计算机系统接口）等 IP（Internet Protocol，网际协议）存储设备，也可以是 SCSI（Small Computer System Interface，小型计算机系统接口）或 SAS（Serial Attached SCSI，串行连接 SCSI 接口）等 DAS（Direct Attached Storage，直连式存储）存储设备。云存储中的存储设备往往数量庞大且分布在不同地域，彼此之间通过广域网、互联网或者光纤通道网络连接在一起。

存储设备之上是一个统一存储设备管理系统，可以实现存储设备的逻辑虚拟化管理、多链路冗余管理，以及硬件设备的状态监控和故障维护。

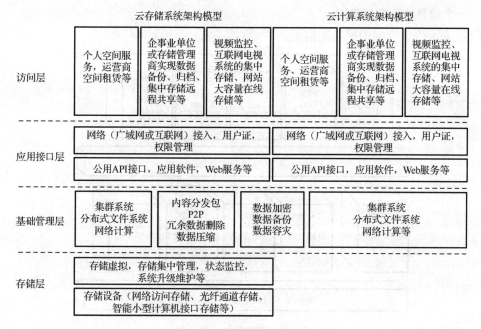

图6-2 云存储的结构模型

（2）基础管理层

基础管理层是云存储最核心的部分。基础管理层通过集群、分布式文件系统和网格计算等技术，实现云存储中多个存储设备之间的协同工作，使多个存储设备能够对外提供同一种服务，并提供更好的数据访问性能。

（3）应用接口层

应用接口层是云存储最灵活多变的部分。不同的云存储运营单位可以根据实际业务类型，开发不同的应用服务接口，提供不同的应用服务。例如，视频监控应用平台、IPTV（Internet Protocol Television，交互式网络电视）和视频点播应用平台、网络硬盘应用平台、远程数据备份应用平台等。

（4）访问层

任何一个授权用户都可以通过标准的公用应用接口登录云存储系统，享受云存储服务。云存储运营单位不同，云存储提供的访问类型和访问手段也不同。

2. 云存储系统的核心

云存储系统的核心由云存储控制服务器和后端存储设备两大部分组成。

（1）云存储控制节点

云存储控制器负责整个系统元数据和实际数据的管理和索引，提供超大容量管理，实现后台存储设备的高性能并发访问和数据冗余等功能。云存储控制服务器是整个系统的统一管理平台，管理员可以在其中监视系统运行情况、管理系统中用户和各项策略等。

（2）存储节点

云存储系统采用高性能应用存储设备，可内嵌云存储系统访问协议包、存储节点认证许可等。设备采用高密度磁盘阵列设备，每套设备通过网络接入到云存储系统中，进入云存储池后进行分配。对数据存储可实现多副本、多物理设备分别保存，当容量或带宽需要扩展时，通过增加存储节点来实现，根据实际需要灵活扩容，在系统运行时进行在线的容量增加。

3. 一个简易的云存储架构

图 6-3 是一个云存储的简易架构图。

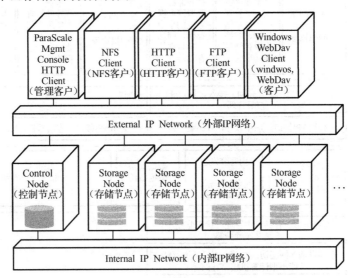

图 6-3　云存储的简易架构

下面一层的存储节点（Storage Node）负责存放文件，蓝色的控制节点（Control Node）则是作为文件索引，并负责监控存储节点间容量及负载的均衡，这两个部分合起来便组成一个云存储。存储节点与控制节点都是单纯的服务器，只是存储节点的硬盘多一些，存储节点服务器不需要具备 RAID 的功能，只要能安装 Linux 即可，控制节点为了保护数据，需要有简单的 RAID Level 01 的功能。

每个存储节点与控制节点至少有 2 片网卡（千兆、万兆卡都可以，有些也支持 Infiniband），一片网卡 Internal 负责内部存储节点与控制节点的沟通、数据迁移，一片网卡 External 负责对外应用端的数据读写。一片千兆卡，读可以达到 100MB，写可以达到 70MB，如果觉得对外一片网卡不够，也可以多装几片。

上面一层（NFS、HTTP、FTP、WebDav）是应用端，左上角的灰色方块（Mgmt Console）是一台 PC，负责云存储中存储节点的管理。从应用端看来，云存储只是个文件系统，而且一般来说支持标准的协议，例如 NFS、HTTP、FTP、WebDav 等，所以很容易把旧有的系统与云存储结合，应用端不需要做什么改变。

云存储不是要取代现有的磁盘阵列，而是为了应付高速增长的数据量与带宽而产生的新形态存储系统，因此云存储在设计时通常应考虑以下三点：

（1）容量、带宽的扩容是否简便

扩容时不能停机，并自动将新的存储节点容量纳入原来的存储池，不需要做烦琐的设置。

（2）带宽是否线性增长

使用云存储的客户，很多是考虑未来带宽的增长，因此云存储产品设计得好坏会有很大的差异，有些十几个节点便达到饱和，这样对未来带宽的扩容就有不利的影响，这一点要事先弄清楚，否则等到发现不符合需求时，已经买了几百 TB，后悔已来不及了。

（3）管理是否容易

不说 Google 有五万台存储服务器，即使国内也有很多客户超过 500 台存储服务器，若不使用云存储来统一管理，管理 500 台存储服务器是一个巨大的工作，一不小心就可能导致某些应用的崩溃，因此云存储的应用是一个必然的趋势，当用户把应用迁移到云存储，他管理的就是一台存储服务器，而不是 500 台甚至五万台存储服务器。管理一台存储服务器不容易出错，分别管理五万台要不出错就很难了。

上面介绍的是一个纯软件的云存储解决方案，有的产品是硬件的解决方案，把橘色的存储节点和蓝色的控制节点，放在一台设备上，这样做的缺点是成本比较高，客户也不能够按照自己的需求，任意选择适合自己规格的硬件，例如读写性能、网卡、硬盘容量等。因此个人观点觉得软件的解决方案会成为最后的赢家，因为从云存储使用者的角度来看，用户对成本的要求很高，并不希望放弃原有的硬件投入，这些都是硬件的解决方案无法满足的。

6.4 云存储的技术前提及趋势

6.4.1 云存储的技术前提

从上面的云存储结构模型可知，云存储系统是一个多设备、多应用、多服务协同工作的集合体，它的实现以多种技术的发展为前提。

1. 宽带网络的发展

真正的云存储系统将会是一个多区域分布、遍布全国甚至于遍布全球的庞大公用系统，使用者需要通过 ADSL、DDN 等宽带接入设备来连接云存储，而不是通过 FC、SCSI 或以太网线缆直接连接一台独立的、私有的存储设备。只有宽带网络得到充足的发展，使用者才有可能获得足够大的数据传输带宽，实现大容量数据的传输，真正享受到云存储服务，否则只能是空谈。

2. Web 2.0 技术

Web 2.0 技术的核心是分享。只有通过 Web 2.0 技术，云存储的使用者才有可能通过 PC、手机、移动多媒体等多种设备，实现数据、文档、图片和音视频等内容的集中存储和资源共享。Web 2.0 技术的发展使得使用者的应用方式和可获得的服务更加灵活多样。

3. 应用存储的发展

云存储不仅仅是存储，更多的是应用。应用存储是一种在存储设备中集成了应用软件功能的存储设备，它不仅具有数据存储功能，还具有应用软件功能，可以看作是服务器和存储设备的集合体。应用存储技术的发展可以大量减少云存储中服务器的数量，从而降低系统建设成本，减少系统中由服务器造成的单点故障和性能瓶颈，减少数据传输环节，提供系统性能和效率，保证整个系统的高效稳定运行。

4. 集群技术、网格技术和分布式文件系统

云存储系统是一个多存储设备、多应用、多服务协同工作的集合体，任何一个单点的存储系统都不是云存储。

既然是由多个存储设备构成的，不同存储设备之间就需要通过集群技术、分布式文件系统和网格计算等技术，实现多个存储设备之间的协同工作，使多个存储设备可以对外提供同一种服务，并提供更大、更强、更好的数据访问性能。如果没有这些技术的存在，云存储就不可能真正实现，所谓的云存储只能是一个个的独立系统，不能形成云状结构。

5. CDN 内容分发、P2P 技术、数据压缩技术

CDN 内容分发系统、数据加密技术保证云存储中的数据不会被未授权的用户所访问，同时，通过各种数据备份和容灾技术保证云存储中的数据不会丢失，保证云存储自身的安全和稳定。如果云存储中的数据安全得不到保证，想必也没有人敢用云存储。否则，保存的数据不是很快丢失，就是任何人都可以访问。

6. 存储虚拟化技术、存储网络化管理技术

云存储中的存储设备数量庞大且分布在不同地域，如何实现不同厂商、不同型号甚至不同类型（如 FC 存储和 IP 存储）的多台设备之间的逻辑卷管理、存储虚拟化管理和多链路冗余管理，将会是一个巨大的难题。这个问题得不到解决，存储设备就会是整个云存储系统的性能瓶颈，结构上也无法形成一个整体，而且还会带来后期容量和性能扩展难等问题。

云存储中的存储设备数量庞大、分布地域广，造成的另外一个问题就是存储设备运营管理问题。虽然这些问题对云存储的使用者来讲根本不需要关心，但对于云存储的运营商来讲，却必须通过切实可行和有效的手段来解决集中管理难、状态监控难、故障维护难、人力成本高等问题。因此，云存储必须具有一个高效的类似于网络管理软件一样的集中管理平台，以实现云存储系统中各存储设备、服务器和网络设备的集中管理和状态监控。

6.4.2 云存储技术趋势

由于移动互联网、电子商务和社交媒体的快速发展，促使了企业需要面临的数据量成指数增长的压力。据 IDC 《数字宇宙》（*Digital Universe*）的研究报告表明，2020 年全球新建和复制的信息量将超过 40ZB，是 2012 年的 12 倍；而中国的数据量则会在 2020 年超过 8ZB，比 2012 年增长 22 倍。数据量的飞速增长带来了大数据技术和服务市场的繁荣发展。IDC 亚太地区（不含日本）关于大数据和分析（BDA）领域的最新市场研究表明，大数据技术和服务市场的规模从 2012 年的 5.48 亿美元增加到 2017 年的 23.8 亿美元，未来 5 年的复合增长率达到 34.1%。该市场涵盖了存储、服务器、网络、软件和服务市场。

最新一代 LTO-4 磁带的单盒磁带存储容量也达到了 1.6TB（压缩比为 2：1）。技术的不断进步必将推动存储向更高容量发展，而重复数据删除、压缩等技术的引入，可以进一步提升存储空间的利用率。从性能方面看，FC 磁盘阵列已经逐步过渡到 4GB 时代，而 8GB FC 又在向数据中心用户招手，万兆 IP 存储不再是纸上谈兵。在 InfiniBand 领域，已经有厂商推出了 40GB InfiniBand 适配器产品。

现有的网络存储架构，比如 SAN 或 NAS 还能够有效支撑无处不在的云计算环境吗？有人表示怀疑。其主要观点是：面对 PB 级的海量存储需求，传统的 SAN 或 NAS 在容量和性能的扩展上会存在瓶颈；云计算这种新型的服务模式必然要求存储架构保持极低的成本，而现有的一些高端存储设备显然还不能满足这种需求。

从 Google 公司的实践来看，其在现有的云计算环境中并没有采用 SAN 架构，而是使用了可扩展的分布式文件系统（Google File System，GFS）。这是一种高效的集群存储技术。近几年逐渐兴起的集群存储技术，不仅轻松突破了 SAN 的性能瓶颈，而且可以实现性能与容量的线性扩展，这对于追求高性能、高可用性的企业用户来说是一个新选择。

随着一些专注于集群存储业务的厂商，比如 Panasas、Isilon、龙存科技等在中国市场的快速发展，集群存储技术的应用会更加普及。虽然集群存储在处理非结构化数据方面优势十分明

显，但从目前的情况看，集群存储不太可能在短时间内完全取代传统的网络存储方式，SAN 和 NAS 仍会有用武之地。

需要强调的是，虚拟化是实现云计算远景目标的一项核心技术，因为云计算本身就是一个能提供虚拟化和高可用性的新一代计算平台。从目前的市场情况看，服务器虚拟化已经如火如荼，而存储虚拟化的发展相对慢一些。

2007 年底，EMC 推出 SAN 存储虚拟化产品 Invista 2.0。与上一代产品相比，Invista 2.0 支持的存储容量扩大了 5 倍，进一步提升了可用性，强化数据保护机制和管理功能，提高使用效率，增强可扩展性。此外，Invista 2.0 还通过了 VMware 认证，可以让用户在 VMware 的架构中更妥善地管理、分享和保护信息。

存储公司 3PAR 营销副总裁 Craig Nunes 表示："为了有效支持云计算，基础架构必须具备几个关键特征。首先，这些系统必须是自治的，也就是说，它们必须内嵌自动化技术，消除人工部署和管理，允许系统自己智能地响应应用的要求。如果系统需要人为干预来分配和管理资源，那么它就不能充分地满足云计算的要求。其次，云计算架构必须是敏捷的，能够对需求信号或变化的工作负载做出及时反应。换句话说，内嵌的虚拟化技术和集群技术，必须能够应对业务增长或服务等级要求的快速变化。如果系统需要花几个小时、几天或几个星期的时间来响应新的应用或用户需求，那么这个系统也就不能满足云计算的要求了。"

SaaS 是 Storage as a Service 的缩写，意为存储即服务。在云计算环境下，存储不再是冷冰冰的硬件设备，而是一种服务。这会不会改变今后用户的存储采购方式，从采购硬件转变为购买存储服务？Craig Nunes 表示："在大型企业内，不管是采用云计算模式还是自建一个公用数据中心，终端用户的 IT 要求终将以服务方式来满足。"

6.5　云存储的应用

云存储可以实现存储完全虚拟化，大大简化应用环节，节省客户建设成本，同时提供更强的存储和共享功能，已广泛应用在人们的生产、学习和生活中。

提供云存储服务的 IT 厂商主要有：百度、115 网盘、Microsoft、IBM、Google、网易、新浪、中国移动 139 邮箱、中国电信等。选择云存储服务主要参考以下几个方面：免费、安全、稳定、速度快、交互界面友好，无广告或者广告看起来不那么烦人，此外还兼顾国外和国内服务。

本节重点介绍 360 云盘和百度网盘。

6.5.1　360 云盘

360 云盘是奇虎 360 科技的分享式云存储服务产品，为广大普通网民提供了存储容量大、免费、安全、便携、稳定的跨平台文件存储、备份、传递和共享服务。360 云盘为每个用户提供 36GB 的免费初始容量空间，360 云盘最高上限是没有限制的。无须 U 盘，360 云盘可以让照片、文档、音乐、视频、软件、应用等各种内容，随时随地触手可及，永不丢失。

360 云盘除拥有网页版、PC 版之外，还增加了 iPhone 版和安卓版的 360 云盘手机端，360 云盘 iPhone 版已经正式登录 App Store。iPhone 用户可以去 App Store 下载。安卓版用户也可以去 360 手机助手下载安装 360 云盘。下面介绍 360 云盘 PC 端的使用。

1. 360 云服务账号的申请

（1）首先准备一个电子邮箱地址，如笔者使用阿里邮箱"langdenghe@aliyun.com"。

（2）在浏览器的地址栏中输入"http://yun.360.cn"，进入 360 云服务窗口，如图 6-4 所示。

图 6-4　360 云服务界面

（3）单击"登录"按钮，进入登录窗口，如图 6-5 所示。

图 6-5　360 登录窗口

（4）在此可以通过手机号、用户名或者邮箱登录，如果没有申请账号，选择图 6-5 所示的"注册新账号"选项，出现"欢迎注册 360"窗口，如图 6-6 所示。

图 6-6　"欢迎注册 360"窗口

（5）根据图 6-6 的提示，输入邮箱、用户名、密码等相关信息，阅读并同意 360 用户服务条款，选择"立即注册"按钮，出现如图 6-7 所示的消息提示，告知申请验证邮件已发，要求验证。

图 6-7　消息提示框

（6）单击"立即进入邮箱"链接，登录邮箱，打开 360 发送的激活账号的邮件，如图 6-8 所示。

图 6-8　360 账号激活邮件窗口

（7）单击图 6-8 所示的链接，按提示操作，直到提示"恭喜您注册成功"并自动登录 360 云服务，如图 6-9 和图 6-10 所示。

恭喜您注册成功

请牢记您的登录账号：langdenghe@aliyun.com

您可以使用该账号登录360的各项产品服务

图 6-9　360 账号注册成功窗口

图 6-10　360 云服务自动登录窗口

至此，360 云服务账号申请成功，可以利用此账号使用 360 云盘等多种服务。

注意： 在使用 360 云服务之前，还需要对照账号进行手机绑定操作，读者可以自行操作。

2．360 云盘的使用

（1）打开浏览器，输入 360 云服务网址"http://yun.360.cn"，用账号登录进入 360 云服务窗口，如图 6-10 所示。

（2）单击"云盘"选项，进入"360 云盘"窗口，如图 6-11 所示。

图 6-11　"360 云盘"窗口

在此窗口，可以使用 360 云盘的各种服务，包括网盘、网络相册、云收藏等功能，本节就网盘的使用做简单介绍。

（3）文件夹管理

通过文件夹用户可以将日常数据进行分类，文件夹管理包括新建、删除、重命名和移动等。

① 新建文件夹

执行图 6-11 中的"网盘|所有文件|新建文件夹"命令，出现"新建文件夹"窗口，如图 6-12 所示。在新建文件夹（1）处输入要建立的文件夹名，如"云计算基础"，如图 6-13 所示。

图 6-12 "新建文件夹"窗口

图 6-13 新建的"云计算基础"文件夹

用户若需要在已有文件夹下新建文件夹，只需要选中要建立子文件夹的上一级文件夹，单击图 6-13 中的"新建文件夹"按钮，输入文件夹名称即可，在图 6-14 所示的"云计算基础"文件夹下建立的三个子文件夹，分别是"第一章 云技术概述""第二章 云服务"和"第三章 云客户"。

图 6-14 "云计算基础"文件夹下的三个子文件夹

② 文件夹删除

在要删除的文件夹上单击鼠标右键，出现文件夹操作快捷菜单，如图 6-15 所示。

图 6-15 文件夹操作快捷菜单

选择"删除"命令，出现确认删除消息框，如图 6-16 所示，单击"确认"按钮则将文件夹放入回收站（注意：这里的回收站是云盘回收站，而不是本地回收站），被删除的文件夹可以恢复到云盘。

图 6-16 确定删除消息框

③ 将文件夹转入文件保险箱

文件夹"重命名"和"移动"操作同本地文件夹操作一样,不再赘述。对于用户来说,有些文档有更高的安全性要求,可以将其"转入文件保险箱",设置密码保护。例如,将"云计算基础"文件夹转入文件保险箱,其操作如下:

第一步:执行"网盘|所有文件"命令,在"云计算基础"文件夹处单击鼠标右键,单击"转入文件保险箱"命令,出现"转入保险箱"消息框,如图6-17所示。

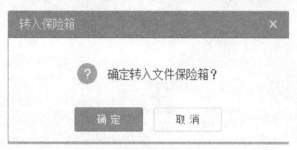

图6-17 "转入保险箱"消息框

第二步:单击"确定"按钮,文件夹就已经进入了保险箱,这样进入云盘后,通常看到的是没有转入保险箱的文件。如何查看保险箱中的文件呢?用以下方法打开保险箱。

单击"360云盘|保险箱",出现"打开保险箱"消息框,可以输入保险箱密码(用户可以自行设置和更改)打开保险箱,如图6-18所示。

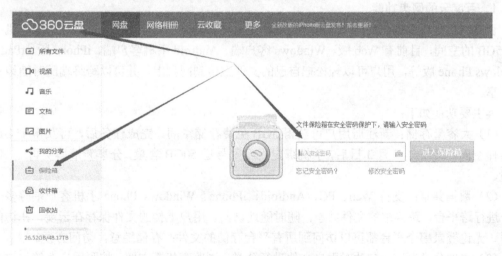

图6-18 进入保险箱消息框

输入安全密码后,单击"进入保险箱"按钮即可看到转入的文件或者文件夹,如图 6-19所示,"云计算基础"文件夹就在其中。

360云盘中文件管理和文件夹管理基本是一样的,此外,360云盘除了提供最基本的文件上传/下载服务,还提供文件实时同步备份功能。只需将文件放到360云盘目录,360云盘程序将自动上传这些文件至360云盘云存储服务中心,同时当在其他计算机登录云盘时自动同步下载到新计算机,实现多台计算机的文件同步。在此不再赘述。

图 6-19　转入保险箱的文件夹窗口

6.5.2　百度网盘

1. 百度云的网盘功能

百度网盘是百度推出的一项云存储服务，是百度云的其中一项服务，首次注册即有机会获得 15GB 的空间，目前有 Web 版、Windows 客户端、Android 手机客户端、iPhone 版、iPad 版、Windows Phone 版等，用户可以轻松把自己的文件上传到网盘上，并可以跨终端随时随地查看和分享。

其主要功能如下：

（1）大容量存储：新注册用户可获得 5GB 免费存储空间，完成任务后，可获得 15GB 超大存储空间。2012 年 9 月 3 日后，手机绑定百度账号送 50GB 容量，分享新浪博文再送 50GB 容量。

（2）数据共享：支持 Web、PC、Android、iPhone、Windows Phone 手机客户端等多个平台，进行跨平台、跨终端的文件共享，随时随地访问。用户上传的文件保存在云端，在访问文件时，无论登录哪个平台都可以访问到所有平台存储的文件；存储随意，访问方便。

（3）文件分类浏览：自动对用户文件进行分类，浏览查找更方便。按照用户存储的文件类型对用户上传文件进行自动分类，极大地方便了用户浏览以及对文件的管理，独具特色。

（4）快速上传：Web 版支持最大 1GB 单文件上传，PC 客户端最大支持 4GB 单文件上传，上传不限速；可进行批量操作，轻松便利。网络速度有多快上传速度就有多快。同时，还可以批量操作上传，方便实用。上传文件时，自动将要上传的文件与云端资源库进行匹配，如果匹配成功，则可以秒传，最大限度节省上传时间。

（5）离线下载：只需输入需要下载的文件链接，服务器将自动下载到网盘中。最大限度节省用户将文件存至网盘的时间。

（6）数据安全：百度强大的云存储集群，是目前最具优势的存储机制，提供了完善高效的服务,高效的云端存储速度,以及稳定可靠的数据安全。完善的文件访问控制机制,提供了必备的数据安全屏障。依托百度大规模可靠存储,一份文件多份备份,防范一切意外。数据传输加密,有效防止数据窃取。

(7) 轻松好友分享:轻松进行文件及文件夹的分享,支持短信、邮件、链接、秘密分享等分享方式,让你的好友和你一起 High 起来。好友分享时,设有相应的提取码,只有输入相应的提取码才能访问分享的文件,有效确保了隐私安全。

(8) 闪电互传:闪电互传是百度云推出的数据传输功能,使用"闪电互传"在 2 台及多台移动设备上(主要是手机、iPad),相互传输电影、视频、游戏等,无须网络、WiFi,真正的零流量传输,传输文件的速度比蓝牙快 70 倍,同时支持安卓、iPhone 自由互传。

2. 如何获取百度账号

打开百度主页,在百度主页的右上角单击"注册"链接(见图 6-20),即可进入"注册百度账号"页面,本例以网易邮箱 langdenghe@163.com 注册账号,注册百度账号比较简单,按页面提示操作即可完成。

图 6-20 百度主页

3. 登录百度云盘

在浏览器地址栏输入"http://yun.baidu.com",进入百度云登录界面,如图 6-21 所示。输入用户名和密码登录到百度云个人主页,如图 6-22 所示。

图 6-21 百度云登录窗口

图 6-22　百度云个人主页

百度云主界面展示了众多云服务功能，包括网盘、分享、应用、移动开放平台等，如图 6-23 所示。

图 6-23　百度云主界面

单击图 6-23 中"网盘"菜单，进入百度网盘主页，如图 6-24 所示。可以进行上传文件、新建文件夹、离线下载、显示已上传的文件（夹）等操作。

图 6-24　百度云网盘主页

图 6-24 中几个画圈的地方，接下来会用到。

（1）"百度云"，单击该图标后，可以编辑"云"上的个人资料信息。

（2）"我的分享"，查看已分享的信息。

（3）"云管家"，计算机终端软件，可以方便上传/下载文档到百度网盘。建议下载安装，因为，有时候直接在网页上进行上传/下载不太方便，甚至偶尔出现"无反应"现象。

（4）"Android""iPhone"，是手机客户端软件。通常，在手机浏览器上登录百度首页，搜索"百度云"，进入百度云，会自动提示下载安装客户端。有的手机直接提供了"百度云"应用程序。访问百度云之后，百度网盘自动扩容为 1TB，即 1 029GB。

（5）"全部文件"，浏览已上传的文件，可以在上面创建文件夹，以便更有效地组织文件。

4. 修改个人信息

单击图中"百度云"图标得到如图 6-25 所示页面，单击图中的圆圈就可以修改个人信息，如图 6-26 和图 6-27 所示。

图 6-25 修改个人信息按钮

图 6-26 编辑个人信息窗口

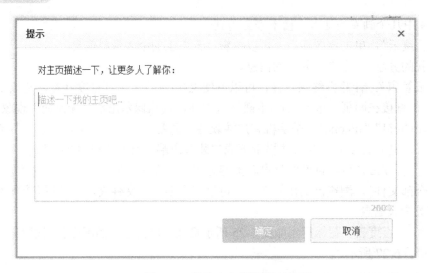

图 6-27　描述个人信息窗口

5. 百度云网盘的其他功能

百度云网盘还有通信录、通话记录、短信、相册、文章、记事本、手机找回、云直播等功能，如图 6-28 所示。其使用方法，读者只要多花点时间，自然就会明白。

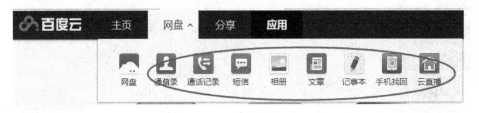

图 6-28　百度云其他的网络功能界面

6. 百度云

百度云还为开发人员提供了开发平台，如果是开发者，可以执行图 6-29 中"更多|移动开放平台"命令，进入百度云开放平台，如图 6-30 所示。

图 6-29　执行"移动开放平台"命令

图6-30 "百度云移动开放平台"入口

百度云服务非常丰富，此外还有应用引擎（BAE）、云数据库、云推送、媒体云、LBS 云等，如图 6-31 所示，用户可根据实际情况进行选择。

图6-31 百度云服务

小 结

云存储通常是由专业的 IT 厂商提供的存储设备和为存储服务的相关技术集合，即它是指通过集群应用、网格技术或分布式文件系统等功能，将网络中大量各种不同类型的存储设备通过应用软件集合起来协同工作，共同对外提供数据存储和业务访问功能的一个系统。它具有高可靠性、高性能、易于管理、成本低廉、绿色节能和易于扩展等优势。

提供云存储服务的 IT 厂商主要有 Microsoft、IBM、Google、网易、新浪、中国移动 139 邮箱、中国电信、百度云盘、360 企业云盘和华为云盘等。

思考与练习

1. 什么是云存储?
2. 云存储有什么优势?传统的存储会消失吗?
3. 简要介绍云存储的结构模型。
4. 云存储的技术前提有哪些?为什么?
5. 简要介绍云存储的发展趋势。
6. 在用百度云盘吗? 试述一下它的优点。
7. 360 企业云有何功能? 请介绍给身边的朋友。
8. 比较传统存储和云存储。

第7章

云 办 公

＜＜＜＜＜

本章要点

➢ 云办公概述
➢ Office 365 的应用
➢ WPS+云办公

　　1988 年 5 月，国内第一套文字处理软件金山 WPS 问世，开启了我国办公软件企业化发展的序幕。从那时起金山 WPS 逐步成为 Microsoft Office 在国内办公软件市场的强有力竞争者。随着互联网的深入发展和云计算时代的来临，基于云计算的在线办公软件 Web Office 也逐渐开始走进人们的生活。Microsoft 于 2011 年 6 月 28 日正式发布了 Office 365，这是 Microsoft 构建在云端的 Office 服务。比较有代表性的云办公产品主要有 Microsoft Office 365 和 WPS+云办公。本章将介绍云办公的概念，以及 Office 365、WPS 云协作等的应用。

7.1 云办公概述

　　办公是企事业单位工作人员最重要的日常事务，内容丰富，事务繁杂，包括各类文档、报表的处理，合作伙伴、客户之间交流，市场调研，内部人员之间的协作等。办公手段和工具的改进有利于办公效率的提升，降低成本，方便工作。下面介绍云办公的概念、原理、特性及相关服务商。

7.1.1 云办公概念

　　云办公（Cloud Office），广义上是指将企事业单位及政府部门的办公完全建立在云计算技术基础上，从而实现三个目标：第一，降低办公成本；第二，提高办公效率；第三，低碳减排。

狭义上的云办公是指以"办公文档"为中心，为企事业单位及政府部门提供文档编辑、文档存储、协作、沟通、移动办公、工作流程等云端软件服务。云办公作为 IT 业界的发展方向，正在逐渐形成其独特的产业链与生态圈，并有别于传统办公软件市场。

1. 云办公的原理

云办公的原理是把传统的办公软件以瘦客户端（Thin Client）或智能客户端（Smart Client）的形式运行在网络浏览器中，从而达到轻量化目的，如图 7-1 所示。随着云办公技术的不断发展，当今世界顶级的云办公应用不但对传统办公文档格式具有很强的兼容性，更展现出前所未有的特性。

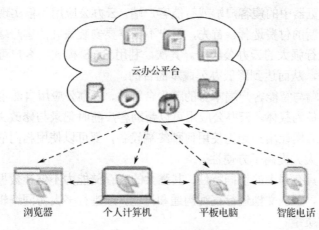

图 7-1　云办公原理图

2. 云办公的特性

云办公的特性包括以下几点：

（1）跨平台：编制出精彩绝伦的文档不再是传统办公软件（如 Microsoft Office）所独有的功能，网络浏览器中的瘦客户端同样可以编写出符合规范的专业文档，并且这些文档兼容大部分主流操作系统与智能设备。

（2）协同性：文档可以多人同时进行编辑修改，配合直观的沟通交流，随时构建网络虚拟知识生产小组，从而极大提升办公效率。

（3）移动化办公：配合强大的云存储能力，办公文档数据可以无处不在，可通过移动互联网随时随地同步与访问数据，云办公可以帮助外派人员彻底扔掉公文包。

3. 传统办公软件存在的问题

在 PC 时代，Microsoft 公司的 Office 软件垄断了全球大部分的办公软件市场。但随着企业协同办公需求的不断增加，传统办公软件暴露出越来越多的问题和不足。

（1）使用复杂，对计算机硬件有一定要求

传统办公软件需要用户购买及安装臃肿的客户端软件，这些客户端软件不但价格高昂，而且要求用户在每一台计算机上都进行烦琐的下载与安装，最后甚至严重影响用户本地计算机的运行速度。

（2）跨平台能力弱

传统办公软件对于新型智能操作系统（如 iOS、Android 等）缺乏足够的支持。随着办公轻量化、办公时间碎片化逐渐成为现代商业运作的特征之一，也是必不可少的元素之一，传统办公软件已显得越发臃肿与笨重。

（3）协同能力弱

现代商业运作讲究团队协作，传统办公软件"一人一软件"的独立生产模式无法将团队中每位成员的生产力串联起来。虽然传统办公软件厂商（如 Microsoft）推出了 SharePoint 等专有文档协同共享方案，但其高昂的价格与复杂的安装维护方式成为其普及的最大障碍。

4. 云办公应用的优越性

云办公应用是为解决传统办公软件存在的诸多问题而产生的，其相比传统办公软件的优越性体现在以下几个方面：

（1）运用网络浏览器中的瘦客户端或智能客户端，云办公应用不但实现了最大限度的轻量化，更为客户提供创新的付费选择。首先，用户不再需要安装臃肿的客户端软件，只需打开网络浏览器便可轻松运行强大的云办公应用。其次，利用 SaaS 模式，客户可以采用按需付费的方式使用云办公应用，从而达到降低办公成本的目的。

（2）因为瘦客户端与智能客户端本身的跨平台特性，云办公应用自然也拥有了这种得天独厚的优势。以智能设备为载体，云办公应用可以帮助客户随时记录与修改文档内容，并同步至云存储空间。云办公应用让用户无论使用何种终端设备，都可以使用相同的办公环境，访问相同的数据内容，从而大大提高了方便性。

（3）云办公应用具有强大的协同特性，其强大的云存储能力不但让数据文档无处不在，更结合云通信等新概念，围绕文档进行直观沟通和讨论，或进行多人协同编辑，从而大大提高团队协作项目的效率与质量。

5. 用户的疑虑

用户对云办公应用的主要疑虑体现在其对传统文档格式的兼容性上。

其实我们应该看到，就算是 Microsoft 自己推出的 Office 365 云办公应用，也无法对自家的 Office 软件生产的文档格式进行百分百的格式还原和兼容。事实上，这正是云办公与传统办公软件最大的不同之处。经过长期的发展，一些世界顶级的云办公应用已经完全有能力编辑出专业的文档与表格，因此在与传统办公软件格式兼容的问题上，我们大可以转换一种思维：如果我们从现在开始使用云办公应用来生产新的文档，而这些文档又可以在大多数平台中得到完全展现的话，与旧文档格式兼容的依赖就可以大大弱化。我们也可以这样理解：对旧文档格式的兼容支持仅作为将其导入云办公应用格式的用途。

7.1.2 云办公应用提供商

1. Google Docs

Google Docs 是云办公应用的先行者，提供在线文档、电子表格、演示文稿三类支持。该产品于 2005 年推出至今，不但为个人提供服务，更整合到了其企业云应用服务 Google Apps 中。

2. Office 365

传统办公软件王者 Microsoft 公司于 2011 年推出了其云办公应用 Office 365，预示着 Microsoft 自身对于 IT 办公理念的转变，更预示着云办公应用的发展革新浪潮不可阻挡。Office 365 将 Microsoft 众多的企业服务器服务以 SaaS 方式提供给客户。

3. Evernote

Evernote 自 2012 年推出后异军突起，主打个人市场，其口号为"记录一切"。Evernote 并没有在兼容传统办公软件格式上花太多的功夫，而是瞄准跨平台云端同步这个亮点。Evernote 允许用户在任何设备上记录信息并同步至用户的其他绑定设备中。

4. 搜狐企业网盘

搜狐企业网盘是集云存储、备份、同步、共享为一体的云办公平台，具有稳定、安全、快速、方便的特点。搜狐企业网盘支持所有文件类型的上传、下载和预览，支持断点续传；多平台高效同步，共享文件实时更新，误删文件快速找回；并有用户权限设置，保障文件不被泄露；以及采用 AES-256 加密存储和 HTTP+SSL 协议传输，多点备份，保障数据安全。

5. OATOS 云办公套件

OATOS 专注于企业市场，企业用户只需打开网络浏览器便可安全直观地使用其云办公套件。OATOS 兼容主流的办公文档格式（.doc，.xls，.ppt，.pdf 等），更配合 OATOS 企业网盘、OATOS 云通信、OATOS 移动云应用等核心功能模块，为企业打造一个全新的集文档处理、存储、协同、沟通和移动化为一体的云办公 SaaS 解决方案。

6. 35 移动云办公

35 移动云办公，采用行业领先的云计算技术，基于传统互联网和移动互联网，创新云服务+云终端的应用模式，为企业用户提供一账号管理聚合应用服务。35 移动云办公聚合了企业邮箱、企业办公自动化、企业客户关系管理、企业微博、企业即时通信等企业办公应用需求，同时满足了桌面互联网、移动互联网的办公模式，开创全新的立体化企业办公新模式。一体化实现企业内部的高效管理，使企业沟通、信息管理以及事务流转不再受使用平台和地域限制，为广大企业提供高效、稳定、安全、一体化的云办公企业解决方案。

7.2 Office 365 的应用

Office 365 是 Microsoft 推出的 Office 套件，适用于单台 PC 或 Mac，包括 Word、Excel、PowerPoint、OneNote、Outlook 以及 Microsoft 公司推出的其他软件和云服务，至 2016 年 11 月时其用户已覆盖全球 150 个国家和地区（150 个市场/44 种语言）。Office 365 基于云平台提供多种服务，并包括最新版的 Office 套件，支持在多个设备上安装 Office 应用。Office 365 采取订阅方式，可灵活按年或月续费，获得最新软件和服务。

Office 2016 与 Office 365 的不同之处，是其包括仅适用于 PC 的 Access 和 Publisher 等应用程序（在不同版本中的应用程序不同）。Office 2016 采取永久授权方式，一次性购买，可无限期使用，不能自动更新获得新功能。以下介绍 Office 365 的应用。

7.2.1 Office 365 账户创建

Office 365 与 Microsoft 以往的 Office 版本比较，最大的区别就是使用的平台不一样。Office 365 是 Microsoft 云计算方向的 Office 产品，该产品的使用基于网络平台。因此，用户需要在浏览器上进行这一操作。

（1）在浏览器中输入"http://www.office.com"，进入 Office 365 平台首页，如图 7-2 所示。

图 7-2　Office 365 平台首页

（2）单击"试用 Office 365"进入如图 7-3 所示界面，单击"免费试用 1 个月"，可以免费试用 Office 365 家庭版或者相关产品（Office 365 有两类适合不同人群的版本，即家庭版和商业版），进入登录窗口，如图 7-4 所示。

图 7-3　免费试用或购买选择

图 7-4　Office 365 登录窗口

（3）单击"创建一个"链接创建使用账户，可以通过电子邮件地址或电话号码注册用户。此处单击"改为使用电话号码"链接，输入手机号码，然后单击"下一步"按钮，如图 7-5 所示。用户按照提示操作，需要选择和填写"国家或地区""密码""姓名""验证码""电子邮件"等几项内容，如图 7-6 至图 7-10 所示。一直到给定的电子邮件地址得到验证，并返回如图 7-11 所示的"你几乎已准备就绪可开始使用 Office！"界面。

图 7-5　创建账户 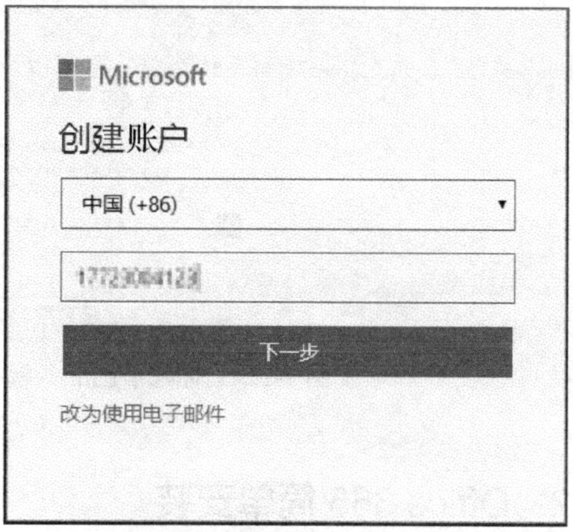　　　　　　　　　　图 7-6　选择国家或地区

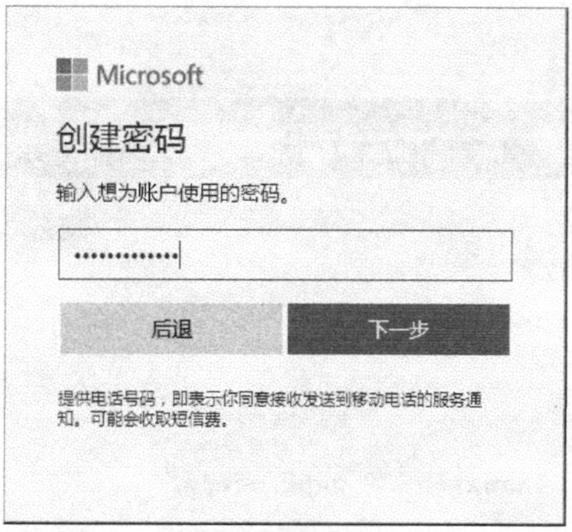

图 7-7　输入密码 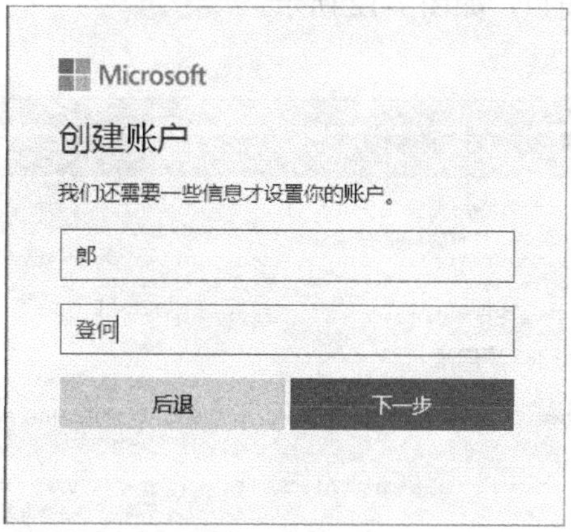　　　　　　　　　　图 7-8　输入姓名

图 7-9　输入验证码 　　　　　　　　　　图 7-10　验证邮箱

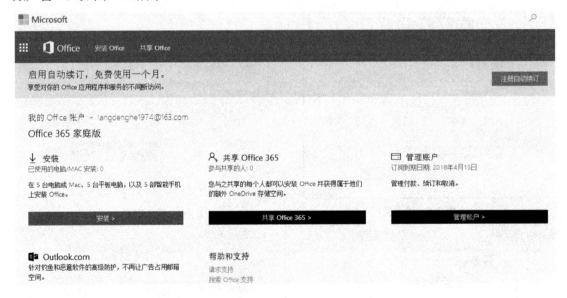

图 7-11 "你几乎已准备就绪可以开始使用 Office！"界面

7.2.2 Office 365 简单安装

（1）单击图 7-11 中的"免费尝试"按钮，输入账户和密码登录，进入安装、共享和管理账户窗口，如图 7-12 所示。

图 7-12 安装、共享和管理账户窗口

（2）单击"安装"，进入下载安装准备窗口，如图 7-13 所示。

（3）单击图 7-13 中的"安装"按钮进入安装步骤提示窗口，如图 7-14 所示。

（4）按图 7-14 中的提示进行操作，下载并安装 Office，安装进度如图 7-15 所示，直至安装完成（如图 7-16 所示）。安装完成后，将在操作系统任务栏上出现 Office 常用软件图标，如图 7-17 所示。

图 7-13 下载安装准备窗口

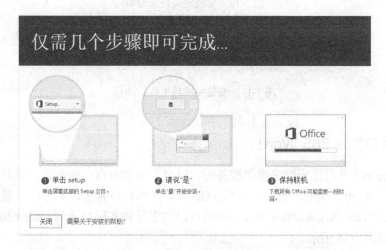

图 7-14 安装步骤提示窗口

图 7-15 安装进度窗口

图 7-16　安装完成提示窗口

图 7-17　安装完成后生成的图标

7.2.3　使用 Office 365 Word

　　由于 Office 365 是通过云端来提供服务的，用户必须拥有自己的账户，拥有账户后就可以体验一下 Office Word、Office Excel、Office Outlook 这些在日常工作和生活中最常用的工具。在浏览器中输入"http://www.office.com"，使用自己的账号和密码登录到 Office 365，进入 Office 365 主页面，如图 7-18 所示。

图 7-18　Office 365 主页面

　　（1）当使用完一种工具之后，单击"主页"按钮可以返回主页面。单击"Word"按钮，进入 Office 365 Word 页面，如图 7-19 所示。

图 7-19 Office 365 Word 页面

（2）选择"新建空白文档"，进入 Word 操作主界面，如图 7-20 所示，与 Word 2016 界面基本一样。

图 7-20 Word 操作主界面

此后文档的编辑、排版操作与 Word 2016 基本一样，读者可以自行体验。

Office 365 Word 的功能是非常完善的，跟 Word 2016 比起来，少了页面布局、引用、邮件、审阅等模块。对于一般用户而言，这些并不影响功能上的使用，而界面更美观、更友好，相信熟悉 Word 2007/2010 的朋友们会觉得很亲切。

7.2.4 使用 Office 365 Excel

（1）在如图 7-18 所示页面中单击"Excel"按钮，进入 Office 365 Excel 页面，其界面如图7-21 所示。

（2）选择"新建空白工作簿"，进入 Excel 操作主界面，与 Excel 2016 界面基本一样，如图 7-22 所示，具体操作不再赘述，请读者自行体验。

图 7-21　Office 365 Excel 页面

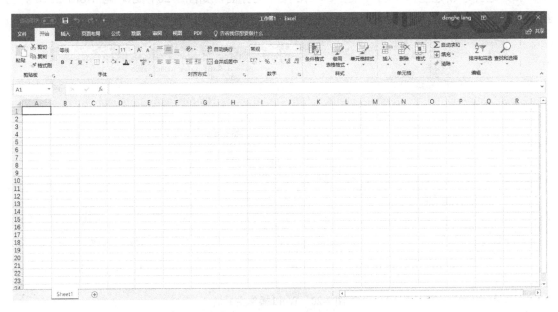

图 7-22　Excel 操作主界面

　　Office 365 Excel 的界面和功能与传统版本 Excel 2016 相同。Office 365 Excel 比较明显的一个特点就是新增了自动保存功能，这对于经常因为误操作或者忘记保存而造成工作损失的用户来说是非常有用的。

7.2.5　使用 Office 365 PowerPoint

　　在如图 7-18 所示页面中单击"PowerPoint"按钮，进入 Office 365 PowerPoint 页面，如图 7-23 所示。选择"新建空白演示文稿"，进入 PowerPoint 操作主界面，如图 7-24 所示，与 PowerPoint 2016 界面基本相同。

图 7-23　Office 365 PowerPoint 页面

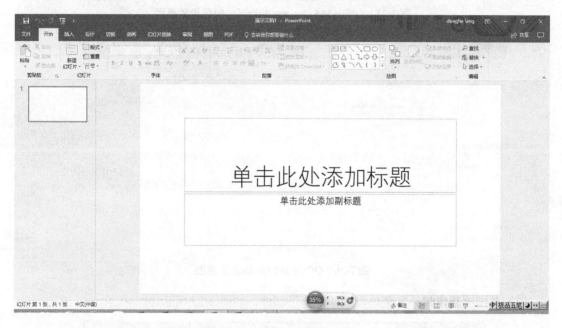

图 7-24　PowerPoint 操作主界面

7.2.6　使用 Office 365 Outlook

Outlook 的功能有很多，可以用来收发电子邮件、管理联系人信息、安排日程、分配任务等。从某种角度来说，Outlook 就是一个小协同系统，它的功能是非常丰富的（当然，不能和现在很多公司正在使用的 OA 软件相比）。

（1）在如图 7-18 所示页面中单击"Outlook"按钮，进入 Office 365 Outlook 的地区、时区设置界面，如图 7-25 所示。

（2）设置好地区和时区后，单击"保存"按钮进入 Office 365 Outlook 主界面，如图 7-26所示。

图 7-25　Office 365 Outlook 的地区、时区设置界面

图 7-26　Office 365 Outlook 主界面

（3）单击"新建邮件"菜单可以新建电子邮件，如图 7-27 所示。

图 7-27　新建邮件页面

从图 7-27 可以看出，Office 365 Outlook 的界面非常友好，读者应能较快适应这样简洁的页面。

（4）在如图 7-18 所示页面中单击"日历"按钮，进入日历界面，如图 7-28 所示。

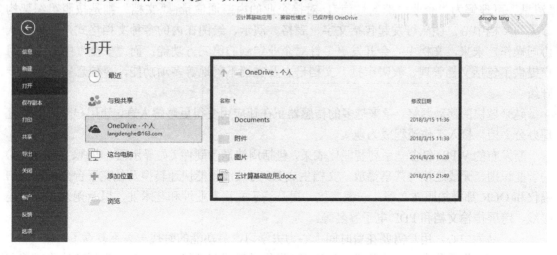

图 7-28　日历界面

与 Outlook 2016 的界面是一样的，不同之处在于传统版本显示了两个月的日期，Office 365 只显示了一个月，而功能上使用起来是一样的。

比较 Office 365 Outlook 与 Outlook 2016 版本以及网页版，从个人用户体验来说，Office 365 Outlook 比传统版本的 Outlook 要简洁，页面也延续了 Outlook 2016 版的友好的风格。

7.2.7　Office 365 的优势

Office 365 相较于传统版本的 Office 有许多优点。

（1）可以实现云端存储和同步，如图 7-29 所示。

图 7-29　保存在云端的文件

从图 7-29 可以看到，编辑完一个文档之后，只要单击"保存"按钮，文档就会被存储在云端。对于用户来说，这是非常方便的事情，无须考虑是否携带 U 盘，只要联网就能轻松享受云计算带来的方便、快捷。

（2）平台无关性。它能在 Linux 系统上运行。另外，Office 365 还能在 Windows Phone 上运行。支持 Office 文档应该是 Windows Phone 的拿手好戏，所以在 Mango 系统中，除了有传统版本的 Word、Excel 和 PowerPoint 之外，还增加了 Office 365。

通过体验可以发现，Office 365 套件和传统的 Microsoft 套件没有太大的区别，因为一些最常用的功能都得到了很好的体现。它们的区别就是 Office 365 在 Microsoft Office 办公套件的基础上，将运行的平台拓展到了云端，旨在为用户提供新的解决方案，提供多元化的服务。

7.3　WPS+云办公

在云服务大趋势下，金山软件公司于 2016 年底有针对性地推出了 WPS+云办公，该产品不仅代表金山 WPS 品牌的升级，也代表其从工具向服务的转型，而这种转型也高度契合了金山办公软件应用户需求而改变的服务理念。WPS+云办公包含四大元素：WPS Office 套件、WPS云协作、WPS 云邮箱和 WPS 云管理。WPS+云办公能够同时在 Web 端、手机端和 PC 端登录，仅需一个账号，不仅可实现随时随地上传、下载文档，还能实现团队即时沟通和协作。

7.3.1　WPS 云协作概述

作为中国办公软件和服务提供商，金山软件公司于 2016 年 12 月 13 日正式发布了云协作办公解决方案"WPS+"。金山公司办公产品全球用户数已达 6 亿，在国有大型企业市场的占有率达到 87%。另有 67%的白领和学生等新生代用户日常使用 WPS，而移动版 WPS 的海外用户比例亦达 50%左右。

WPS 云协作是 WPS+的战略升级，它将信息分为"消息""文档"和"安全"三个中心。"消息"可理解为"企业内部的微信"，对接企业的内部通信录；"文档"则是按照组织架构分类的文档中心，团队可发起包括文字、表格、演示、绘图在内的多种文档格式，并可团队协同操作，未来，文档中心会开发更多针对企业定制的第三方功能；而"安全"中心则为用户提供了包括文档管理、权限审批、文档日志及文档不落地等多项功能，令信息安全进一步升级。

越来越快的移动网络、越来越多的传感器正在让应用变得更善解人意，让用户随时随地处理办公文档、接入工作流程成为现实。

新发布的 WPS+包含一系列智能化成果，包括周边显示硬件（如显示器、电视、投影仪等）的智能识别、无线连接与共享播放，文档生成 H5 与长图智能快速转换及社交平台分享，像扫描仪和 OCR 那样拍照转文档，一键美化、提升演示文稿专业性和艺术性，以及无须冗余的连接线、跨屏传输文档和 PDF 电子签名等。

以产品为中心，用户需要花费时间、心力去学习产品功能的时代一去不复返了。

基于打造场景化办公方式的理念，WPS+强化了云端服务能力。例如，新增的协作文档、协作绘图等特性可以让团队的办公效率连跳多级，支持多人同时在线编辑，实时显示修改痕迹。

此外，为了探索用户在移动端全新的创作需求，WPS 推出了"写得"和"秀堂"两款新产品，试图用互联网思维来改造创作。

7.3.2 产品特点

在企业日常办公中，会经常需要在沟通工具、OA 办公系统、邮件收发工具、文档管理工具等各种应用中频繁切换使用，甚至会出现 PC 和移动设备之间数据无法互通、数据安全无法保障等问题。WPS 云协作具有以下特点：

1. WPS 云协作可以一站式满足企业日常办公需求

（1）利用 WPS Office 桌面版和移动版实现统一的文档处理及应用。

（2）利用文档平台构建统一的文档存储及应用。

（3）利用消息中心构建统一的消息聚合。

（4）利用应用中心整合企业业务系统。

（5）利用安全管控机制实现统一且全面的文档安全管理。

（6）提供灵活多样的 IT 应用模式。

2. 整合 WPS+产品体系

WPS 云协作整合了 WPS IM、WPS Office、WPS 云文档、WPS 协作文档、WPS 安全文档、WPS H5、WPS 写得、WPS 流程图等产品。云协作通过文档中心、消息中心、安全中心和应用中心，无缝集成企业现有的通信录、邮箱等功能服务，帮企业成员实现文档的多人在线实时协作，满足企业的协同办公需求。

3. 节省资源成本，提升工作效率

WPS 云协作支持文档在线协作、共享播放、原生邮件快速收发、企业业务系统整合和 PPT 一键美化等功能，简单快速的操作步骤可以快速提升工作效率，节约办公资源与成本。

4. 安全管控，让办公更安全

WPS 云协作有一套独立自主的系统算法，可以实现统一且全面的安全管理，更加先进的保护体系为办公安全保驾护航。

5. 在所有设备上均可无缝同步使用

WPS 云协作支持 Windows、Mac iOS、Android、Web 和微信端，文档数据可在多个平台间无缝同步，方便用户的办公需求。

6. 共享播放，让分享不再繁杂

WPS 云协作可以将用户的手机变身为投影仪，不使用投影仪也可以轻松播放共享文档，在带来便利的同时大大提升用户的工作效率。

7. IT 管理更加轻松

WPS 云协作支持大型集团分级权限管理，通过一体化的管理中心来简化管理工作，使 IT 管理更加轻松高效。

8. 统一管理，降低运维成本

WPS 云协作可以实现对组织、通信录、数据统计、应用中心、公告、新闻、客户端、开发等功能的统一后台管理，可以节省运营维护成本，提高工作效率。

7.3.3　WPS+云办公的应用

1. WPS 云办公账号注册与登录

（1）在浏览器地址栏中输入"http://store.wps.cn"，进入 WPS 一站式云办公主界面，如图 7-30 所示。

图 7-30　WPS 一站式云办公主界面

（2）单击"立即注册"按钮，出现注册首页（如图 7-31 所示），需要按照提示填入公司或组织的名称、规模，管理员的账号，设置密码，进行验证等操作，用户可以按照提示进行操作，直到注册完成。

（3）在如图 7-30 所示界面中单击"管理员登录"链接，进入登录界面（如图 7-32 所示），输入用户名及密码进行登录操作。

图 7-31　注册首页

图 7-32　登录界面

注册成为 WPS 云办公用户后，可以免费试用 WPS Office，或者付少量租用费就能使用相关功能。下面介绍"新建团队"和"云文档分享"功能和操作。

2. 新建团队

通过新建团队，可以把团队带在身边，使用云文档进行协同办公。"云文档"可以让用户轻松实现协同办公，提高办公效率，具体操作步骤如下：

（1）登录成功后，在用户界面单击"添加"按钮，选择"团队"文件夹，如图 7-33 所示。

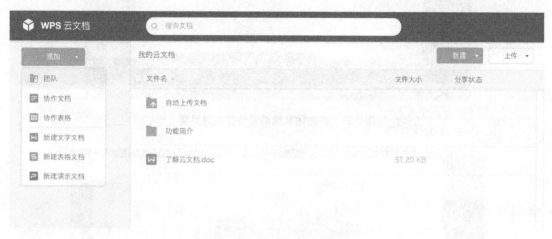

图 7-33　添加"团队"文件夹

（2）为团队命名，如图 7-34 所示。

图 7-34　团队命名界面

（3）添加团队成员。添加成员有两种方式：

方式 1：如果对方已经是 WPS+注册会员，可以直接输入对方绑定的手机号码或者邮箱地址进行添加，并且可以设置该成员的团队权限（成员/管理员），如图 7-35 所示。

方式 2：若对方还未注册 WPS+账号，可以单击"邀请"按钮，生成链接后复制该链接发送给受邀对象，对方单击该链接即可申请加入团队，如图 7-36 所示。

完成上述步骤后，所有的团队成员可以在这个团队文件夹中共享文件。

图 7-35　添加团队成员及设置权限界面

图 7-36　邀请团队成员界面

团队内成员都可以浏览、编辑、下载与评论团队文件夹中的文件，真正实现与团队成员间的随时随地协同办公。

同时，团队的成立者还可以设置每个成员的使用权限，实现虚拟化团队管理。

3. 云文档分享

云文档可以轻松分享给其他人，他人也可以在线浏览，完美实现便捷云端文档交流。具体操作方法如下：

（1）在"我的团队"列表中，将鼠标移至想要分享的文档，会出现一些小图标，单击"分享"图标，如图 7-37 所示。

图 7-37　分享入口

单击"分享"图标之后会出现分享窗口，如图 7-38 所示。

图 7-38 分享窗口

（2）分享文档。分享文档有两种方式：

方式 1：通过链接或扫码分享。

单击链接右侧的"复制"按钮，可直接复制链接，然后通过 QQ、微信等方式发送给其他人，对方单击该链接即可查看；单击微信图标，还可生成二维码，对方扫描该二维码即可查看，如图 7-39 所示。

图 7-39 链接或扫码分享窗口

单击右上角的"链接设置"按钮，可以对生成的链接进行权限设置，如图 7-40 所示。

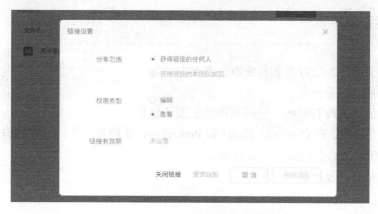

图 7-40 生成链接权限设置界面

方式 2：通过输入成员 ID 分享。

直接输入分享对象的邮箱或手机号码，如图 7-41 所示。同时还可以设定分享对象的操作权限，单击"添加"按钮后，对方即可在云文档中访问该文档。

图 7-41　通过输入成员 ID 分享界面

小　　结

云办公（Cloud Office），广义上是指将企事业单位及政府办公完全建立在云计算技术基础上，从而实现三个目标：第一，降低办公成本；第二，提升办公效率；第三，低碳减排。狭义上的云办公是指以"办公文档"为中心，为企事业单位及政府提供文档编辑、存储、协作、沟通、移动办公、工作流程等云端软件服务。云办公作为 IT 业界的发展方向，正在逐渐形成其独特的产业链与生态圈，并有别于传统办公软件市场。

云办公相较于传统办公软件的优越性体现在：第一，运用网络浏览器中的瘦客户端或智能客户端，云办公应用不但实现了最大程度的轻量化，更为客户提供创新的付费选择；第二，因为瘦客户端与智能客户端本身的跨平台特性，云办公应用自然也拥有了这种得天独厚的优势；第三，云办公应用具有强大的协同特性，其强大的云存储能力不但让数据文档无处不在，更结合云通信等新概念，围绕文档进行直观沟通讨论，或进行多人协同编辑，从而大大提高团队协作项目的效率与质量。

云办公应用系统越来越多，主要有 Google Docs、Office 365、Evernote、搜狐企业网盘、OATOS 云办公套件、35 移动云办公等。

思考与练习

1．什么是云办公？云办公和传统办公有何异同？

2．云办公的原理是什么？

3．云办公的服务商有哪些？分析其产品及服务优势。

4．应用 Office 365 建立 Word、Excel 和 PowerPoint 文档各一个，保存在自己的云中。

5．应用 WPS+云办公完成第 4 题任务。

6．还有其他云办公产品吗？体验一下。

第8章

云 安 全

本章要点

- 云安全的思想来源
- 云杀毒的技术特点
- 云安全系统构建难点
- 云安全厂商及其产品
- 云安全应用实例

云计算中用户程序的运行、各种文件存储主要在云服务中心完成，本地计算设备主要实现资源请求和接收功能，也就是事务处理和资源的保管由第三方厂商提供服务，用户会考虑：这样可靠吗？重要信息是否泄密？这就是云安全问题。

"云安全"是在"云计算""云存储"之后出现的"云"技术的重要应用，已经在反病毒软件中获得了广泛的应用，发挥了良好的效果。云安全是我国企业创造的概念，在国际云计算领域独树一帜。最早提出"云安全"这一概念的是趋势科技，2008 年 5 月，趋势科技在美国正式推出了"云安全"技术。"云安全"的概念在早期曾经引起过不小争议，现在已经被普遍接受。值得一提的是，中国网络安全企业在"云安全"的技术应用上走到了世界前列。

当然，云安全内容非常广泛，本章仅介绍云安全的思想来源、360 云安全和趋势科技云安全。

8.1 云安全的思想来源

紧随云计算、云存储之后，云安全（Cloud Security）也出现了。云安全技术是 P2P 技术、网格技术、云计算技术等分布式计算技术混合发展、自然演化的结果。

目前，各大杀毒软件厂商纷纷提出了云安全的概念，其实质是云计算对传统安全服务的改造：对于杀毒软件来说，带来了性能的提升和占用资源的下降，大幅度降低维护成本等好处；对于企业用户来说，网络安全服务可以通过云计算来实现，不用购买昂贵的设备，可以按实际使用量来付费。

云安全的基本构想是通过网状的大量客户端对网络中软件行为的异常监测，获取互联网中木马、恶意程序的最新信息，推送到服务器端进行自动分析和处理，再把病毒和木马的解决方案分发到每个客户端。因此，整个互联网变成了一个超级大的杀毒软件，这就是云安全计划的宏伟目标。使用者越多，每个使用者就越安全，因为如此庞大的用户群，足以覆盖互联网的每个角落，只要某个网站被"挂马"或某个新木马病毒出现，就会立刻被截获。

值得一提的是，云安全的核心思想，与我国学者刘鹏教授早在 2003 年就提出的反垃圾邮件网格非常接近。刘鹏当时认为，垃圾邮件泛滥而无法用技术手段很好地自动过滤，是因为所依赖的人工智能方法不是成熟技术。垃圾邮件的最大特征是：它会将相同的内容发送给数以百万计的接收者。为此，可以建立一个分布式统计和学习平台，以大规模用户的协同计算来过滤垃圾邮件。首先，用户安装客户端，为收到的每一封邮件计算出唯一的"指纹"，通过比对"指纹"可以统计相似邮件的副本数，当副本数达到一定数量时，就可以判定邮件是垃圾邮件；其次，由于互联网上多台计算机比一台计算机掌握的信息更多，因而可以采用分布式贝叶斯学习算法，在成百上千的客户端机器上实现学习过程，收集、分析并共享最新的信息。

反垃圾邮件网格体现了真正的网格思想，每个加入系统的用户既是服务的对象，也是完成分布式统计功能的一个信息节点。随着系统规模的不断扩大，系统过滤垃圾邮件的准确性也会随之提高。用大规模统计方法来过滤垃圾邮件的做法比用人工智能的方法更成熟，不容易出现误判的情况，实用性更强。反垃圾邮件网格就是利用分布在互联网里的千百万台主机的协同工作，来构建一道拦截垃圾邮件的"天网"。反垃圾邮件网格思想提出后，被 IEEE Cluster 2003 国际会议选为杰出网格项目在香港现场演示，在 2004 年网格计算国际研讨会上做了专题报告和现场演示。既然垃圾邮件可以如此处理，病毒、木马等亦然，这与云安全的思想就相差不远了。

未来杀毒软件将无法有效地处理日益增多的恶意程序。来自互联网的主要威胁正在由计算机病毒转向恶意代码及木马，在这样的情况下，采用特征库判别法显然已经过时。云安全技术应用后，识别和查杀病毒不再仅仅依靠本地硬盘中的病毒库，而是依靠庞大的网络服务，实时进行采集、分析以及处理。整个互联网就是一个巨大的"杀毒软件"，参与者越多，每个参与者就越安全，整个互联网就会更安全，如图 8-1 所示。

云安全的概念提出后，曾引起广泛的争议，许多人认为它是伪命题。但事实胜于雄辩，云安全的发展像一阵风，瑞星、趋势、卡巴斯基、McAfee、Symantec、江民科技、PANDA、金山、360 安全卫士等都推出了云安全解决方案。

各大安全厂商纷纷推出了自己的云安全产品和服务，各有侧重，并在一定程度上引起了关注。另一方面，云计算自身的安全也成为日益关注的焦点：如何把应用程序和数据安全地转移到云中？数据存储在哪里？谁可以访问？数据安全吗？数据备份如何进行？这些都是云安全亟待解决的问题。

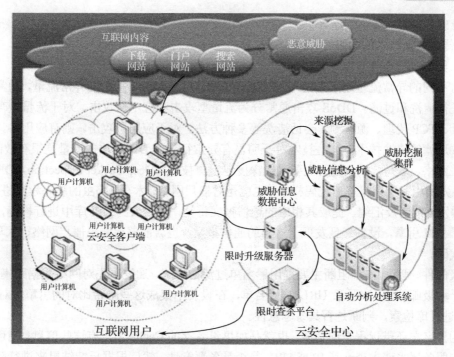

图 8-1　互联网用户和云安全中心

8.2　云杀毒的技术特点

"云安全"技术已推出许久，专业杀毒软件已大多应用此项服务，不同的技术概念也相继提出，但是，很多用户依然不了解新技术的相关特点，不清楚不同的"云安全"技术可为用户带来的益处。事实上，真正基于"云安全"技术的反病毒产品有很多性能，功能上也有显著特点，且与传统安全软件存在很多区别。

1. 云安全技术特点

（1）基于"云安全"技术的杀毒软件将病毒库或是威胁知识库放置在云端（服务器端），而用户本地的资源消耗不再随着威胁数量增长而增长；解决了传统杀毒软件在运行和开启防护时，会过多地消耗系统资源，影响整体运行速度和性能的问题。

（2）基于"云计算"的杀毒软件使得用户仅在本地调用引擎和特征库的情况下，随时访问和借助云端数千万的病毒特征库来识别对应威胁，对病毒、木马样本的检测率高达 99%，体现了云杀毒技术的优势所在。

（3）基于"云安全"技术的专业杀毒软件，可以给用户提供更为全面的防御功能，它可以针对现有病毒不断发生、病毒变种非常快的特点，推出云安全技术，并将此技术应用到产品中，给用户提供足够的安全保障。

瑞星"云安全"系统每天截获的病毒样本超过 30 万份，每天截获处理的"挂马网站"超过 2 万条，使瑞星的杀毒效率和杀毒能力得到很大提高。趋势科技云安全已经在全球建立了五大数据中心，共有几万台在线服务器。云安全可以支持平均每天 55 亿条点击查询，每天收集分析 25 亿个样本，资料库第一次命中率就可以达到 99%。借助云安全，趋势科技现在每天阻断的病毒感染最高达 1 000 万次。

2. 传统安全技术的局限性

（1）异常流量监管技术

针对不同的异常流量通常采用不同的监管技术。对于 DDoS 类型的异常流量，通常采用多种方式进行清洗和过滤。DDoS 攻击通常分为流量型攻击和应用型攻击。对于流量型攻击，有流量统计、TCP 代理、源探测、会话清洗等多种方法。对于应用层攻击，则有应用协议格式认证、指纹过滤等清洗技术。这些技术对于明显有异常行为的 DDoS 攻击流量是很有效的。

僵尸网络、木马、蠕虫威胁主要采用深度包检测技术（Deep Packet Inspection，DPI）进行检测，事先利用蜜网采集恶意代码样本，也就是对僵尸网络、木马、蠕虫的静态程序进行采集、运行、爆发，或者反汇编，提取其相应的通信报文特征，然后放到 DPI 库中进行检测，网络设备集成了 DPI 引擎，设备一旦发现了这样的通信报文，也就能够检测出僵尸网络、木马、蠕虫等恶意代码。

垃圾邮件、恶意 URL 阻断主要采用黑名单过滤的方式。通过事先对网络数据采集和分析，形成关于垃圾邮件 IP 和恶意 URL 的黑名单，在设备中集成这些哈希比对的引擎，对这些 IP 和 URL 进行库检索，判断是否具备恶意性。

有的黑名单还带远程查询功能，也就是如果设备存的 Cache 中没有这些信息，则可以向远程的查询服务器去请求查询某 IP 或 URL 是否具备恶意性，然后根据反馈结果来进行阻断还是放行的动作。

（2）传统安全技术的尴尬

随着互联网技术的不断发展，对于异常流量监管，传统的安全防护手段越来越力不从心。

DDoS 异常流量清洗，一直以来都是以被动防护为主，也就是常常在被保护的区域出口直路或旁路放置一些 DDoS 防护设备，一次次被动地阻挡攻击流量。现在的 DDoS 攻击出现了新的趋势。应用层的小流量攻击越来越多，很多基于应用的"正常请求"与正常主机访问没什么本质区别，难以区分是善意还是恶意，有时并不需要海量流量攻击，利用一些业务相关操作如数据库查询等消耗性能的小流量查询请求，就可以小搏大，花尽量小的代价造成巨大的性能消耗。这种攻击以前是基于代理技术，寻找一些免费代理来发起，现在随着黑客技术的进一步发展延伸，黑客可利用僵尸网络控制大量的僵尸主机，驱动这些僵尸军团能够对受害服务器发起"正常"的请求，这种攻击如果依靠传统的检测清洗手段，通常是难以解决的。可见对于 DDoS 异常流量清洗，依靠被动的清洗流量是难以奏效的。

对于僵尸网络、木马、蠕虫的检测过滤，一个困难就是这些恶意代码的样本难以获得，没有样本而说特征根本无从谈起，现在的恶意代码样本往往几天就失效了，收集不到其网络通信报文特征也就更难谈及检测和过滤。另一个困难是恶意代码的变种非常多，变化也非常快，传播也带有地域性。一种僵尸网络可能会有成百上千的变种，想都检测出来需要大量的样本搜集，还需要在多个地域进行搜集，在短时间依靠人工搜集或者蜜网搜集是不现实的。因此依赖传统安全技术形成特征库的方式会使网络设备特征库升级缓慢，能保证一周升级一次就很不错了。升级多少通信特征库内容，哪些是流行的，哪些是对当地有效的，恐怕这些问题就很难解释清楚了。还有一个困难是零日类型的恶意代码，需要在厂商公布特征信息之前进行检测，传统的工作流程和方法也很难实现。

现在的垃圾邮件，很多都是僵尸网络发起的。黑客利用僵尸网络，不断地进行大规模的垃圾邮件发送，这些主机今天感染了僵尸网络发邮件，明天可能重新上网，IP 发生了变化；也有可能今天被加入了邮件黑名单，被黑客发现后，明天就被拿去搞 DDoS 攻击去了，利用这个 IP 过滤邮件流量实际没有解决任何问题。不解决控制垃圾邮件的僵尸网络检测问题，只能被动地防护。而且，如果用户的主机清理了这个僵尸，用户是不是还要联系这个名单的发布者去取消自己的黑名单，相信这也不是个轻松和愉快的事情。

恶意 URL 实际上就是现在流行的挂马网页。挂马网页最大的问题就是 URL 黑名单要频繁地检测并刷新，因为往往一个网页被挂马，可能在几个小时或者一天内就会被发现或修复，但就是在这段落时间里，利用这个挂马网页，能把僵尸网络、木马、蠕虫、病毒等恶意代码种植到成千上万的用户主机上。如果不能做到极短时间内，例如以天为周期去检测恶意 URL，刷新提供的黑名单，意义就不大了。现在的黑名单依靠普通的技术手段去抓取网页分析，恐怕很难达到这个要求。

8.3 云安全系统构建难点

要想建立"云安全"系统，并使之正常运行，需要解决四大问题：

1. 需要海量的客户端

只有拥有海量的客户端（云安全探针），才能对互联网上出现的恶意程序、危险网站有最灵敏的感知能力。一般而言安全厂商的产品使用率越高，反应越快，最终应当能够实现无论哪个网民的计算机中毒、访问挂马网页，都能在第一时间做出反应。

2. 需要专业的反病毒技术

发现的恶意程序被探测到，应当在尽量短的时间内被分析，这需要安全厂商具有过硬的技术，否则容易造成样本的堆积，使云安全的快速探测结果大打折扣。

3. 需要大量的资金投入

"云安全"系统在服务器、带宽等硬件方面需要极大的投入，同时要求安全厂商应当具有相应的顶尖技术团队、持续的研究投入。

4. 需要建立开放的系统

"云安全"可以是一个开放性的系统，允许合作伙伴的加入。其"探针"应当与其他厂商的杀毒软件相兼容，即使用户使用不同的杀毒软件，也可以享受云安全系统带来的成果。

8.4 云安全厂商及产品

云安全的发展像一阵风，提供云安全产品及服务的厂商如雨后春笋般发展起来，著名的如瑞星、趋势科技、卡巴斯基、McAfee、Symantec、江民科技、PANDA、金山、360 安全卫士等，纷纷推出了云安全解决方案。本节主要介绍华为赛门铁克、趋势科技。

8.4.1 华为赛门铁克的云安全

1. 华为赛门铁克云安全概述

在云安全方面，华为赛门铁克（简称"华赛"）提出基于信誉的主动安全，建立全局预警的云安全体系。通过全球部署、知识共享，实时掌握全球安全威胁变化，实现全球联动，以获得最专业的安全感知和快速响应能力，以全球的案例经验支撑安全建设，从而建立可实现自愈的安全闭环。目前，华为赛门铁克在全球多个国家建有蜜罐系统，形成了覆盖全球的蜜网，可以实时捕获蠕虫、病毒等恶意代码样本，分析黑客攻击手法与后门工具，统计全球 DDoS 攻击特征与数据。

（1）业务定义

华赛云安全将传统嵌入网络架构的安全设备、安全软件进行资源化，用户无须再考虑安全设备、软件对网络和应用环境的部署及日后的升级换代问题，也不再需要为众多的系统单独部署安全系统，只需要在一个网络环境里，如同水电的购买、使用一样，按需支付使用各类云安全资源即可。

（2）业务定位

华赛云安全可以通过节点数量的增多来实现安全资源性能的无限扩展，主要定位于为 IDC（互联网数据中心）及各类数据中心提供可调用的安全资源池，可以作为 IDC 的基础安全保障系统，同时可以作为一项增值的安全业务来向最终用户出售系统功能。华赛目前提供的防病毒云解决方案，可以为博客空间、论坛、社区、网盘、彩信等 Web 2.0 应用和企业邮局等业务提供数据安全保障，内容提供商不再需要单独部署病毒网关类设备，只需要按照公司提供的接口调用防病毒云的资源能力即可。

华赛 IDC 解决方案将按照客户需求逐步提供反垃圾邮件安全云、防 DDoS 攻击安全云等更多的云安全增值业务。

2. 云安全技术——自动特征分析和全网共享

该技术是指云中心端搜集云端上传的可执行文件信息，自动化地进行恶意性分析，识别是否是恶意代码，如果是恶意代码，则对其进行自动化爆发，自动分析出其网络通信特征，然后云中心端再把这个样本的特征进行全云设备的下发，让云内所有设备的安全知识库升级。如果用户设备购买了这项特征库服务，也可以通过插入 SDK 包来享受自动化分析和全网特征共享带来的好处。

这种云安全技术可以达到主动防御、源头打击的目的。恶意代码包含僵尸网络、木马、蠕虫、病毒等程序。这些恶意程序的传播往往是 DDoS、僵尸网络、木马、蠕虫、垃圾邮件威胁的源头，黑客通过盗版软件、挂马网站、入侵等手段传播这些恶意程序。利用这种技术，能够发现大量恶意代码，经过自动化分析后提取特征，形成恶意代码通信特征库，下发给各个网络设备的 DPI 模块，从而实现检测和过滤。全网中只要有一处网络设备获得恶意代码信息，全网的设备都能更新和检测恶意代码。阻止了恶意代码传播，也就阻止了 DDoS、僵尸网络、木马、蠕虫、病毒等威胁。这种技术还能比较好地解决零日威胁，在很短时间内解决各安全厂商不知道特征的恶意代码检测问题。能够在这些威胁发生前发现它们并阻断网络里这些恶意程序的恶意传播，也就意味着用户主机很难被感染了，这样可从根本上铲除 DDoS、僵尸网络、木马、蠕虫、病毒等威胁。

3. 云安全技术——信誉服务

对于部署在网络中的大量网络设备，能够检测到大量安全信息，包括僵尸网络、恶意代码、恶意 URL、DDoS、SPAM 等，这些检测信息其实是有内在的关联关系的。挂马网站能够发现僵尸网络宿主主机，通过对其样本下载分析，能够发现僵尸网络信息；僵尸网络检测的结果数据，能够为 DDoS 进行提前清洗；DDoS、SPAM 检测可以分析出隐藏在后面的僵尸网络；还可以利用 DDoS、SPAM 的行为模式来检测僵尸网络，利用僵尸网络检测结果，可以对 DDoS

和 SPAM 进行攻击溯源。利用这些信息，进行关联分析，再结合运营商的账户系统、域名反查、历史记录、时间，可以动态地对 IP、域名、URL 实现信誉评估，形成信誉黑名单和白名单。

利用这些黑名单、白名单，可以对网络设备提供服务，帮助网络设备判断并采取快速动作。

该技术从具体实现的角度来讲，是云中心端搜集各个云端设备的检测结果，包括 DDoS、僵尸网络、垃圾邮件、蠕虫等，把这些信息涉及的 IP、域名、URL 记录下来，利用关联和统计分析，并与域名反查、运营商的账户系统、时间因素等结合起来，形成关于 IP、域名、URL 的信誉数据，云中心端可以利用这些信誉数据对云端设备和用户设备提供 IP、域名、URL 的信誉查询服务。这样当网络设备面临难以决策判断某个 IP 的当前动作是善意还是恶意的时候，结合其由历史统计分析得出的信誉黑白名单进行判断往往是很好的选择。这也就是信誉分析，知识为云。

4. 云安全自动特征分析和全网共享 PK 传统安全技术

对于 DDoS 攻击、僵尸网络、木马、蠕虫、垃圾邮件，通过全网恶意代码检测和自动特征分析，解决了源头恶意代码传播检测，也就能大规模遏制这些威胁。如果威胁主机不能成为一定规模的网络，则对用户的危害就大为降低。没了恶意代码传播，也就没法构建僵尸网络，也无法传播木马、蠕虫，这样无论是最新的数据库网页查询攻击，还是群发垃圾邮件，都缺乏操控的平台和基础。这些攻击威胁所需要的攻击成本会大幅度增加，不再像现在几乎一元一台的低价购买"肉鸡"的控制权。那样的话，恶意攻击流量会大幅度减少，运营商也会从流量滥用、管道拥塞的困境中解脱出来。

对于僵尸网络、木马、蠕虫等，利用自动特征分析和全网检测，可比传统技术更广阔、更快速地发现恶意代码传播和提取通信特征。传统技术可能要一周或者更长时间去从蜜网中搜集、分析样本。而利用云技术，只要一个地方有这个程序传播，就会自动、快速地检测到，然后被送到云中心进行爆发，进行恶意行为的识别，再利用自动化的特征提取和分析，能够在几小时之内形成规则并升级到设备上，这样等于在恶意程序大规模爆发之前就能进行检测和阻断。传统 DPI 技术所面临的知识库难抓样本、难提取特征、升级周期长等问题就迎刃而解。而且利用这种技术能解决零日的问题，这些都是传统方法所不能解决的问题。

5. 云安全信誉服务 PK 传统安全技术

传统安全技术一直面临一个善恶辨识的难题。当大规模的 DDoS 流量来临了，哪些 IP 的流量该放行，哪些该限流，若看起来都是正常的怎么办，利用信誉服务就可以很好解决这些难题。网络设备拿到信誉的 DDoS 黑白名单，如果某时刻发生了 DDoS 攻击，则可以预先比对这个名单，把信誉白名单的流量先放行，把这些信誉黑名单的流量限流，毕竟如果 DDoS 攻击发生，很有可能都难以正常服务了，需要预先清洗，保证良好信誉用户的流量通过。这种方式能够大大减缓流量压力，在迫不得已的情况下不失为上策。

在 DDoS 攻击这种场景下，还可以利用僵尸网络、木马的黑名单来清洗，毕竟 DDoS 发生了，这些僵尸主机也是有极大嫌疑的。对于僵尸网络的信誉服务，还可以提供 C&C 主机名单，通过这个名单，网络设备可以把黑客的跳板或控制主机监控住，甚至发现背后操纵的黑客。而一些恶性网络事件，有时需要进行检测和跟踪，利用僵尸网络 C&C，可以切断通信并跟踪整个僵尸网络动向。传统的安全技术只能检测僵尸网络、木马、蠕虫，不能把这些信息组织起来，形成大范围的网络名单，包括僵尸主机、C&C 主机、隐藏的控制者等，更不能实时地全网监控整个僵尸网络动态。利用云模式，能通过中心下发监控 C&C 来完成全网的监视和控制。

对于恶意 URL，可以利用云中心端大量的服务器群，对云端上报的可疑 URL 进行大规模分析，云中心端具备大规模集群和分布式计算能力，能大量实时分析这些 URL 信息，从而能以小时为周期提供恶意 URL 黑名单服务。有海量网页分析能力的云技术具备传统分析技术所不能比拟的计算和存储优势。

8.4.2　趋势科技的云安全

趋势科技，1988 年成立于美国加州，以云端为主要发展方向，并开发主动式云端截毒技术。IDC 数据表明，趋势科技在全球服务器架构防毒解决方案方面居领导地位，在整体服务器防毒软件市场、群组防毒软件市场、网关防毒软件市场的占有率均高居全球第一位。

1. Secure Cloud 的六大功能

趋势科技的 Secure Cloud 云安全有六大"杀手锏"功能：

（1）Web 信誉服务

借助全球最大的域信誉数据库之一，趋势科技的 Web 信誉服务按照恶意软件行为分析所发现的网站页面、历史位置变化和可疑活动迹象等因素来指定信誉分数，从而追踪网页的可信度。然后将通过该技术继续扫描网站并防止用户访问被感染的网站。为了提高准确性、降低误报率，趋势科技 Web 信誉服务为网站的特定网页或链接指定了信誉分值，而不是对整个网站进行分类或拦截，因为通常合法网站只有一部分受到攻击，而信誉可以随时间而不断变化。

通过信誉分值的比对，就可以知道某个网站潜在的风险级别。当用户访问具有潜在风险的网站时，就可以及时获得系统提醒或阻止，从而帮助用户快速地确认目标网站的安全性。通过 Web 信誉服务，可以防范恶意程序源头。由于对零日攻击的防范是基于网站的可信程度而不是真正的内容，因此能有效预防恶意软件的初始下载，用户进入网络前就能够获得防护能力。

（2）电子邮件信誉服务

趋势科技的电子邮件信誉服务按照已知垃圾邮件来源的信誉数据库检查 IP 地址，同时利用可以实时评估电子邮件发送者信誉的动态服务对 IP 地址进行验证。信誉评分通过对 IP 地址的"行为""活动范围"以及以前的历史进行不断的分析而加以细化。按照发送者的 IP 地址，恶意电子邮件在云中即被拦截，从而防止僵尸或僵尸网络等 Web 威胁到达网络或用户的计算机。

（3）文件信誉服务

现在的趋势科技云安全将包括文件信誉服务技术，它可以检查位于端点、服务器或网关处的每个文件的信誉。检查的依据包括已知的良性文件清单和恶性文件清单，即现在所谓的防病毒特征码。高性能的内容分发网络和本地缓冲服务器将确保在检查过程中使延迟时间降到最低。由于恶意信息被保存在云中，因此可以立即到达网络中的所有用户。而且，和占用端点空间的传统防病毒特征码文件下载相比，这种方法降低了端点内存和系统消耗。

（4）行为关联分析技术

趋势科技云安全利用行为分析的"相关性技术"把威胁活动综合联系起来，确定其是否属于恶意行为。Web 威胁的单一活动似乎没有什么害处，但是如果同时进行多项活动，那么就可能会导致恶意结果。因此需要按照启发式观点来判断是否实际存在威胁，可以检查潜在威胁不同组件之间的相互关系。通过把威胁的不同部分关联起来并不断更新其威胁数据库，使得趋势科技获得了突出的优势，即能够实时做出响应，针对电子邮件和 Web 威胁提供及时、自动的保护。

（5）自动反馈机制

趋势科技云安全的另一个重要组件就是自动反馈机制，以双向更新流方式在趋势科技的产品及公司的全天候威胁研究中心和技术之间实现不间断通信。通过检查单个客户的路由信誉来确定各种新型威胁，趋势科技广泛的全球自动反馈机制和功能很像现在很多社区采用的"邻里监督"方式，实现实时探测和及时的"共同智能"保护，将有助于确立全面的最新威胁指数。单个客户常规信誉检查发现的每种新威胁都会自动更新趋势科技位于全球各地的所有威胁数据库，防止以后的客户遇到已经发现的威胁。

（6）威胁信息汇总

来自美国、菲律宾、日本、法国、德国和中国等地研究人员的研究将补充趋势科技的反馈和提交内容。在趋势科技防病毒研发暨技术支持中心 TrendLabs，各种语言的员工将提供实时响应，24h/7d 的全天候威胁监控和攻击防御，以探测、预防并清除攻击。

总之，趋势科技综合应用各种技术和数据收集方式，包括"蜜罐"、网络爬行器、客户和合作伙伴内容提交、反馈回路以及 TrendLabs 威胁研究，能够获得关于最新威胁的各种情报，通过趋势科技云安全中的恶意软件数据库以及 TrendLabs 研究、服务和支持中心对威胁数据进行分析。

2. Secure Cloud 云安全特点

国内有厂商发布的"云安全"计划实际是一个利用终端产品做客户端的恶意程序收集与自动分析系统，它类似于 Secure Cloud 的 Hosted Discovery 服务，只是不提供服务承诺，是一种免费服务，它与 Secure Cloud 相比有如下特点：

（1）仍未突破代码比对传统技术，无法有效解决动态激增的安全威胁。

（2）响应速度仍受限于代码制作的流程问题。

（3）无法在威胁到达之前在源端就予以阻止，仍是近身"肉搏战"。

（4）只是代码制作流程的优化。

Secure Cloud 云安全采用多种方式收集数据信息来动态分析恶意威胁，生成动态的信誉库，并通过行为关联分析技术，建立各种信誉库的关联，当用户访问目标信息时，就可以快速从信誉库中获得安全访问建议，从源端阻止风险的侵入。同时 Secure Colud 提供系统自动反馈机制，让普通用户一方面变成服务的享用者，另一方面又变成服务的贡献者。

其他安全厂商由于起步较晚，在信誉服务方面尚未建立完整的体系，仍处于完善体系架构的阶段。表 8-1 为 Secure Cloud 与其他产品性能对比结果。

表 8-1　Secure Cloud 与其他产品性能对比结果

性能	Trend	Google/Postining	Ironport	McAfee	Message Labs	Microsoft	Kaspersky
Web 方面	✓	No	✓	✓	✓	No	No
邮件方面	✓	✓	✓	No	✓	✓	No
文件方面	✓	No	No	No	No	No	✓
Web 相关性	✓	No	✓	✓	✓	✓	No
邮件相关性	✓	✓	✓	No	✓	✓	✓
文件相关性	✓	No	No	No	No	No	✓
反馈循环	✓	No	No	No	✓	No	No

为协助防御不断变动的 Web 攻击，Secure Cloud 提供创新的 Web 威胁防御工具——上网无忧电子眼，可免费从趋势科技官网（www.trendmicro.com.cn）下载并使用。该工具内建 Web信誉服务（WRS），安装之后即可拦截恶意链接，有效且完整抵御零时差的 Web 攻击，同时该

工具还提供僵尸程序监测功能。

8.5 云安全应用实例

360 云安全计划提供了"文件云安全计划"和"网址云安全计划"两个部分。

1. 文件云安全计划

传统杀毒软件将病毒库放在用户计算机中，在计算机中进行文件的分析工作、病毒扫描过程中会反复在本地病毒库中进行比对，占用大量系统资源，影响计算机运行速度，并且随着病毒库的不断升级，病毒库的容量越来越大，分析文件时所耗费的时间也越来越长，让计算机越用越慢。

360 使用云安全技术，在 360 云安全计算中心（云端）建立了存储数亿个木马病毒样本的黑名单数据库和已经被证明是安全文件的白名单数据库。360 系列产品利用互联网，通过联网查询技术，把对用户计算机里的文件扫描检测从客户端转到云端（服务器端），能够极大地提高对木马病毒查杀和防护的及时性、有效性。同时，90% 以上的安全检测计算由云端服务器承担，从而减少了对用户计算机的 CPU 和内存等资源的占用，减少对计算机运行速度的影响。

360 云安全联网检测技术好比使用搜索引擎时先在搜索框中输入想要搜索的内容，向服务器提交需要搜索的内容后，服务器返回相关的信息。因此，360 在检测文件安全信息时，需要连接 360 云安全计算中心，将待查询的文件信息报给服务器，由服务器返回文件是否安全的判断。

当使用 360 安全卫士查杀木马以及 360 杀毒查杀病毒时，会对计算机中的可执行程序、可自启动的文件进行联网检测。

当使用 360 安全卫士主动防御、360 杀毒实时防护以及 360 游戏保险箱时，会对程序执行过程中可能给用户计算机带来风险的操作，比如加载驱动、安装插件等进行联网检测。

可疑文件样本是指：既不在木马病毒库中，又不在白名单库中，且具有一定风险的可执行文件样本。可疑文件中绝大多数是未知的木马和病毒，对计算机会带来极大的安全威胁。为了确认这些可疑文件的安全性，如果选择加入"360 云安全计划"，则将这些可疑文件样本上报至 360 云安全计算中心。目前参加"360 云安全计划"的用户已经超过 3 亿。

360 上报的每一个文件都是经过用户同意的，并且用户可以清楚地看到 360 什么时间上报了什么样本文件。

（1）什么情况下会上报可疑文件样本

① 当初次安装 360 安全卫士、360 杀毒时，产品安装界面会询问是否加入"云安全计划"，当"确认"加入后，360 安全卫士、360 杀毒会在发现可疑文件样本时上报，也可以随时通过上述产品的"设置"按钮选择退出或加入"云安全计划"。

② 加入"云安全计划"的计算机，在执行扫描和实时防护的过程中发现可疑样本时，会自动将可疑样本上报至 360 云安全计算中心。

③ 对于同一可疑文件样本，如果有其他用户上报过，360 云安全计算中心就不再要求计算机进行上报。由于加入"云安全计划"的用户超过 3 亿，因此，计算机上报可疑文件样本的概率非常低，用户可以随时在 360 安全卫士查杀木马界面的"上报文件"中查看上报情况。

（2）上报可疑文件样本是否会泄露用户隐私信息

360 会通过文件结构来判断一个文件是否为可执行文件，对于采用非安全网站编程方式制作的包含用户信息的 URL 网址，因为上报前无法识别，需要上报 360 云安全中心甄别后才可确认，360 安全中心甄别后会立刻删除。上报的可疑文件样本仅作为木马分析使用，不会泄露用户隐私信息。

（3）如何设置和查看可疑文件样本上报

① 360 安全卫士和杀毒都提供了非常方便地打开和关闭样本上报的功能。方法是：打开 360 安全卫士，单击界面右上角"设置"按钮，再单击"云安全计划"，取消勾选即可关闭样本上报。360 杀毒关闭样本上报同样在产品设置中操作，取消勾选"自动上传发现的可疑文件"复选框即可。

② 单击查杀木马界面的"上报文件"标签，即可查看上报历史。

③ 为什么会有同一路径下同一文件名的可执行文件被反复上报？

360 客户端通过文件指纹识别文件的唯一性，同一可执行文件在 360 的数亿用户中只会上报一次。如果发现有个别同样文件名的可执行文件被上报了多次，那么说明该可执行文件的文件指纹发生了变化，即该可执行文件的内容或功能发生了变化。在多数情况下，拥有这种不断变换自身内容行为的可执行文件是木马的可能性非常大。通常情况下，木马用这种办法来逃避安全软件的查杀。

2. 网址云安全计划

360 使用国际上先进的云安全技术，360 云安全计算中心在服务器端建立了存储数千万个恶意网址的数据库。恶意网址数据库包括挂马网页、恶意网址、钓鱼网站等。360 云安全计算中心每天向恶意网址数据库实时添加新的恶意网址。360 安全产品利用互联网，通过联网查询技术，把对访问的网址扫描检测从客户端转到云端（服务器端），能够极大地提高用户上网保护的及时性、有效性。同时，90%以上的安全检测计算由云端服务器承担，从而减少了对用户计算机的 CPU 和内存等资源的占用，减少对计算机运行速度的影响。

（1）网页安全防护

当开启了 360 安全卫士或 360 杀毒的网页安全防护功能后，使用浏览器访问网站或单击网页中的链接时，360 安全产品会把网址送到 360 云安全计算中心，进行联网安全检测。当检测发现挂马网页、恶意网址、钓鱼网站时，则进行拦截或做出相应的风险提示。

（2）下载保镖防护

当开启了 360 安全卫士下载保镖功能后使用浏览器访问下载网站或者单击下载链接时，360 安全产品会把网站内下载网址送到 360 云安全计算中心，进行联网安全检测。当检测发现风险、危险文件下载或者木马下载链接时，则进行拦截或做出相应的风险提示。

（3）搜索引擎防护

当开启了 360 安全卫士搜索保镖功能后使用浏览器访问搜索网站搜索相关关键字时，360 安全产品会把网站搜索结果送到 360 云安全计算中心，进行联网安全检测。当检测发现挂马网页、恶意网址、钓鱼网站时，则进行拦截或做出相应的风险提示。

（4）邮件保镖

当开启了 360 安全卫士邮件保镖功能后使用浏览器或者邮件客户端打开邮件时，360 安全产品会在用户本地对邮件内容进行分析，将邮件中分析出的网址送到 360 云安全计算中心，联网安全检测。当检测发现挂马网页、恶意网址、钓鱼网站时，则进行相应的风险提示。

（5）看片保镖

当开启了 360 安全卫士看片保镖功能后使用浏览器访问网站或者单击网页中的链接时，360 会把网址送到 360 云安全计算中心，进行联网安全检测。当发现存在可疑的网址时，会提示用户进入看片模式进行浏览。

（6）查杀木马和 360 系统修复

在使用查杀木马功能进行系统扫描时，云查杀引擎扫描过程中会调用系统修复功能来完成系统修复扫描。

在使用 360 系统修复功能检查修复系统时，会检测用户桌面、收藏夹、"开始"菜单以及快速启动栏等敏感位置的快捷链接，360 安全产品会把这些网址送到 360 云安全计算中心，进行联网安全检测。当检测发现挂马网页、恶意网址、钓鱼网站时，则会提示用户进行相关的处理。

3. 加入云安全计划的方法

（1）打开 360 安全卫士，单击主菜单，选择"设置"命令，如图 8-2 所示。

图 8-2　360 安全卫士主菜单

（2）在"设置"对话框中选择"云安全计划"选项卡，勾选"加入 360‘文件云安全计划'"和"加入 360‘网址云安全计划'"复选框，如图 8-3 所示。

加入 360 云安全计划后，用户将能获得 360 文件云安全和网址云安全功能防护。其他操作读者可以自行完成体验。

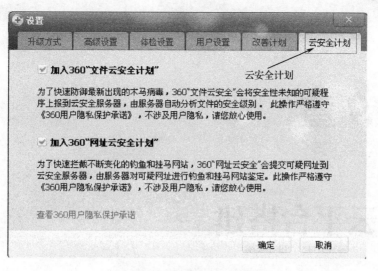

图 8-3 "云安全计划"选项卡

小　　结

"云安全"是在"云计算""云存储"之后出现的"云"技术的重要应用，已经在反病毒软件中得到了广泛的应用，发挥了良好的作用。云安全是我国企业创造的概念，在国际云计算领域独树一帜。最早提出"云安全"这一概念的是趋势科技。"云安全"的概念在早期曾经引起过不小争议，现在已经被普遍接受。

云安全的发展像一阵风，瑞星、趋势科技、卡巴斯基、McAfee、Symantec、江民科技、PANDA、金山、360 安全卫士等都推出了云安全解决方案。

要建立"云安全"系统，需要海量的客户端、专业的反病毒技术、大量的资金投入和建立开放的系统。

思考与练习

1. 什么是云安全？简述云安全的思想来源。
2. 基于云安全的杀毒软件有什么特点？
3. 要构建一个云安全系统，需要解决哪些问题？
4. 试述华为赛门铁克的云安全现状。
5. 请分析趋势科技的 Secure Cloud 云安全的六大"杀手锏"功能。
6. 以 360 云安全的应用为例，说说云安全与传统信息系统安全的异同。

第9章

云平台搭建

《《《《《

本章要点

➢ VMware 公司简介

➢ vSphere 虚拟化架构简介

➢ ESXi 6 的安装与配置

➢ vSphere Client 的安装与配置

➢ 虚拟机基本操作

➢ 安装 vCenter Server 6

➢ 网络管理与外部存储的搭建

私有云是部署在企事业单位或相关组织内部的云，限于安全和自身业务需求，它所提供的服务不供他人使用，而是仅供内部人员或分支机构使用。换种方式理解，私有云即是一种计算模型，是为了满足自身组织的使用而将企业的 IT 资源通过整合以及虚拟化等方式，构建成 IT 资源池，以云计算基础架构来满足组织内部的服务要求。

通过前面内容的学习，已经了解了私有云的各方面价值所在，IT 厂商纷纷提出了自己的私有云构架方案，目前做得较好的开源产品有 Openstack、CloudStack、Eucalyptus、OpenNebula，以及商业产品 VMware vSphere、VMware vCloud、Microsoft Hyper-V、Citrix XenServer。

本章仅针对 VMware 在云计算基础设施搭建方面进行讲解。希望读者在具体操作过程中进一步理解和掌握私有云。

9.1 VMware 公司简介

VMware 公司成立于 1998 年，它将虚拟机技术引入工业标准计算机系统中。1999 年首次交付了它的第一套产品 VMware Workstation；2001 年通过发布 VMware GSX 服务器和 VMware

ESX 服务器而进入企业服务器市场领域。

2003 年，随着具有开创意义的 VMware VirtualCenter 和 VMware VMotion 技术的出现，VMware 通过引入一系列数据中心级的新功能，建立了在虚拟化技术领域中的领导地位。2004 年，VMware 又通过发布 VMware ACE 产品进一步将这种虚拟架构的能力延伸到企业级的桌面系统中。2005 年发布的 VMware Player，以及 2006 年早期发布的 VMware Server 产品，使得 VMware 第一个将免费的具有商业级可用性的虚拟化产品引入那些新进入虚拟化世界的用户中。2006 年 6 月发布的 VMware vSphere 3 成为当时行业内第一套完整的虚拟架构套件，在一个集成的软件包中，包含了全面的虚拟化技术、管理、资源优化、应用可用性以及自动化的操作能力。

通过部署 VMware 软件以应对复杂的商业挑战，如资源的利用率和可用性，用户已经明显体验到它所带来的巨大效益，包括降低了整体拥有成本（TCO）、高投资回报和增强了对他们的用户的服务水准等。

VMware vSphere 是其主打产品，根据 RightScale 公司 2018 年 1 月开展的第七次年度云计算状况调查显示，VMware vSphere 继续领先，采用率为 50%。

9.2　vSphere 虚拟化架构简介

VMware vSphere 系列之前叫作 VMware Infrastructure，当时推出了三代，从第四代产品开始，为了强调它在云计算中所起的作用，VMware 将其更名为 VMware vSphere，同时官方也称其为 Cloud OS 或者 VDC OS（Virtual Data Centers OS）。VMware vSphere 主要用于服务器虚拟化，通过在一台物理服务器上虚拟出多台虚拟机来起到整合资源、优化资源的目的。

9.2.1　VMware 产品线介绍

vSphere 是 VMware 虚拟化和云计算产品线中的主要角色，除了 vSphere 之外，VMware 还有许多和虚拟化及云计算相关的产品，下面列举其中较为成功的几个。

（1）Operations Management：该产品可和 vSphere 捆绑销售，作为一种扩展版的 vSphere，可提供针对 vSphere 优化的关键容量管理和性能监控功能。

（2）VMware vCloud Suite：也是一款集成式产品，用于构建和管理基于 VMware vSphere 的私有云，能够大幅提高 IT 组织的灵活性、敏捷性和控制力。

（3）VMware Integrated Openstack：能够基于 VMware 基础架构快速轻松地部署和管理生产级 Openstack。

（4）VMware vRealize Orchestrator：用于将复杂的 IT 任务简化为自动化流程，并可与 VMware vCloud Suite 的组件集成，以便调整和延展服务交付与运维管理功能，从而有效地利用现有的基础架构、工具和流程。

（5）VMware Horizon：以前称作 VMware View，是一款基于虚拟桌面基础架构（Virtual Desktop Infrastructure，VDI）的高效桌面虚拟化产品，借助 vSphere 在底层提供的虚拟化技术，可以快速部署大量的虚拟桌面。与传统 PC 不同，View 桌面并不与物理计算机绑定。它们驻留在云中，终端用户可以在需要时访问他们的 View 桌面。

（6）VMware Workstation：基于工作站的虚拟化产品，属于寄居型 VMM（Type 2），通过在同一 PC 上同时运行多个基于 x86 架构的操作系统，使专业技术人员能够方便地进行开发、测试、演示和部署软件。

（7）VMware Fusion：可以看作 Apple Mac 计算机上的 Workstation。通过 VMware Fusion，用户可以方便地在 Mac 计算机上运行 Windows 和 Linux。

（8）VMware Capacity Planner：用于规划和设计 vSphere 架构的工具，其提供方式非常特殊，不对外销售，仅对特定用户免费提供，通常是 VMware 的合作伙伴。这些合作伙伴以技术支持向 VMware 产品的最终客户提供服务，常常把 VMware Capacity Planner 当免费工具送给客户，当然前提是客户购买相关产品和服务。

9.2.2　VMware ESXi

VMware vSphere 主要由 ESXi、vCenter Server 和 vSphere Client 构成。从传统操作系统的角度来看，ESXi 扮演的角色就是管理硬件资源的内核；vCenter Server 提供了管理功能；vSphere Client 则充当 Shell，是用户和操作系统之间的界面层。但在 vSphere 中，这几个组成部分是完全分开的，依靠网络进行通信。

ESXi 是 vSphere 中的 VMM，直接运行在裸机上，属于 Hypervisor，即 Type 1。在版本 5.0 之前，有 ESXi 和 ESX 两种 Hypervisor，区别在于 ESX 上具有 Services Console，是一个基于 Linux 的本地管理系统；在 ESXi 中则不再集成 Services Console，而是直接在其核心 VMkernel 中实现了必备的管理功能。这样做的好处是精简了超过 95% 的代码量，为虚拟机保留更多硬件资源的同时，也减少了受攻击面，更加安全。从 5.0 开始不再提供 ESX。

ESXi 可以在单台物理主机上运行多个虚拟机，支持 x86 架构下绝大多数主流的操作系统。ESXi 特有的 vSMP（Virtual Symmetric Multi-Processing，对称多处理）允许单个虚拟机使用多个物理 CPU。在内存方面，ESXi 使用的透明页面共享技术可以显著提高整合率。

9.2.3　VMware vCenter Server

VMware vCenter Server 是 vSphere 的管理层，用于控制和整合 vSphere 环境中所有的 ESXi 主机，为整个 vSphere 架构提供集中式的管理，如图 9-1 所示。

vCenter Server 可让管理员轻松应付数百台 ESXi 主机和数千台虚拟机的大型环境。除了集中化的管理之外，vCenter Server 还提供了 vSphere 中绝大部分的高级功能，这些功能无法直接通过 ESXi 来使用，包括：

（1）快速的虚拟机部署，包括克隆功能和通过虚拟机模板进行部署。

（2）基于角色的访问控制，可用于多租户情景下的权限分配。

（3）更好的资源委派控制，显著提高资源池的灵活性。

（4）虚拟机热迁移和虚拟机存储位置的热迁移，可在虚拟机不停机的情况下改变其驻留的主机和数据存储设备。

（5）分布式资源调度，用于在主机之间自动迁移虚拟机以实现负载均衡。

（6）高可用性，用于保护虚拟机或虚拟机上的应用程序，减少意外停机时间。

（7）基于双机热备的容错，提供比高可用性更高级别的保护，真正实现零停机时间。

（8）主机配置文件，将状况良好的 ESXi 主机的配置作为合规性标准，用于配置检查以及错误配置的快速恢复。

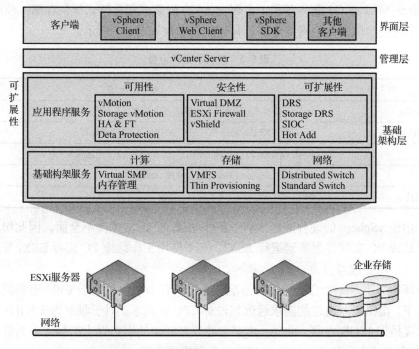

图 9-1 vSphere 架构

（9）分布式交换机，一种跨越多个主机的虚拟交换机，用于在复杂的虚拟网络环境下简化网络维护工作，并提供相对于标准虚拟交换机更多的实用功能。

9.2.4 vSphere 硬件兼容性

vSphere 的硬件兼容性主要体现在 ESXi 上，由于 ESXi 的代码量非常精简，因此许多硬件的驱动并没有被集成。目前主流服务器的硬件几乎都可以安装 ESXi，如果用作试验环境，甚至很多桌面平台也能支持（至少，除了网卡之外的设备受支持）。但如果用于生产环境，则一定要确认所配置的硬件由 VMware 官方宣称受支持。企业决策者可以在 VMware 的网站上查看 vSphere 硬件兼容性列表，以确认硬件是否受支持。请参考链接 http://www.vmware.com/cn/guides.html。

9.3 ESXi 6 的安装与配置

在 vSphere 体系结构中，ESXi 位于虚拟化层，是整个架构中最基础和最核心的部分。本节主要介绍 ESXi 6.0 的安装、配置以及虚拟机的基本操作。

9.3.1 实验环境准备

1. 硬件环境

由于条件的限制，本章使用了 5 台 HP Prodesk 480 G2 工作站来代替服务器，运行 ESXi，每台机器上增加了基于 PCI-E 插槽的 Broadcom 5709 和 Broadcom 5721 系列千兆网卡；使用 1 台 HP ProLiant ML110 G5 服务器和 1 台曙光 A620 机架式服务器来提供存储；使用 2 台 H3C 5120-28-Li 千兆交换机来提供网络连接。具体硬件参数如表 9-1 所示。

表 9-1　现有的硬件设备

机　　型	硬　件　配　置
HP Prodesk 480 G2	Intel i3-4150 双核四线程 3.5GHz，8GB 内存，5 个千兆网卡
HP ProLiant ML110 G5	Intel Xeon X3220 四核 2.4GHz，2GB 内存，3 个千兆网卡
曙光 A620	AMD Opteron 2378 四核 2.4GHz，8GB 内存，2 个千兆网卡
普通 PC	仅用于在 Windows 环境下远程管理 vSphere
H3C 5120 交换机	24 个千兆光口和 4 个千兆光口，二层

注意： 由于 vSphere 的硬件兼容性对于工作站或 PC 的支持尚不全面，因此切勿在生产环境使用工作站或 PC 来代替服务器运行 ESXi。对于使用工作站或 PC 运行 ESXi 导致的损失和任何其他后果，均由读者自负。

该实验环境并不是一个合理的硬件搭配。通常只有少数业务属于 CPU 密集型，因此在绝大部分情况下，虚拟机对内存的需求远远超过对 CPU 的需求。对于频率为 3.5GHz 的逻辑四核处理器，建议搭配 16GB 内存。此外，本书也建议在较少的服务器上扩展更多的资源——使用多路 CPU 和更多的内存插槽，比直接购买多台主机更合理。

5 台 ESXi 主机的内存和计算资源分配如图 9-2 所示。

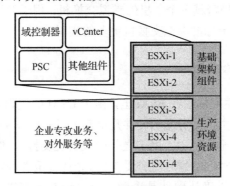

图 9-2　主机资源分配

2．vSphere 架构设计

一个典型的 vSphere 虚拟化架构通常将通信流量划分为 5 种不同的类型，每种流量使用独立的通道，并两两冗余。如果使用的存储方案是 iSCSI 或 NFS，并且整个架构运行在千兆以太网之上，标准配置应该是每台 ESXi 主机配有 10 个网卡。在理想情况下，流量划分如表 9-2 所示。

表 9-2　理想情况下的网卡流量划分

流　量　类　型	网　卡　分　配
网管	使用网卡 1、2
iSCSI/NFS 存储	使用网卡 3、4

续表

流 量 类 型	网 卡 分 配
vMotion（虚拟机迁移）	使用网卡 5、6
容错 Lockstep 及日志记录	使用网卡 7、8
虚拟机通信	使用网卡 9、10

另外一种常见的情况是将网管和 vMotion 流量放在一起，两者共享带宽；如果网卡数量短缺，也可以使网管和 vMotion 流量共用两张网卡而不是四张。此外，在某些场景中，由于没有双机热备的需求，也就用不到容错，这种情况可再省去两张网卡。

在本书的实验环境中，由于插槽有限，每台主机只有五张千兆网卡，因此采用了如表 9-3 所示的三种分配方法，其网络拓扑结构如图 9-3 所示。在生产环境中，有时通过增减网卡数来作为临时的替代方案。

表 9-3　实验环境中的网卡流量划分

流 量 类 型	方案 A（需要双机热备）	方案 B（独立的 vMotion 流量）	方案 C（要求存储多路径）
网管	网卡 1、2	网卡 1、2	网卡 1、2
iSCSI /NFS 存储	网卡 3	网卡 3	网卡 3、4
vMotion（虚拟机迁移）	网卡 1、2	网卡 4	网卡 1、2
容错及日志记录	网卡 4	—	—
虚拟机通信	网卡 5	网卡 5	网卡 5

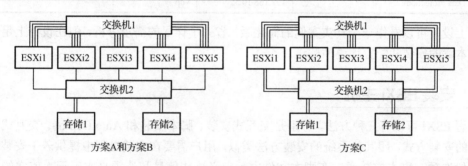

图 9-3　三种方案的拓扑结构

如果存在对外业务，虚拟机通信的流量需要路由到 Internet，从这个角度来看，少量的虚拟机在业务通信上不太可能耗尽千兆以太网的带宽——瓶颈通常在汇聚层或核心层，而并非以太网内部。尽管如此，千兆网络是建议的最低配置，如果条件允许，最好使用万兆以太网。

完整的 vSphere 架构需要用到 DNS 服务，最好有域环境。建议事先为每个组件分配 IP 并定义完全限定域名（FQDN），本书所用实验环境的根域名为 vdc.com，IP 和域名分配如表 9-4 和表 9-5 所示，其中表 9-4 列出了 ESXi 主机的主机名以及不同用途的流量所使用的 IP 地址；表 9-5 列举出了作为基础架构组件的虚拟机主机名和 IP 地址（本书仅使用 IPv4）。

表 9-4　ESXi 主机的主机名及流量的 IP 地址分配

主机名	网管流量	iSCSI 流量	vMotion 流量	FT 流量
esx1	192.168.10.31	192.168.20.31	192.168.30.31	192.168.40.31
esx2	192.168.10.32	192.168.20.32	192.168.30.32	192.168.40.32
esx3	192.168.10.33	192.168.20.33	192.168.30.33	192.168.40.33
esx4	192.168.10.34	192.168.20.34	192.168.30.34	192.168.40.34
esx5	192.168.10.35	192.168.20.35	192.168.30.35	192.168.40.35

表 9-5　虚拟机的主机名和 IP 地址分配

角　色	IP 地址	主 机 名	备　注
默认网关	192.168.10.1		普通家用路由器
域控制器	192.168.10.6	ad1	Window Server 2012 R2
vCenter 数据库	192.168.10.10	database	Window Server 2012 R2
Platform Services Controller	192.168.10.15	psc	Window Server 2012 R2
vCenter Server	192.168.10.20	vCenter	Window Server 2012 R2
vCenter Server Application	192.168.10.22	vcsa	
Update Manager 数据库	192.158.10.50	database2	Window Server 2012 R2
vSphere Update Manager	192.168.10.51	update	Window Server 2012 R2
Update Manager Download Service	192.168.10.53	umds	Window Server 2012 R2
VMware Data Protection	192.168.10.55	vdp	

　　以上设计可以看作一个真实案例的简化版，省去了详尽的需求分析，但在设计上足以作为参考，本章的安装和配置均遵循此设计。

9.3.2　安装 ESXi 主机

　　部署 ESXi 可以有三种方法，分别是交互式安装、脚本安装和 Auto Deploy。交互式安装是最普通的安装方式，跟其他系统的安装方法类似，用户需要在安装过程中提供若干安装信息和系统初始选项。脚本安装通过在脚本文件中预定义这些信息和选项来实现无人值守的自动安装。Auto Deploy 允许主机无状态运行，系统文件不会保存在主机上，ESXi 内核和相关进程临时运行在内存中。这种方式主要用于后期数据中心的快速扩充，部署速度快、规模大，但要用到较多的组件，包括安装了 Auto Deploy 功能的 vCenter Server、vSphere Client、TFTP 服务器、DHCP 服务器、vSphere PowerCLI 工具等。本节主要介绍交互式安装。

1.　获取 ESXi 6.0 安装源

　　企业可以通过两种渠道获得不同的 ESXi。一种是 ESXi Embedded，是 VMware 和服务器生产商深度合作的产物，通常在服务器出厂前就预安装在内置闪存上，或烧录在 ROM 中。另一种是 ESXi Installable，是通用的 ESXi 程序，适合满足 ESXi 兼容的所有主机，以光盘映像的形式提供，可在官网的以下链接免费下载：

　　https://my.vmware.com/cn/web/vmware/evalcenter?p=vsphere6

　　同样，vSphere 和 VMware 其他产品的试用版都可以在其官网（www.vmware.com）上查找下载信息，但都需要注册并提供使用者信息。下载页面如图 9-4 所示。对于 ESXi 和 vCenter Server，可以在评估模式下免费使用 60 天，评估期能够使用的功能和最高级别的 Enterprise Plus 许可完全相同。

图 9-4　下载 vSphere 产品的页面

2．制作安装介质

安装 ESXi 和安装其他操作系统没有太大的差别，既可以通过光盘来安装，也可以将 U 盘制作成安装盘。推荐采用 U 盘方式安装，可以省去刻盘的麻烦，并且更灵活，在没有光驱的环境下也可以部署 ESXi 主机。

制作 USB 安装盘的工具有很多，本书使用 UltraISO，此工具制作的 USB 安装盘使用基于 MBR 的分区格式。

注意：和之前版本的 ESXi 有所区别，如果 ESXi 6.0 没有使用基于 GPT 分区方案的安装源，则安装的目标主机必须禁用 UEFI 模式。

首先插入一个已经格式化好的 U 盘，以管理员身份运行 UltraISO，并打开下载好的 ESXi 安装映像，然后选择"启动"菜单中的"写入硬盘映像"命令，如图 9-5 所示。

图 9-5　通过 UltraISO 中的"写入硬盘映像"命令来制作 USB 安装盘

在弹出的窗口中，保持默认设置，单击"写入"按钮，如图 9-6 所示，然后等待数据写入 U 盘，结束后关闭窗口，弹出 U 盘即可。

图 9-6 确认写入 U 盘

3. 为 ESXi 安装映像添加网卡驱动

ESXi 5.1 及更早版本的安装镜像中集成了桌面平台中常见的 Realtek RTL 8111/8168 系列网卡的驱动程序，由于这种网卡在服务器上非常罕见，该驱动在 ESXi 5.5 和后续版本中被移除了。在编写本书时，已经出现了适用于 ESXi 6.0 的 RTL 8111/8168 驱动程序，这对于那些使用 PC 来搭建 vSphere 6.0 实验环境的读者来说是一个福音，它意味着每台主机可以多拥有一块千兆网卡。使用 ESXi-Customizer 将 RTL 8111/8168 驱动程序添加到 ESXi 6.0 的安装映像文件里，然后再进行安装，即可使 ESXi 6.0 识别 RTL 8111/8168 网卡。

要下载适用于 ESXi 6.0 的 Realtek RTL 8111/8168 网卡驱动，可以登录链接：

http://vibsdepot.v-front.de/depot/RTL/net55-r8168/net55-r8168-8.039.01-napi.x86_64.vib

要下载 ESXi-Customizer，可以登录链接：

http://vibsdepot.v-front.de/tools/ESXi-Customizer-v2.7.2.exe

ESXi-Customizer 是一个绿色软件，下载好之后直接解压运行，如图 9-7 所示。在第一个选项中选择 ESXi 6.0 安装映像文件，在第二个选项中选择下载好的 Realtek RTL 8111/8168 网卡驱动，第三个选项用于指定输出新的 ISO 安装映像文件的路径。

图 9-7 ESXi-Customizer 的使用

如果之前已经安装了 ESXi 6.0，也可以用添加了驱动的新映像文件重新安装，在安装时注意保留原有的数据即可。

4. 为 CPU 开启虚拟化支持

要安装 ESXi，CPU 必须支持硬件辅助虚拟化技术——Intel VT-x 或 AMD-V。如果 CPU 还提供了 Intel VT-d、Intel VT-c 或 AMD IOMMU 等针对芯片组和网络 I/O 的硬件辅助虚拟化功能则效果更佳。缺乏硬件辅助虚拟化的 CPU 仍然可以安装 ESXi，但无法使用 64 位客户机操作系统，而且还可能存在着不确定的潜在问题。

目前主流的 CPU 基本上都具备硬件辅助虚拟化功能，但很多型号（特别是前几代 CPU）默认不开启，需要在 BIOS 里进行设置。根据不同机型的 BIOS，设置的菜单项会有所不同，通常位于具有"System Settings""Processors""Security"等字样的菜单或子菜单下。IBM System X3650 服务器 BIOS 中开启虚拟化支持的画面如图 9-8 所示。

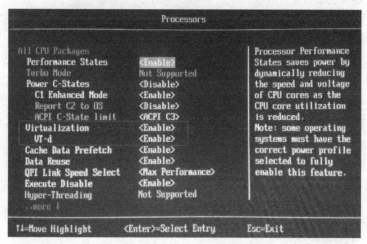

图 9-8　开启 Intel VT-x 和 VT-d

5. 通过交互方式安装 ESXi

为了便于展示，我们在桌面平台上的虚拟机管理工具 VMware Workstation 中创建 ESXi 虚拟机进行和物理主机相同的安装与设置，安装过程中的部分截图来自这些虚拟机。

准备就绪后，将先前制作的 U 盘插入主机，通过 BIOS 设置 U 盘启动，或直接通过"Boot Menu"手动选择 USB 设备作为启动项，即可开始安装。引导界面如图 9-9 所示，选择第一项 ESXi-6.0.0-2494585-standard Installer，按 Enter 键确认。

图 9-9　引导界面

安装程序初始化完毕之后，会在欢迎页面提示用户，当前的硬件是否能被支持，可参见VMware ESXi 硬件兼容性指南，如图 9-10 所示。

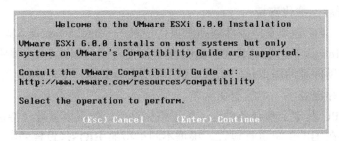

图 9-10　安装向导欢迎页面

接下来的主要步骤如下：

（1）《最终用户许可协议》。要继续安装，则必须接受该协议。按 F11 键以接受协议并继续。在 ESXi 安装程序和将来的本地控制台中，通常使用 F11 键来确认敏感操作。

（2）选择要安装（或升级）的磁盘。本地磁盘和可访问的网络存储设备都会显示在这里，如图 9-11 所示，包括 HDD、SSD、U 盘和位于可访问的 NFS、SAN 等网络存储上的逻辑卷。存在多个存储设备时，列表中显示的顺序可能并不正确，连续添加、移除驱动器的系统可能会出现这种问题。可按 F1 键查看细节，以免在错误的位置安装。如果选择的磁盘中包含数据，则将显示提示信息，要求用户再次确认磁盘选择。因为安装 ESXi 会导致所选驱动器上的所有数据被覆盖，包括硬件供应商分区、操作系统分区和关联数据。

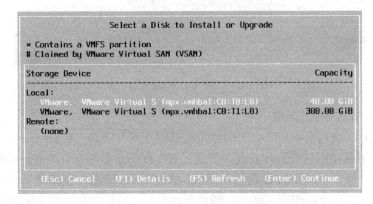

图 9-11　选择安装的目标驱动器

特别地，如果选择的磁盘中包含 VMFS 分区（例如，已经安装了 ESXi），则将显示 "ESXi and VMFS Found" 页面，如图 9-12 所示。在此有三个选项：升级 ESXi，保留原有的 VMFS 分区；安装 ESXi，保留原有的 VMFS 分区；安装 ESXi，覆盖原有的 VMFS 分区。对于升级或重新安装的情况，往往希望保留原有的数据存储，特别是虚拟机及其相关的文件，对此建议选择保留原有的 VMFS 分区。

（3）选择键盘。默认为美式键盘，保持默认即可。

（4）设置 Root 用户密码。初次设置密码时允许简单密码，只要长度不低于 7 个字符即可。但之后若要修改密码，则必须满足密码复杂性要求：至少 7 个字符，要求同时具有大小写字母、数字、特殊字符，并且仅有首字母为大写时无效。

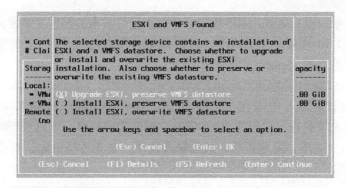

图 9-12 选择如何处理原有的 VMFS 分区

（5）确认安装，此时再次警告：磁盘将会被重新分区。按 Enter 后安装正式开始，由于 ESXi 系统本身短小精悍，文件写入过程通常只有几分钟，具体时间取决于硬件性能。

（6）完成安装的信息提示。告诉用户评估期期限、使用 vSphere Client 或直接控制台管理主机等信息，并建议移除安装介质，重新启动主机，如图 9-13 所示。

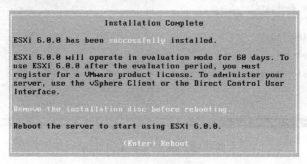

图 9-13 安装完成的提示

9.3.3 通过本地控制台配置 ESXi

目前已经在两台主机上成功地安装了 ESXi，系统启动之后，可看到 ESXi 初始待机画面，如图 9-14 所示。

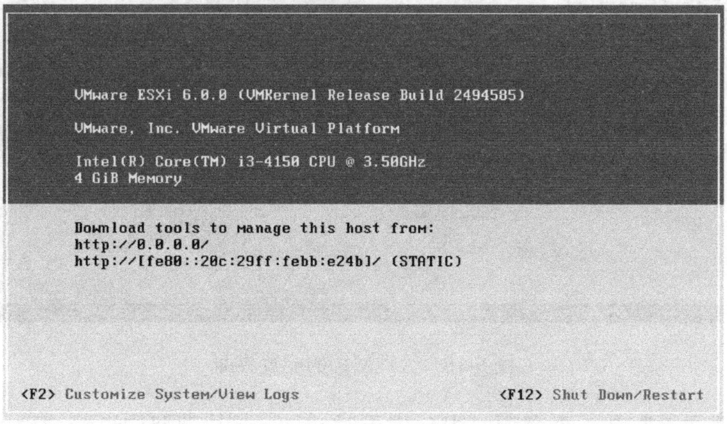

```
VMware ESXi 6.0.0 (VMKernel Release Build 2494585)

VMware, Inc. VMware Virtual Platform

Intel(R) Core(TM) i3-4150 CPU @ 3.50GHz
4 GiB Memory


Download tools to manage this host from:
http://0.0.0.0/
http://[fe80::20c:29ff:febb:e24b]/ (STATIC)




<F2> Customize System/View Logs              <F12> Shut Down/Restart
```

图 9-14 ESXi 初始待机画面

除了正常的关机、重启之外，本地控制台只能执行最基本的配置，如用于远程管理的第一块网卡的相关配置、Root 用户密码修改、DNS 配置、日志查看等。更多的管理和配置必须依赖安装在其他计算机上的 vSphere Client 来实现。

为了使 vSphere Client 能够正常地和 ESXi 主机进行通信，必须先在本地对 ESXi 进行一些必要的配置。按 F2 键并输入 Root 用户密码，进入 "System Customization"，可以看到如图 9-15 所示的界面，这些选项允许用户修改 Root 密码、配置管理网络、重启管理网络、测试管理网络、管理网络的恢复选项、配置键盘、故障排除选项、查看系统日志、查看支持信息和重置 ESXi 主机到初始状态。

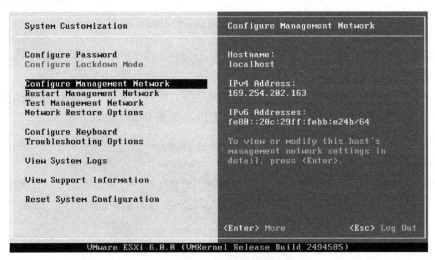

图 9-15　ESXi 主机配置界面

在如图 9-15 所示的界面上选择 "Configure Management Network"，可进入管理网络配置界面，如图 9-16 所示。

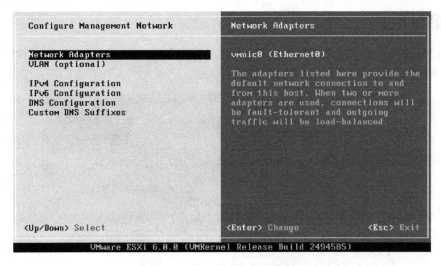

图 9-16　管理网络的配置界面

注意： "管理网络"是一个名词，表示用于对 vSphere 基础架构进行管理所使用的网络。

在此选择 "Network Adapters"，可查看和选择用于网管的物理网卡，如图 9-17 所示。如果要更改默认网卡，可以通过方向键进行定位，并按 Enter 键确认选择。

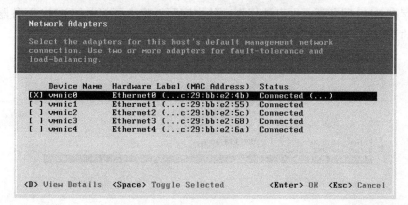

图 9-17 物理网卡列表

接下来，我们从如图 9-16 所示的界面进入"IPv4 Configuration"配置 IPv4 地址。由于预先对 IP 地址的分配做了详细规划，因此使用静态 IP。默认网关可以是一个并不存在的地址，但必须填写，如图 9-18 所示。

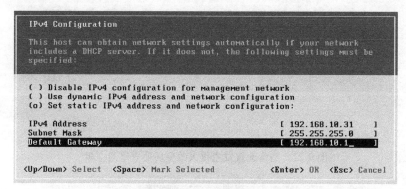

图 9-18 IPv4 配置界面

同样，可以从如图 9-16 所示的界面进入"IPv6 Configuration"配置 IPv6 地址。由于不使用 IPv6，建议将其设置为禁用，如图 9-19 所示。禁用 IPv6 会导致 ESXi 主机重新启动。

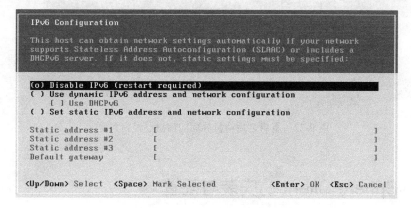

图 9-19 IPv6 配置界面

仍然通过如图 9-16 所示的界面进入 "DNS Configuration"，配置 DNS 设置。即使目前的网络中尚不存在 DNS 服务器，也可按规划中的方案写入将来要部署的 DNS 服务器的地址，并填写好本机的主机名，如图 9-20 所示。

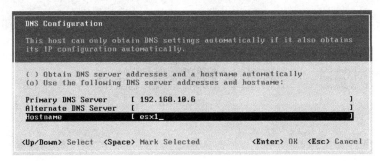

图 9-20　DNS 配置界面

完成这些设置之后，按 Esc 键退出管理网络的配置界面，系统会提示要应用这些修改，需要重新启动主机，如图 9-21 所示，按 Y 键确认重启。重启之后，可在待机界面看到包括网络参数在内的系统信息已经更新，如图 9-22 所示。

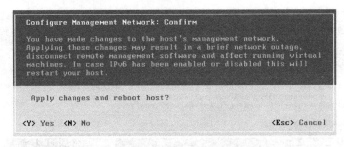

图 9-21　网络配置发生重大改变后要求重启主机

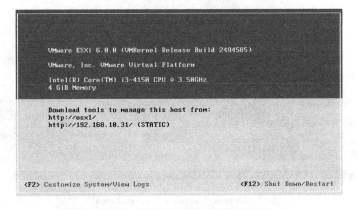

图 9-22　重启之后待机界面的信息已经得到更新

9.4　vSphere Client 的安装与配置

vSphere Client 位于 vSphere 体系结构中的界面层，是管理 ESXi 主机和 vCenter 的工具。

当连接对象为 vCenter 时，vSphere Client 将根据许可配置和用户权限显示可供 vSphere 环境使用的所有选项；当连接对象为 ESXi 主机时，vSphere Client 仅显示适用于单台主机管理的选项，这些选项包括创建和更改虚拟机、使用虚拟机控制台、创建和管理虚拟网络、管理多个物理网卡、配置和管理存储设备、配置和管理访问权限、管理 vSphere 许可证等。

9.4.1 vSphere Client 的获取

可以通过多种方法获取和安装 vSphere Client。

➤ 方法一：在 VMware 官网直接查找 vSphere Client 安装程序。

➤ 方法二：获取 vCenter Server 时，得到的 ISO 映像里提供了 vSphere Client 的安装程序，可通过运行 ISO 中的 autorun.exe，然后在安装程序的首页选择"安装 vSphere Client"并单击"安装"按钮，如图 9-23 所示。

➤ 方法三：通过浏览器访问已经配置好的 ESXi 主机，忽略关于安全证书的警告，单击"继续浏览此网站"按钮，并输入用户名和密码，进入该主机的欢迎页面。此页面提供了下载 vSphere Client 安装程序的链接，如图 9-24 所示。

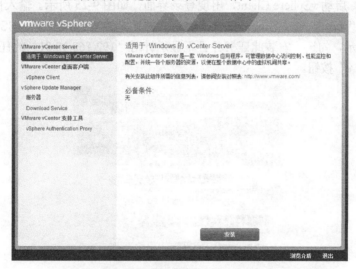

图 9-23 vCenter 安装程序中提供的 vSphere Client 安装程序

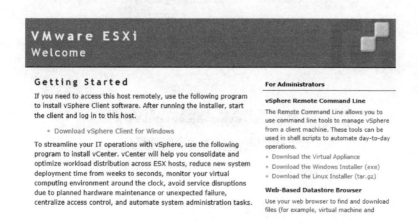

图 9-24 访问 ESXi 主机以获得 vSphere Client 下载链接

无论采用哪种方式，都要求用户所使用的桌面平台能正常访问互联网。

（1）需要实施者自行注意 vSphere Client 的版本。

（2）获得的 Client 版本和 vCenter 安装映像中的 vCenter 版本是一致的。

（3）获得 Client 版本和所访问的 ESXi 版本一致。最新版本的 vSphere Client 可以管理多数版本的 ESXi，但不是全部，因此建议确保版本一致。

9.4.2 安装 vSphere Client

vSphere Client 安装在用于管理 ESXi 的桌面平台上，且必须运行在 Windows 环境中，要求已经安装了.NET Framework 3.5。如果系统符合安装要求，可直接运行安装程序，在安装向导的提示下选择安装语言、接受《最终用户许可协议》、选择安装路径、确认安装。基本上可以在所有的步骤中保持默认选项，一路单击"下一步"按钮即可，直到安装完成。

9.4.3 使用 vSphere Client 登录 ESXi 主机

安装完成后，启动 vSphere Client，出现登录界面，如图 9-25 所示。输入目标主机的 IP 地址，用户名使用"root"，输入密码，单击"登录"按钮。接着会弹出关于 SSL 证书的安全警告，如图 9-26 所示，勾选"安装此证书并且不显示针对'192.168.10.31'的任何安全警告"复选框，单击"忽略"按钮。

图 9-25　vSphere Client 登录界面

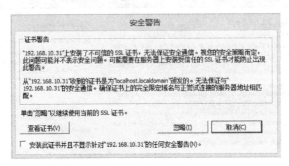

图 9-26　SSL 证书安全警告

成功登录之后，会看到 VMware 评估通知，如图 9-27 所示。ESXi 在评估模式下允许用户免费使用 vSphere Enterprise Plus 版的全部功能，期限为 60 天，并且在关机状态下停止计时。这意味着如果每天只运行 8 个小时，评估期实际上能持续 180 天。当评估期结束后，必须购买许可证。

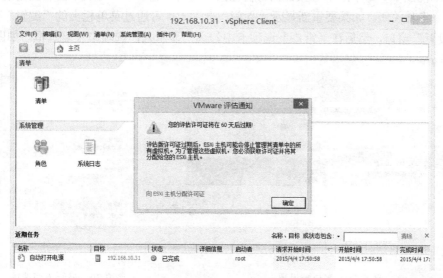

图 9-27　登录后显示评估通知

在如图 9-27 所示界面中单击"清单"按钮，可跳转到清单视图。清单视图是最常用的视图，其窗口中各部分的名称和功能如图 9-28 所示。

图 9-28　vSphere Client 界面介绍

其中，选择不同的视图会导致"导航栏"里显示不同的清单内容；选择不同的清单对象会导致"上下文命令组"包含不同的快捷命令按钮，以及包含不同选项卡的内容面板；在同一个清单对象的基础上选择不同的选项卡，则会出现不同的内容分组。

在清单视图中，每个清单对象都拥有自己的"入门"选项卡，可以单击右上角的"关闭选项卡"命令将其关闭。如果要重新显示"入门"选项卡，可通过菜单栏上的"编辑"菜单打开"客户端设置"窗口，然后在"常规"选项卡中勾选"显示入门选项卡"复选框，如图 9-29 和图 9-30 所示。

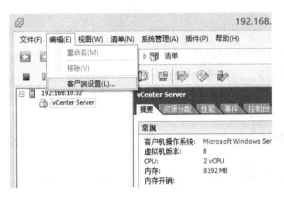

图 9-29　客户端设置

图 9-30　显示入门选项卡

9.4.4　ESXi 主机的关机和重新引导

如果要关闭或重启 ESXi 主机，可以在本地控制台按下 F12 键，并输入 root 账户的密码，然后通过 F2 或 F11 键来选择关机或重启。这里还有一个可选项，用于强制终止正在运行的虚拟机，如图 9-31 所示。

也可以在 vSphere Client 中通过导航栏选择主机，弹出右键菜单，可看到"进入维护模式""关机"和"重新引导"命令，如图 9-32 所示。可选择"关机"或"重新引导"命令以关机或重启。

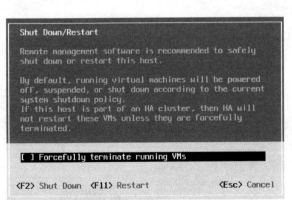

图 9-31　本地控制台上的关机和重启选项

图 9-32　vSphere Client 中的关机和重启选项

在获得了 vMotion 功能之后，维护模式可用于将正在运行的虚拟机迁移到其他主机，通常建议先进入维护模式，再执行关机或重启。如果不具备 vMotion 的条件，就不必进入维护模式，要关闭或重启主机，虚拟机只能停止运行。

9.5　虚拟机基本操作

虚拟机是一切虚拟化架构的核心内容，所有的基础架构组件都是围绕它服务的。和物理机一样，虚拟机有自己的硬件系统和软件系统，只不过这些硬件系统是由 ESXi 虚拟出来的。

在全新的 VMware vSphere 环境下，完成了第一批 ESXi 的部署之后，首要任务就是在上面创建虚拟机，并安装操作系统，然后安装基础架构组件所需的功能和软件，用于进一步实施 vSphere。因此，在 vSphere 实施的这一阶段不可避免地需要用到基本的虚拟机操作。

9.5.1　创建第一台虚拟机

对 ESXi 进行了必要的配置之后，就可以创建虚拟机了，有多种方法可以启动创建虚拟机的过程：可以在主机上弹出右键菜单，选择"新建虚拟机"命令；也可以直接单击主机上下文命令组中的第一个按钮，如图 9-33 所示；还可以在"入门"选项卡中单击"新建虚拟机"命令。创建虚拟机的详细步骤如下：

（1）提示按"典型"或者"自定义"方式创建虚拟机。"典型"方式跳过了一些很少需要更改其默认值的选项，从而缩短了虚拟机创建过程。"自定义"方式允许用户在创建过程中干预更多的细节。这里选择"自定义"方式，如图 9-34 所示。

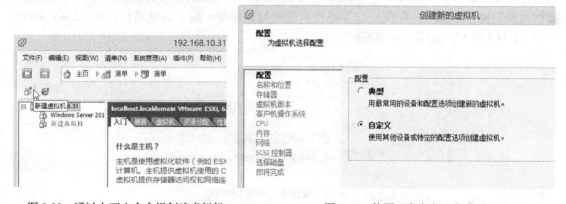

图 9-33　通过上下文命令组创建虚拟机　　　　图 9-34　使用"自定义"方式

（2）为虚拟机命名。为了便于后期管理和维护，应当注意命名规范化，使虚拟机的名称和用途具有关联性，或使虚拟机的名称和主机名保持一致。现在创建虚拟机是为了随后将其用作基础架构组件：我们需要一台域控制器、一台数据库服务器，以及其他组件。因此，将第一台虚拟机用作域控制器，命名为"Active Directory"。

（3）为虚拟机选择数据存储位置。虚拟机的硬件描述文件、内存交换文件、磁盘映像文件、快照文件等都将存储在这个位置。目前在这个 ESXi 主机上既没有挂载第二个磁盘，也没有连接外置存储，因此只能选择唯一的一个本地存储"datastore1"。

（4）选择虚拟机版本，即虚拟硬件的版本。虽然 ESXi 6.0 最高可以支持到版本 11，但 vSphere Client 只支持到版本 8。版本 9～11 的许多功能在 vSphere Client 中处于只读状态。要完全使用虚拟机版本 11，需要使用 vSphere Web Client。由于部署 vCenter 之前无法使用 vSphere Web Client，所以这里选择硬件版本 8，如图 9-35 所示。

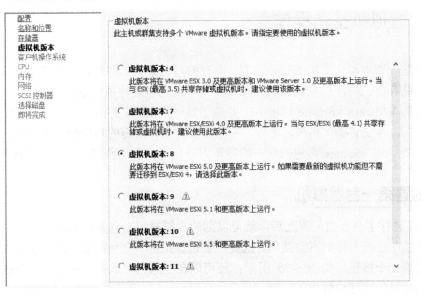

图 9-35　选择虚拟机版本

（5）为虚拟机选择操作系统。虚拟机也称客户机，为了保证虚拟硬件和操作系统的兼容性，同时兼顾客户机的性能，ESXi 内核会针对不同的操作系统提供不同的虚拟硬件。因此，必须显性地指定操作系统，并在随后安装操作系统时与其保持一致。这里选择"Windows Server 2012 R2（64 位）"，如图 9-36 所示。

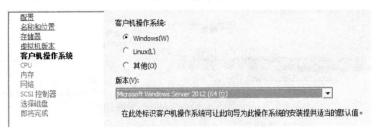

图 9-36　选择客户机操作系统

（6）为虚拟机指定虚拟 CPU 插槽数和每个 CPU 的核心数。两者的乘积决定了核心总数，每个核心称为一个 vCPU。单个虚拟机的 vCPU 总数不得多于 ESXi 主机上的 CPU 逻辑核心总数。这里为虚拟机分配两个 vCPU。

（7）为虚拟机分配内存容量。虚拟机内存允许大于物理内存，但对实际性能并无帮助，甚至还会因为内存交换带来负面影响。这里为虚拟机分配 2GB 内存。

（8）选择虚拟网卡。其中 Intel E1000 是默认选项，是 Intel 82545EM 千兆网卡的模拟版本；VMXNET 2（增强型）提供了常用于现代网络的更高性能的功能，例如巨帧和硬件卸载等；VMXNET 3 提供了多队列支持、IPv6 卸载和 MSI/MSI-X 中断交互，而且它的速率是 10Gbps。

除了 Intel E1000 之外，其他的都需要安装了 VMware Tools 才能工作。这里选择了 VMXNET 3，如图 9-37 所示。

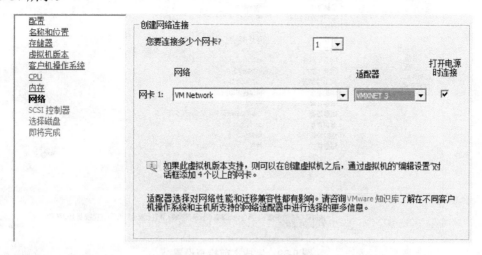

图 9-37　为客户机分配虚拟网卡

（9）选择 SCSI 控制器。这里选择默认的 LSI Logic SAS。

（10）选择要使用的磁盘类型。这里选择创建一个新的虚拟磁盘。

（11）创建磁盘类型，指定磁盘的容量、磁盘置备方式和磁盘位置。置备方式有三种："厚置备延迟置零"是立即分配（完全占用）和虚拟磁盘的容量相等的空间，但不立即清除原有数据；"厚置备置零"是立即分配空间，并立即清除原有数据；"Thin Provision"（精简置备）只使用实际有效数据所占用的空间，并且随着数据的写入而增长，直到增长到为其分配的最大容量。一般来讲，选择精简置备能更合理地利用存储空间，性能也并不会降低多少。这里选择精简置备，如图 9-38 所示。磁盘位置通常保持默认，和虚拟机存储在同一目录。

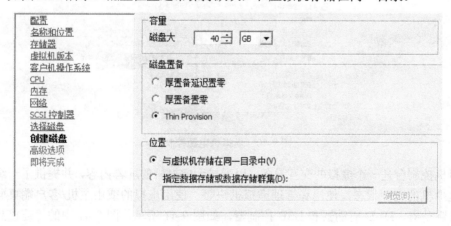

图 9-38　为客户机创建磁盘

（12）高级选项。用户可在此选择虚拟设备节点和是否使用独立磁盘，通常保持默认。

（13）即将完成。用户可在此检查前面设置的所有内容，然后单击"完成"按钮，如图 9-39 所示。至此，第一台虚拟机便已经创建完毕。

配置
　名称和位置
　存储器
　虚拟机版本
　客户机操作系统
　CPU
　内存
　网络
　SCSI 控制器
　选择磁盘
　创建磁盘
　高级选项
　即将完成

新建虚拟机的设置：	
名称：	Active Directory
主机/群集：	esx1.
数据存储：	datastore1
客户机操作系统：	Microsoft Windows Server 2012 (64 位)
CPU：	2
内存：	2048 MB
网卡：	1
网卡 1 网络：	VM Network
网卡 1 类型：	VMXNET 3
SCSI 控制器：	LSI Logic SAS
创建磁盘：	新建虚拟磁盘
磁盘容量：	40 GB
磁盘置备：	Thin Provision
数据存储：	datastore1
虚拟设备节点：	SCSI (0:0)
磁盘模式：	持久

☐ 完成前编辑虚拟机设置(E)

⚠ 虚拟机 (VM) 的创建不包括自动安装客户机操作系统。请在创建虚拟机后，在虚拟机上安装客户机操作系统。

图 9-39　完成之前检查设置

9.5.2　使用虚拟机控制台

创建了虚拟机之后，该虚拟机便已经出现在清单里。通过导航栏找到虚拟机，弹出右键菜单，选择"电源"子菜单，再选择"打开电源"命令，以启动虚拟机；然后同样在右键菜单里选择"打开控制台"命令，如图 9-40 所示。

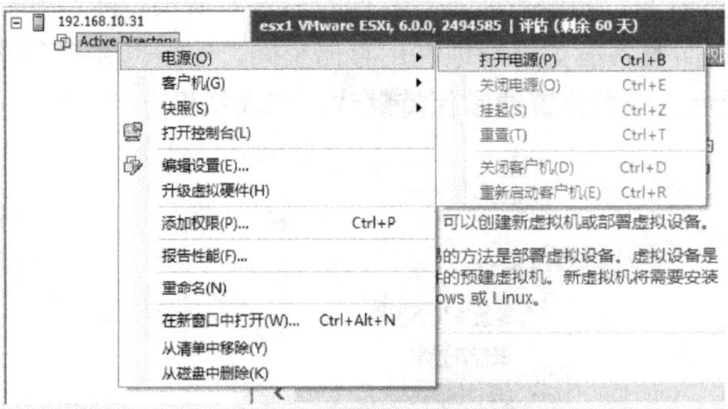

图 9-40　虚拟机电源控制

虚拟机控制台是一个虚拟的交互设备，用于显示虚拟机的屏幕内容，并提供了一组控件用于控制虚拟机的电源状态，使用和管理虚拟机快照，使用虚拟的或由主机/客户端桌面平台提供的软盘驱动器、DVD 驱动器和 USB 控制器，如图 9-41 所示。图 9-41 中的"连接到本地磁盘上的 ISO 映像"只有当虚拟机的电源开启时才能使用。

注意：为虚拟机连接 ISO 映像时，有可能会出现死锁状态，即加载 ISO 文件的过程始终无法完成，这是一个已知的关于 vSphere Client 的程序 BUG。解决方法很简单，只要关闭 vSphere Client，重新登录，再次尝试即可。

虚拟机控制台还存在于虚拟机对象的"控制台"选项卡中，但建议选择弹出式的控制台，因为它使用起来更方便。

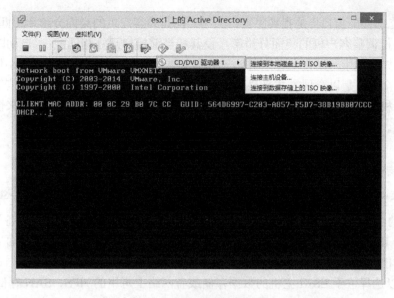

图 9-41　使用虚拟机控制台

虚拟机具有 6 种电源操作，分别是打开电源、关闭电源、挂起/继续运行、重置、关闭客户机，以及重新启动客户机。其中关闭电源是指强行断电，关闭客户机则是在操作系统中执行正常的关机命令。类似地，重置是指强制复位，而重新启动客户机则是在操作系统中执行重启命令。关闭客户机和重新启动客户机要求已经在客户机操作系统中安装了 VMware Tools。另外，挂起是一项非常有用的功能，是指将虚拟机的当前状态暂停起来，其效果类似于 Windows 中的休眠，但更加迅速、更加灵活，即使没有客户机操作系统的支持也可以执行，挂起的虚拟机随时可以恢复到工作状态。

在打开虚拟机的情况下，可以在虚拟机控制台窗口的"视图"菜单中使用各个选项来使窗口大小和客户机桌面分辨率相匹配，如图 9-42 所示。

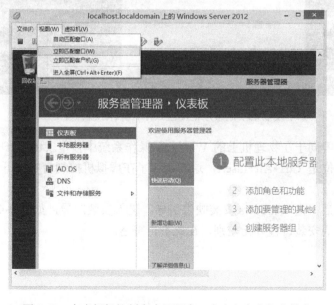

图 9-42　在虚拟机控制台中匹配窗口大小与客户机分辨率

其中，"立即匹配窗口"是指调整窗口大小，使其和客户机的桌面分辨率相匹配；"立即匹配客户机"是指调整客户机的桌面分辨率，使其和当前窗口尺寸相匹配；"自动匹配窗口"是一个复选项，如果选中，则会在客户机的分辨率发生变化时，自动调整窗口大小使其匹配；最后一项"进入全屏"是以全屏方式来显示客户机，并自动调整客户机的桌面分辨率，使其和客户端所在计算机的桌面分辨率相匹配。用户可以根据实际需要，使用上述命令来快速调整虚拟机的显示方式。

9.5.3 安装客户机操作系统

由于是全新的虚拟机，所以无法正常引导，需要先加载操作系统的安装光盘。可按如图 9-41 所示的那样，通过虚拟机控制台加载光盘或 ISO 映像。"连接到本地设备"或"连接到本地磁盘上的 ISO 映像"两个选项中的"本地"特指安装 vSphere Client 的桌面平台，仅当虚拟机开启时才能选择"连接到本地磁盘上的 ISO 映像"。如果选择"连接到数据存储上的 ISO 映像"，则可以选择位于 ESXi 主机的数据存储或者网络上可用的 NFS、SAN 存储。

本章推荐的方式是将必要的 ISO 放在 vSphere Client 本地磁盘，先开启虚拟机再加载 ISO，然后使用虚拟机控制台的菜单"虚拟机"→"客户机"→"发送 Ctrl+Alt+Del"命令，使虚拟机重启（但不能以复位的方式重启），即可由光盘引导，如图 9-43 所示。

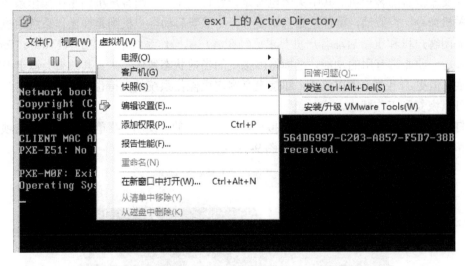

图 9-43　向客户机发送 Ctrl+Alt+Del 组合按键

注意：该命令等同于在物理机上的 Windows 操作系统中按下 Ctrl+Alt+Del 组合键，但在虚拟机中对应的键位是 Ctrl+Alt+Insert，这样避免了在虚拟机控制台中按下该组合键影响到物理机操作系统。

虚拟机重启之后，由 Windows 安装映像引导，进入安装向导，如图 9-44 所示。安装的全过程和在物理机上的安装过程并无差别，在此不再赘述。

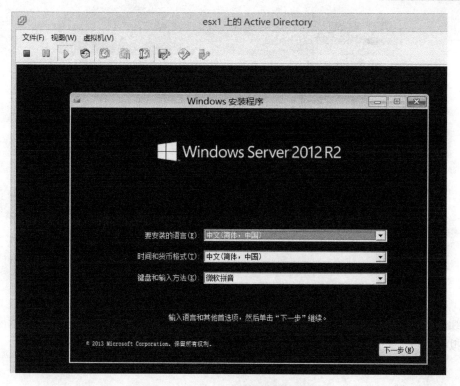

图 9-44 客户机操作系统安装向导

9.5.4 为 Windows 客户机安装 VMware Tools

VMware Tools 是 VMware 虚拟机中自带的一种增强工具，也可看作是 VMware 虚拟硬件的驱动程序，用于增强虚拟显卡和硬盘性能以及同步虚拟机与主机时钟。安装 VMware Tools，虚拟机可以获得以下好处：

➤ 虚拟机能够全屏化，并且支持高于 SVGA 的显示模式。

➤ 显著提升输入设备的响应速度和流畅性。

➤ 在虚拟机和物理机之间自由地拖曳文件对象，并且共享剪贴板中缓存的内容（仅限于 VMware Workstation 环境）。

➤ 使用户的交互行为可以跨越物理机和虚拟机，例如鼠标在虚拟机和物理机之间自由移动，不再需要按 Ctrl+Alt 组合键。

➤ 同步虚拟机和主机的时钟。

➤ 允许虚拟机使用性能更好的 VMXNET2、VMXNET3 虚拟网卡代替 Intel E1000。

Windows 环境下安装 VMware Tools 非常简单，跟安装大多数的应用程序没什么区别。首先通过 vSphere Client 上的虚拟机控制台，找到"虚拟机"菜单下的"客户机"子菜单，选择"安装/升级 VMware Tools"命令。这时会弹出一个对话框，提示用户在安装 VMware Tools 之前必须确保操作系统已经安装完成。之后是 VMware Tools 安装程序的首页，单击"下一步"按钮，选择安装类型，一般情况下选择"典型安装"即可，如图 9-45 所示。

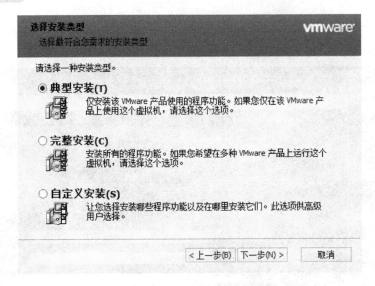

图 9-45 在 Windows 客户机中安装 VMware Tools

继续单击"下一步"按钮，然后单击"安装"按钮。安装结束之后，系统会提示需要重新启动虚拟机。重启之后，可以在桌面右下角的通知区看到 VMware Tools 的小图标。

9.6 安装 vCenter Server 6

vCenter Server 是一项服务，运行于 Windows 或 Linux 环境中。在 vSphere 体系结构中，vCenter Server 位于管理层，而且扮演了核心角色，它为虚拟机和主机的管理、操作、资源置备和性能评估提供了一个集中式平台。而且包括虚拟机迁移、高可用性、容错、Update Manager 在内的几乎所有高级功能都依赖于 vCenter。如果没有 vCenter，vSphere 就只能以单个的 ESXi 来使用，失去了所有的分布式服务和其他高级功能。

本节介绍如何搭建一个 vCenter Server 6.0 所必需的软件环境，并在此基础上安装 vCenter Server。

9.6.1 安装准备

1. 基础设施准备

vCenter Server 依赖多个组件，从服务器角色的角度来看，包括 DNS 服务器、数据库、Platform Services Controller（PSC）。如果要使用域环境，就由域控制器来提供 DNS 服务；数据库和 PSC 均可选择安装在独立环境中，或是随 vCenter Server 一起进行捆绑安装。无论如何选择，必须先提供 DNS，然后安装或部署数据库与 PSC，最后再安装 vCenter Server。

如果条件允许，最好使用独立的数据库及 PSC，以降低单点故障造成的影响。本节使用独立的数据库及 PSC，如图 9-46 所示，不同的箭头代表了不同的安装选项，其中实线表示已选择的方案。

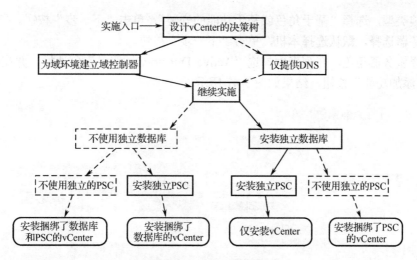

图 9-46　安装 vCenter Server 时的多个可选项

根据该设计方案，现在需要四台虚拟机，其主要信息如表 9-6 所示。

表 9-6　虚拟机信息

角　色	FQDN	vCPU	内　存	操 作 系 统	初 始 放 置
域控制器	ad1.vdc.com	2	2GB	Windows Server 2012 R2	esx1.vdc.com
独立数据库	database.vdc.com	2	4GB	Windows Server 2012 R2	esx1.vdc.com
PSC	pad.vdc.com	2	2GB	Windows Server 2012 R2	esx1.vdc.com
vCenter	vcenter.vdc.com	4	8GB	Windows Server 2012 R2	esx2.vdc.com

这些虚拟机除了内存大小有所区别，其他配置完全一样。因此实际上可以采用某些重复部署虚拟机的方法，以减少工作时间。本书在第 6 章介绍了多种部署虚拟机的方法，读者可在部署 vCenter Server 及其所需组件时参考这些内容。如果以手工方式逐步部署多个虚拟机，就需要分别为每个虚拟机安装操作系统、安装 VMware Tools，以及其他所需的系统设置，包括接下来提到的防火墙配置、时间同步等。

2. 域环境和 DNS 的准备

没有域环境也能完成 vCenter Server 的安装和部署，DNS 服务才是必不可少的。通过域环境来提供 Windows 用户数据库，并实现中心用户认证，对于后期的运维能提供极大的便利。

域是 Microsoft 在 Windows Server 系列产品中提出的概念，是指服务器控制的网络上能否让其他计算机加入的一组集合。在一个域中，至少有一台计算机负责每一台联入网络的计算机和用户的验证工作，相当于一个单位的门卫，这台计算机称为"域控制器"。域控制器中包含了由这个域的账户、密码、属于这个域的计算机等信息构成的数据库。

在大型和超大型 IT 环境中，多个域可以构成域树，多个域树可以构成域林。要使用域环境，至少要有一个域存在，并且需要一个域控制器。

（1）安装域控制器

前面已经为域控制器准备好了系统平台，按规划设置好了主机名和 IP 地址。需要特别注意的是，首选 DNS 服务器的地址必须设为自身 IP。准备就绪后，通过"服务器管理器"中的"添加角色和功能"启动向导程序，跳过"开始之前"页面中的介绍信息，后续步骤如下：

① 安装类型，选择"基于角色或基于功能的安装"，单击"下一步"按钮。

② 服务器选择，默认选择本机，单击"下一步"按钮。

③ 选择服务器角色，在列表中勾选"Active Directory 域服务"复选框，并在弹出的对话框中单击"添加功能"按钮，结果如图 9-47 所示。

图 9-47　勾选服务器角色

④ 选择功能，保持默认，直接单击"下一步"按钮。

⑤ 介绍 Active Directory 域服务的相关信息，直接单击"下一步"按钮。

⑥ 安装确认页面，单击"安装"按钮。

⑦ 安装完成后，在"服务器管理器"首页上的"管理"菜单左侧可见一个位于黄色三角形中的感叹号，单击它以展开选项，然后单击"将此服务器提升为域控制器"，如图 9-48 所示。

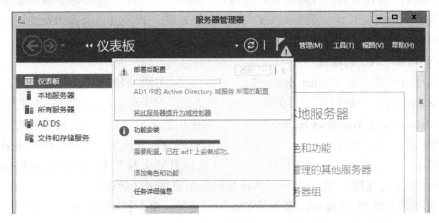

图 9-48　安装域控制器的入口

⑧ 在"选择部署操作"下方的单选控件中选择"添加新林"，并填写根域名，这里按设计输入"vdc.com"。

⑨ 选择"林功能级别"和"域功能级别"。如果考虑为域或域林中部署多个域控制器，这

些选项决定了是否允许更低版本的 Windows Server 作为域控制器。本书不打算使用其他版本的 Windows Server 作为辅助域控制器，因此保持默认，如图 9-49 所示。该步骤还要求设置目录服务还原模式的密码，该密码要求满足以下复杂性要求：同时具有大小写英文字母和数字。

图 9-49 域控制器选项

⑩ DNS 选项，该步骤会警告无法创建该 DNS 服务器的委派。要使域控制器自身提供 DNS 服务，可忽略该警告，直接单击"下一步"按钮。

⑪ 设置 NetBIOS 域名，如图 9-50 所示，输入"VDC"，单击"下一步"按钮。

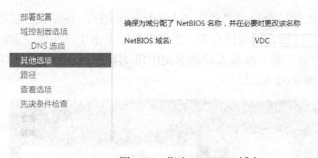

图 9-50 指定 NetBIOS 域名

⑫ 指定 AD DS 数据库、日志和 SYSVOL 的位置，实验环境可以接受默认路径，若是生产环境则建议放在其他分区下。

⑬ 查看选项，确认无误后单击"下一步"按钮。

⑭ 先决条件检查，通过后单击"安装"按钮。安装结束后重启计算机，域控制器安装完成。

（2）Windows 加入域环境

在当前网络存在着可用域控制器的情况下，可将 Windows 加入域作为域成员，现将用于安装数据库的虚拟机加入域。首先确保主机名、IP 地址设置正确，确定本机和域控制器位于同一网络且能正常通信，此外还必须将首选 DNS 服务器设置为域控制器的 IP 地址。

接下来进入 Windows 的"系统属性"，在"计算机名"选项卡下单击"更改"按钮，以弹出"计算机名/域更改"窗口。然后在"隶属于"下方的单选控件中选择"域"并输入根域名"vdc.com"。确定之后会弹出对话框要求输入具有域控制器管理员权限的用户名和密码，如图 9-51所示。

图 9-51　加入域要求提供具有域管理员权限的用户名和密码

获得域控制器的响应之后，会提示"欢迎加入 vdc.com 域"，并要求重新启动计算机。重启之后，首次登录需要显性地指定域用户身份。在登录界面单击用户头像左侧的箭头，然后选择"其他用户"，在"用户名"输入框填入域的 NetBIOS 名称和域用户名（中间用斜杠隔开），并输入密码进行登录，如图 9-52 所示。

图 9-52　登录到域

至此，该 Windows 系统（数据库）加入域就完成了，接下来重复上述操作，把用作 Platform

Services Controller 和 vCenter Server 的另两台虚拟机也加入域里。

（3）ESXi 主机加入域环境

ESXi 主机也可以作为域成员，将主机加入域之后可以充分利用域环境来管理 ESXi 的用户权限。

首先通过 vSphere Client 登录到 ESXi 主机，在导航栏中选择主机对象，然后跳转到"配置"选项卡，在下方的"软件"分组中选择"身份验证服务"，然后在当前选项卡的右上角单击"属性"选项，如图 9-53 所示。

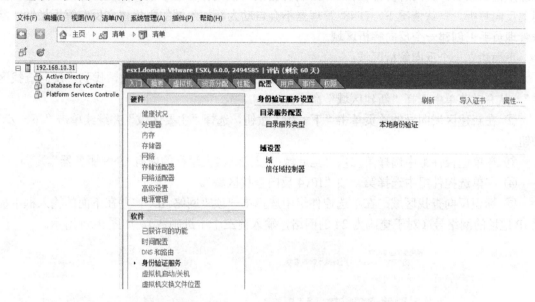

图 9-53　ESXi 身份验证服务设置

在弹出的"目录服务配置"窗口中，选择目录服务类型为"Active Directory"，然后在下面的域设置区域里填入域的根域名"vdc.com"，单击"加入域"按钮。此时会要求提供具有域控制器管理员权限的用户名和密码，如图 9-54 所示。完成以上步骤后，ESXi 主机就已经是域成员了，不需要重启。

图 9-54　ESXi 主机加入域的对话框

（4）为 ESXi 主机添加 DNS 条目

当 Windows 计算机加入域之后，在域控制器上的 DNS 管理器就自动为该计算机添加了 DNS 条目。但 ESXi 主机加入域却并不会获得 DNS 条目，需要手工添加。首先以管理员身份登录到域控制器，打开"服务器管理器"窗口，通过"工具"菜单选择"DNS"命令以打开 DNS 管理器。

DNS 解析分为正向解析和反向解析，正向解析将主机名解析为 IP 地址，反向解析通过 IP 地址来检测域名。反向解析常在 DNS 解析异常的时候用作诊断手段，某些特殊的应用也需要用到反向解析。默认情况下，DNS 管理器不会自动为新加入域的主机建立反向解析指针，除非管理员手工创建一个反向解析区域。

下面建立一个反向解析区域：

① 在 DNS 管理器左侧的导航栏中单击服务器对象以展开树状目录，找到"反向查找区域"，从右键菜单中选择"新建区域"命令。

② 在新建区域向导的首页单击"下一步"按钮，选择"主要区域"并继续单击"下一步"按钮。

③ 在单选控件组中选择第二项"至此域中域控制器上运行的所有 DNS 服务器"。

④ 在单选控件组中选择第一项"IPv4 反向查找区域"。

⑤ 标识反向查找区域，在单选控件组中选择第一项"网络 ID"，并在下面的输入框中提供 IP 地址的网络号（对于掩码为/24 的网络，输入前三个十进制数），如图 9-55 所示。

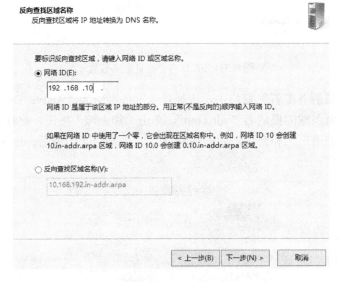

图 9-55　建立反向查找区域

⑥ 动态更新，在单选控件组中选择第一项"只允许安全的动态更新"，单击"下一步"按钮，确定配置信息后单击"完成"按钮。

创建好了反向查找区域之后，如果有计算机加入域或手工添加 DNS 条目，就会自动在此创建反向查找指针。对于早于此时产生的 DNS 条目则只有正向查找指针，这些计算机若发生 DNS 解析异常，可以在此手工添加反向指针，并使用"nslookup"命令诊断。在 DNS 一直正常的情况下，偶尔出现无法解析某个特定的主机名（IP 能访问），可运行 nslookup 检查，若检查的返回结果是正确的，但仍然不能解析该主机名，则以管理员身份运行以下命令以清空 DNS 缓存：

```
arp-d
ipconfig /flushdns
```

该举措通常可以解决问题，除此之外我们还可以通过改写系统中的 hosts 文件来强制指定本地解析条目。

接下来为 ESXi 主机添加 DNS 条目：

① 在 DNS 管理器的导航栏中找到并展开"正向查找区域"，找到树状目录下的"vdc.com"域对象，通过右键菜单选择"新建主机"命令。

② 在"名称（如果为空则使用其父域名称）"下方的输入框中输入要加入条目的主机名，根据这个名称，下方会显示出对应的完全限定域名；同时需要在"IP 地址"下面的输入框中提供该主机的 IP 地址，如图 9-56 所示。复选框"创建相关的指针（PTR）记录"是一个可选项，用于在创建条目的同时创建反向查找指针，前提是已经具有反向查找区域。由于我们已经建立了反向查找区域，因此可以勾选该选项。确认信息正确之后，单击"添加主机"按钮即可。

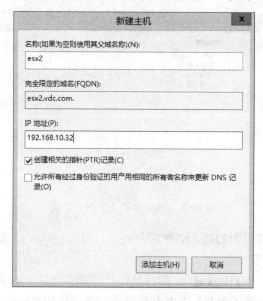

图 9-56　添加 DNS 条目

完成之后可以通过"ping"命令验证主机名能否被解析成对应的 IP 地址，如果可行则表示条目添加正确，且 DNS 服务工作正常。接下来，重复为所有的 ESXi 主机添加 DNS 条目。

3. 配置时间同步

vSphere 6.0 要求在安装 vCenter Server 或部署 vCenter Server Appliance 之前确保网络中所有的计算机的时间已经同步。

可以通过 NTP（Network Time Protocol，网络时间协议）来同步时间。如果能够访问 Internet，可以利用 Internet 上的 NTP 服务器来同步时间，"time.windows.com"是 Microsoft 提供的一个公开的 NTP 服务器。对于国内的用户，建议使用国内的 NTP 服务器以保证畅通性。表 9-7 列举了一些国内知名的 NTP 服务器，随便选择一个使用"ping"命令测试，如果能获得响应即可使用。

表 9-7　国内知名的 NTP 服务器

服 务 器	提 供 机 构	服 务 器	提 供 机 构
s1b.time.edu.cn s1e.time.edu.cn s2a.time.edu.cn s2b.time.edu.cn	清华大学	s1c.time.edu.cn s2m.time.edu.cn	北京大学
		s1a.time.edu.cn s2c.time.edu.cn	北京邮电大学
ntp.sjtu.edu.cn	上海交通大学	s1d.time.edu.cn	东南大学
s2h.time.edu.cn	四川大学	s2d.time.edu.cn	西南地区网络中心
s2g.time.edu.cn	华东南地区网络中心	s2f.time.edu.cn	东北地区网络中心
s2j.time.edu.cn	大连理工大学	s2k.time.edu.cn	CERNET 桂林主节点

（1）为 ESXi 主机配置 NTP

为主机配置 NTP 服务，需要使用 vSphere Client。

① 在导航栏中选择主机实体，然后选择"配置"选项卡，在下面的"软件"分组中选择"时间配置"选项，然后在当前选项卡的右上角单击"属性"选项，如图 9-57 所示。

图 9-57　ESXi 主机上的时间配置

② 在"时间配置"窗口中勾选"NTP 客户端已启用"，并单击右侧的"选项"，弹出"NTP 守护进程（ntpd）选项"窗口。

③ 在窗口左侧选择"NTP 设置"，然后单击"添加"按钮，在弹出的对话框中输入一个 NTP 服务器地址，这里选择了表 9-7 中由上海交通大学提供的"ntp.sjtu.edu.cn"，如图 9-58 所示。单击"确定"按钮后再勾选"重启 NTP 服务以应用更改"复选框。

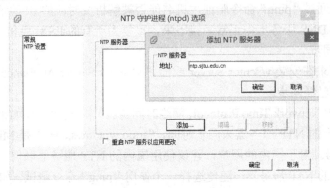

图 9-58　为 ESXi 主机添加 NTP 服务器

④ 在"NTP 守护进程（ntpd）选项"窗口左上角单击"常规"选项，然后在"启动策略"单选控件组中选择"与主机一起启动和停止"。为确保立即生效，可单击窗口下方的"重新启动"按钮，如图 9-59 所示。

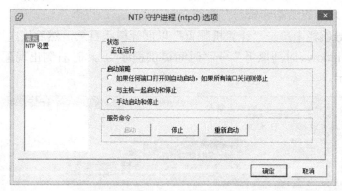

图 9-59 设置自动启用 NTP 服务

至此，已经完成了该主机的 NTP 设置。重复上述步骤，为其他几台主机进行同样的配置。

（2）为 Windows 配置 NTP

为 ESXi 配置了 NTP 之后，就可以通过编辑虚拟机设置，指定某个虚拟机与其驻留的主机之间的时间同步。在 vSphere Client 中选择一个虚拟机，通过右键菜单选择"编辑设置"命令，然后在"虚拟机属性"窗口中选择"选项"选项卡，再选择"设置"列表中的"VMware Tools"，可在窗口右下方的"高级"命令组中勾选"同步客户机时间与主机时间"复选框，如图 9-60 所示。

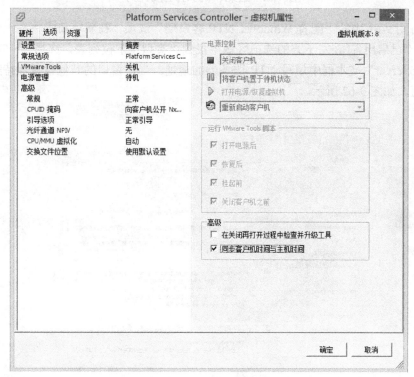

图 9-60 设置虚拟机和主机之间的时间同步

该设置要求虚拟机已经安装了 VMware Tools，如果未安装 VMware Tools，则需要单独为操作系统配置 NTP。在 Windows Server 2012 R2 中配置 NTP 客户端的步骤如下：

① 按下 Windows+R 组合键，在打开的"运行"对话框中输入"gpedit.msc"并单击"确定"按钮，打开"本地组策略编辑器"窗口。

② 在左侧的导航栏中单击"计算机配置"以展开树状目录，然后依次展开"管理模板"→"系统"→"Windows 时间服务"→"时间提供程序"，此时右侧出现配置 NTP 的三个选项，如图 9-61 所示。

图 9-61　组策略中的时间提供程序

③ 双击图 9-61 中的"配置 Windows NTP 客户端"选项，在新窗口中将左上角的单选控件组选择为"已启用"；在左下方的选项区域中找到"类型"下拉列表，选择"NTP"，然后在上方的"NtpServer"文本框中填写 NTP 服务器的地址。当前窗口的其他设置保持默认，单击"确定"按钮，如图 9-62 所示。

图 9-62　配置 NTP 客户端

④ 双击图 9-61 中的"启用 Windows NTP 客户端"选项，将左上角的单选控件组选择为"已启用"，单击"确定"按钮。

至此，Windows 上的 NTP 客户端已经配置完成。重复上述步骤，为基础架构组件中的其他几台 Windows 计算机配置 NTP 服务。

4. 数据库的准备

vCenter Server 需要使用数据库存储和组织服务器数据。每个 vCenter Server 实例必须具有其自身的数据库。对于最多使用 20 台主机、200 个虚拟机的环境，可以使用捆绑的 PostgreSQL 数据库。为降低单点故障的影响，在生产环境中最好使用独立的外部数据库。基于 Windows 平台的 vCenter Server 支持的外部数据库有 Microsoft SQL Server 和 Oracle；而 vCenter Server Appliance 仅支持 Oracle。由于数据库的操作系统选择了 Windows Server 2012 R2，我们在此使用 Microsoft SQL Server 2012 Enterprise。

（1）安装数据库服务器

使用具有域管理员权限的用户登录到"database.vdc.com"，并通过虚拟机控制台加载 Microsoft SQL Server 2012 Enterprise 的安装映像，然后运行"Autorun"或打开光盘中的"Setup.exe"。后面的安装步骤如下：

① 在"SQL Server 安装中心"的左侧单击"安装"按钮，然后选择"全新 SQL Server 独立安装或向现有安装添加功能"。

② 安装程序会运行支持规则，以检测安装环境，正常情况下会全部通过。

③ 指定要安装的 SQL Server 2012 版本。如果没有购买产品许可，虽然可以选择"指定可用版本"中的"Evaluation"，以获得为期 180 天的试用期，但更合适的做法是一开始就选择免费的 Microsoft SQL Server 2012 Express。

④《最终用户许可协议》界面，只有勾选了"我接受许可条款"复选框才能继续。

⑤ 选择是否包括 SQL Server 产品更新，可以不选。

⑥ 第二次检测安装环境。

⑦ 设置角色，选择第一项"SQL Server 功能安装"。

⑧ 选择功能及其路径。功能选择是多个复选框，只需要选择"数据库引擎服务"和"管理工具"即可。目录可保持默认。

⑨ 第三次检测安装环境。

⑩ 选择"默认实例"，实例 ID 和实例根目录均可使用默认。

⑪ 查看磁盘使用情况摘要，直接单击"下一步"按钮。

⑫ 服务器配置，只配置"服务账户"选项卡中的内容。将每个服务的启动类型均选择为"自动"即可，如图 9-63 所示。

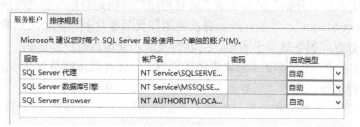

图 9-63 安装 SQL Server 时配置服务账户

⑬ 数据库引擎配置，只配置"服务器配置"选项卡中的内容，将"身份验证模式"下的单选控件组选择为"混合模式（SQL Server 身份验证和 Windows 身份验证）"，并为命名为"sa"的 SQL Server 管理员账户设置密码，该密码要求复杂性满足以下要求：同时具有大、小写英文字母及数字。在窗口下方可以添加使用 Windows 身份认证的账户，单击"添加当前用户"按钮，将当前已登录的具有域管理员身份的账户添加为 SQL Server 管理员账户，如图 9-64 所示。

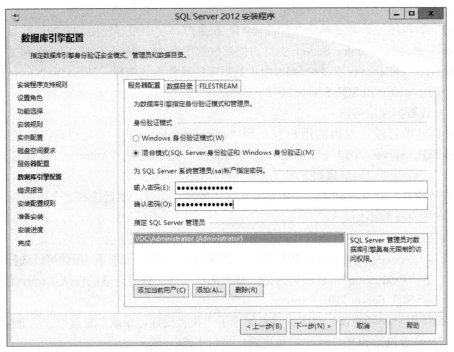

图 9-64　数据库引擎配置

⑭ 选择是否提交错误报告，默认不勾选。

⑮ 第四次检测安装环境。

⑯ 安装之前显示统计信息，确认配置无误之后即可单击"安装"按钮。安装过程约有 20 分钟，结束后单击"关闭"按钮即可。

（2）为 vCenter 创建数据库

SQL Server 2012 安装完毕之后，可立即创建一个数据库以供 vCenter Server 使用。

① 在计算机"database.vdc.com"上进入"开始"屏幕，单击左下角的向下箭头，进入"应用"页面（相当于以前"开始"菜单中的"所有程序"），找到数据库管理程序"Microsoft SQL Server Management Studio"，单击打开。首次使用需要等待片刻，然后可以看到程序主界面和连接窗口。即使数据库服务器位于本地，仍然需要输入管理员账户和密码。

② 连接成功之后，在左侧的"对象资源管理器"中展开以本服务器命名的根对象，在"数据库"上弹出右键菜单，选择"新建数据库"命令，如图 9-65 所示。

③ 数据库命名，这里按照使用目的填入"vcenter"，其他保持默认即可，如图 9-66 所示。创建完毕之后，关闭窗口，退出程序。

图 9-65　新建数据库　　　　　　　图 9-66　新建数据库的选项

至此，在数据库服务器上的安装和配置就已经完成了。最后可对数据库的相关服务进行检查。在"开始"屏幕中单击左下角的向下箭头，进入"应用"页面，找到并打开"SQL Server Configuration Manager"，在左侧导航栏中单击"SQL Server 服务"，查看右侧窗口中列出的服务项是否为自动启动，并且是否已经启动。

（3）为 vCenter 添加数据源

现在为计算机"vcenter.vdc.com"添加数据源（ODBC），首先必须在此计算机上安装 SQL Server Native Client。使用具有域管理员权限的账户登录到此计算机，然后载入 SQL Server 2012 的 ISO 光盘映像，搜索名为"sqlncli"的文件。该文件通常位于光盘下的".\2052_CHS_LP\x64\Setup\x64\"目录。

使用该文件进行安装，所有步骤均使用默认设置，一路单击"下一步"按钮，直到安装完成。之后通过"开始"屏幕左下角的箭头转到"应用"页面，找到并打开"ODBC 数据源（64 位）"。

接下来，在 ODBC 数据源管理程序中切换到"系统 DSN"选项卡，单击右侧的"添加"按钮。在弹出的"创建新数据源"窗口中选择"SQL Server Native Client 11.0"，然后单击"完成"按钮。

此时出现"创建到 SQL Server 的新数据源"向导窗口，后续步骤如下：

① 在"名称"输入框里为数据源命名，为了使命名具有标识性，这里使用的名称是"vcenter-db"。同时在下方的"服务器"下拉式列表中选择前面创建的数据库服务器"database.vdc.com"，如图 9-67 所示。

图 9-67　添加新数据源

② 选择如何验证登录 ID 的身份。这里选择第二项，用户名使用 SQL Server 管理员 "sa"，同时输入前面设置的密码。

③ 勾选 "更改默认的数据库为" 复选框，并指定数据库为 "vcenter"，这正是我们在 3.4.2 节中创建的数据库名称。该页面的其他设置建议保持为默认，如图 9-68 所示。

④ 其他设置保持默认即可。单击 "完成" 按钮之后会弹出对话框显示创建数据源的相关信息，并提供 "测试数据源" 按钮，如图 9-69 所示。

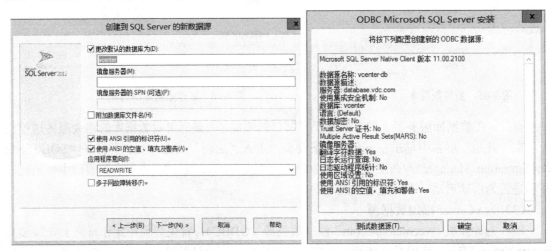

图 9-68　为数据源指定数据库　　　　　图 9-69　创建数据源成功后的信息

可单击图 9-69 中的 "测试数据源" 按钮，如果测试成功就可以关闭程序了。至此，关于 vCenter Server 所需数据库的所有工作均已完成。

9.6.2　安装 vCenter Server 6

从版本 6.0 开始，vSphere 引入了 Platform Services Controller（PSC），运行 vCenter Server 的所有必备服务都被捆绑在了 PSC 中，包括 vCenter Single Sign-On（SSO）、VMware 证书颁发机构、VMware Lookup Service 以及许可服务。其中 SSO 是 vCenter Server 用于身份认证的关键服务，允许 vSphere 各个组件使用安全的令牌交换机制相互通信，这种改进使 vSphere 更加安全，但也提高了实施的复杂性。

可以安装嵌入在 vCenter 中的 PSC，也可以安装在独立的计算机上。如果选择独立安装，则必须先安装 PSC，然后再安装 vCenter Server。根据图 9-46 中设计的实施线路图，我们需要安装独立的 PSC，并已经为此准备好了所需的 Windows 计算机以及相应的软件环境和网络环境，下面开始 PSC 的安装。

1. 安装独立的 Platform Services Controller

独立的 Platform Services Controller 要求计算机至少有两个 CPU 内核，至少 2GB 内存。根据表 9-6 中列举的配置，可知虚拟机 "psc.vdc.com" 已满足硬件要求。

打开该计算机，以具有域管理员身份的账户登录，并载入 vCenter Server 6.0 的光盘映像文件，运行 "autorun.exe"，以打开 vCenter Server 安装程序首页。后面的安装步骤如下：

（1）在安装首页选择 "适用于 Windows 的 vCenter Server"，然后单击 "安装" 按钮，如图 9-70 所示。

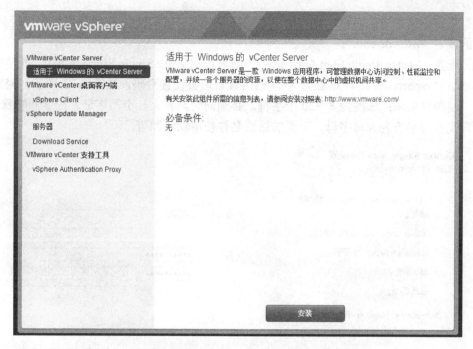

图 9-70 vCenter Server 安装映像的 Autorun 界面

（2）进入欢迎界面，直接单击"下一步"按钮。

（3）《最终用户许可协议》界面，必须勾选"我接受许可协议"复选框才能单击"下一步"按钮。

（4）选择部署类型。该界面简单介绍了独立部署和嵌入式部署的区别。在左侧有单选控件组，用于选择以何种方案来安装。这里选择"外部部署"标题下方的"Platform Services Controller"单选按钮，如图 9-71 所示。

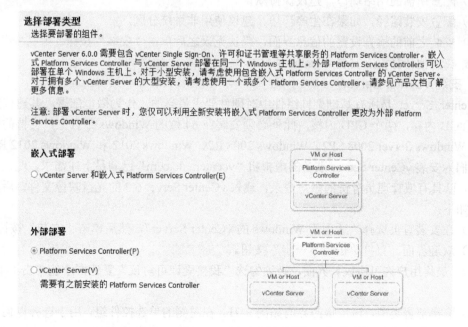

图 9-71 选择部署类型

（5）指定网络系统的名称，建议使用完全限定域名（FQDN），在此我们使用已经为 PSC 规划好的域名"psc.vdc.com"。

（6）配置 vCenter Single Sign-On，选择"创建新 vCenter Single Sign-On 域"，并使用系统指定的域名"vsphere.local"，然后为 SSO 的内置管理员设置密码，如图 9-72 所示。密码必须满足以下复杂性要求：长度为 8～20 个字符，必须同时具有大、小写字母、数字和特殊字符，且不允许仅有首字符为大写字母。下面的站点名称使用默认即可。

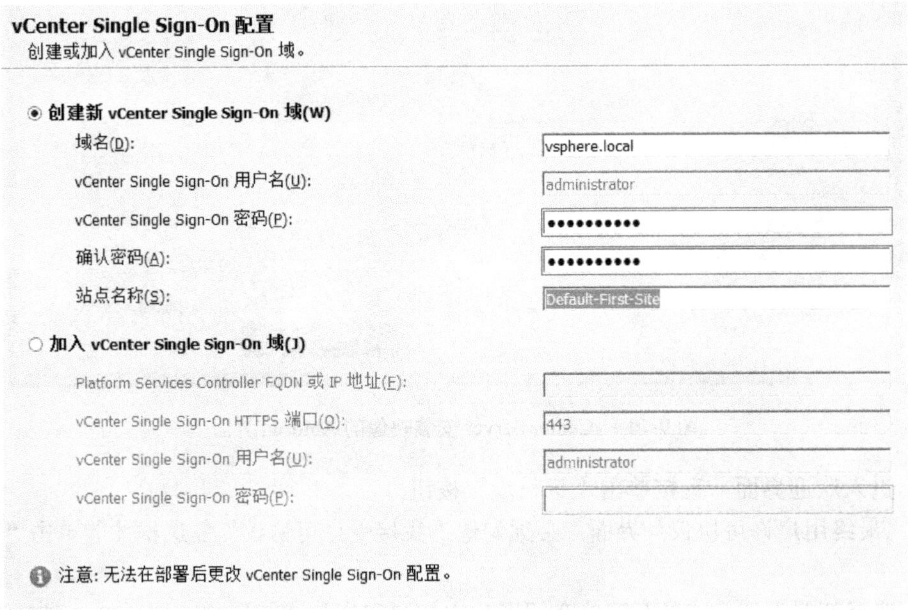

图 9-72 中的表单内容：

vCenter Single Sign-On 配置
创建或加入 vCenter Single Sign-On 域。

⦿ 创建新 vCenter Single Sign-On 域(W)

域名(D)：	vsphere.local
vCenter Single Sign-On 用户名(U)：	administrator
vCenter Single Sign-On 密码(P)：	••••••••••
确认密码(A)：	••••••••••
站点名称(S)：	Default-First-Site

○ 加入 vCenter Single Sign-On 域(J)

Platform Services Controller FQDN 或 IP 地址(F)：	
vCenter Single Sign-On HTTPS 端口(O)：	443
vCenter Single Sign-On 用户名(U)：	administrator
vCenter Single Sign-On 密码(P)：	

ⓘ 注意：无法在部署后更改 vCenter Single Sign-On 配置。

图 9-72　vCenter Single Sign-On 设置

（7）配置所需的网络端口，建议保持默认。

（8）配置安装路径，如果在生产环境，建议使用非系统分区。

（9）安装之前的检查设置的信息界面，确认无误之后单击"安装"按钮。等待安装完成，即可开始在其他计算机上安装 vCenter 了。

2. 安装 vCenter Server

vCenter Server 是所有基础架构组件中对硬件要求最高的。作为微型部署，其建议的最低配置为 8GB 内存，两个 CPU 内核，此外必须安装在 64 位的 Windows 平台上，支持的操作系统包括 Windows Server 2008 SP2、Windows 2008 R2、Windows 2012 和 Windows 2012 R2。

我们为安装 vCenter Server 准备的虚拟机"vcenter.vdc.com"已满足上述需求，现在打开该计算机，以具有域管理员身份的账户登录，载入 vCenter Server 6.0 的光盘映像文件。后面的安装步骤如下：

（1）在安装首页选择"适用于 Windows 的 vCenter Server"，然后单击"安装"按钮。

（2）欢迎界面，直接单击"下一步"按钮。

（3）《最终用户许可协议》界面，必须勾选"我接受许可协议"复选框才能单击"下一步"按钮。

（4）选择部署类型，该步骤的界面如图 9-71。在左侧的单选控件组，用于选择以何种方案来安装。这里选择"外部部署"标题下方的"vCenter Server"单选按钮。

（5）输入系统名称，该名称将作为 vCenter Server 的 FQDN。这里按前面的设计，输入"vcenter.vdc.com"。

（6）在 SSO 上注册，需要依次填写已经存在的 PSC 的地址、SSO 所需的 HTTP 端口和内置管理员密码，如图 9-73 所示。填写完成后单击"下一步"按钮，会弹出对话框提示验证从 PSC 获得的安全证书，单击"确定"按钮以批准该证书。

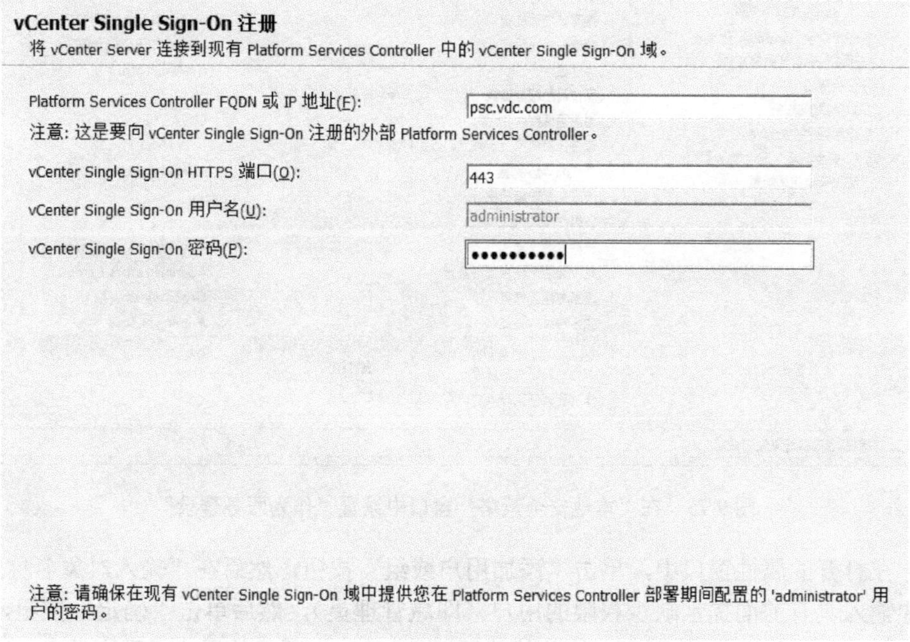

vCenter Single Sign-On 注册

将 vCenter Server 连接到现有 Platform Services Controller 中的 vCenter Single Sign-On 域。

Platform Services Controller FQDN 或 IP 地址(F):	psc.vdc.com

注意: 这是要向 vCenter Single Sign-On 注册的外部 Platform Services Controller。

vCenter Single Sign-On HTTPS 端口(O):	443
vCenter Single Sign-On 用户名(U):	administrator
vCenter Single Sign-On 密码(P):	●●●●●●●●●●

注意: 请确保在现有 vCenter Single Sign-On 域中提供您在 Platform Services Controller 部署期间配置的 'administrator' 用户的密码。

图 9-73　将 vCenter 注册到 Single Sign-On

（7）输入 vCenter Server 账户信息，在左侧的单选控件组中选择"指定用户服务账户"，并在下面填入具有域管理员身份的账户和密码。单击"确定"按钮之后，会警告指定的账户缺少权限，如图 9-74 所示。

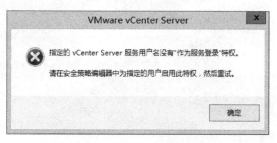

图 9-74　作为服务登录的权限警告

（8）为解决上述问题，需要通过 Windows+R 组合键打开"运行"对话框，并输入"secpol.msc"，以打开"本地安全策略"窗口。接下来在左侧导航栏中展开"本地策略"，单击"用户权限分配"，然后在右边的"策略"列表中找到"作为服务登录"，通过右键菜单选择"属性"命令，如图 9-75 所示。

图 9-75　在"本地安全策略"窗口中设置"作为服务登录"

（9）在打开的属性窗口中，单击"添加用户或组"按钮，然后在"输入对象名称来选择"文本框中输入具有前面提示缺少权限的用户（即域管理员），然后单击"确定"按钮，添加用户权限之后的结果如图 9-76 所示。接着就能通过第（7）步所述的用户权限审核。

图 9-76　在所需权限中添加域管理员账户

（10）数据库设置，选择"使用外部数据库"，在下方填写前面创建的数据源的名称，使用"sa"账户并输入密码。

（11）配置常用端口，建议保持默认。

（12）选择安装路径和数据存储路径，对于生产环境建议选择在非系统分区。

（13）安装之前检查设置，确认无误之后可开始安装。

在不安装捆绑数据库和嵌入式 PSC 的情况下，安装耗时会明显缩短。安装完成之后，可以通过 Windows+R 组合键弹出"运行"对话框，并输入"services.msc"，以打开"服务"窗口，在"服务"列表中，可以看到相关服务已经运行，如图 9-77 所示。

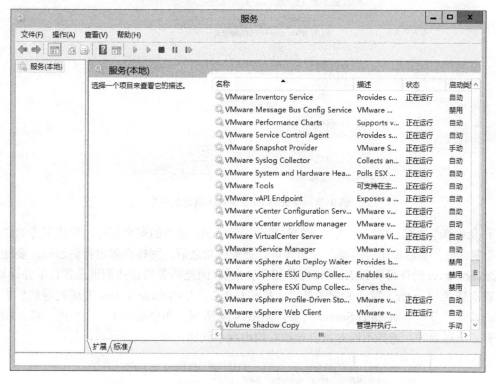

图 9-77　正常运行中的 vCenter Server 的各个关键服务

9.6.3　使用 vCenter Server 进行基本管理

有了 vCenter Server 之后，就可以集中管理多台 ESXi 主机了。可以通过 vSphere Client 或 vSphere Web Client 登录 vCenter。VMware 希望用户尽可能使用 vSphere Web Client，因为 vSphere 5.1 之后的每一个新版本所提供的所有新功能都需要通过 vSphere Web Client 来使用。本书的建议则是两者都用，通过 vSphere Web Client 来使用最新功能，同时以传统的 vSphere Client 来使用和 5.0 相同的功能集。尽管在 vSphere 6.0 中显著改善了 vSphere Web Client 的响应时间，但 Client/Server 架构的传统客户端在易用性上（包括响应时间、刷新信息的方式、界面组织等方面）仍然有明显的优势。

1. 使用 vSphere Client 登录 vCenter Server

本节同时使用 vSphere Client 和 Web Client 来登录。使用 vSphere Client 登录的时候和登录到单个 ESXi 主机类似，只不过在"IP 地址/名称"一栏需要填写的是 vCenter Server 的 IP 地址或 FQDN，用户名也必须是 SSO 的内置管理员账户，其格式为"Administrator@vsphere.local"，如图 9-78 所示。

图 9-78　登录 vCenter Server 填写的内容

　　和登录单个主机一样，初次登录的时候会提示 SSL 证书的安全警告，勾选下方的"安装证书"复选框，然后单击"忽略"按钮即可。登录成功之后，同样会弹出评估通知，要注意的是 vCenter Server 的许可和 ESXi 的许可是相互独立的，因此两者的评估期也是各自单独计算的。

　　首次登录 vCenter，默认的视图是"主机和群集"。从 vSphere Client 左侧的导航栏中可以看到，当前只有一个 vCenter Server 对象，如图 9-79 所示。和登录到单个主机时一样，在导航栏中有多个对象时，选择不同对象会导致右侧出现不同的内容。

图 9-79　vSphere Client 中的 vCenter 清单

2. 使用 vSphere Web Client 登录 vCenter Server

　　vSphere Web Client 6.0 要求使用 Adobe Flash Player 16 或更高版本。根据 VMware 的建议，使用 Google Chrome 浏览器可以获得最佳性能。这里以 Windows 8.1 下的 IE 11 浏览器为例，在地址栏里输入"https://vcenter.vdc.com/vsphere-client"。连接成功后会提示证书错误，如图 9-80

所示。在此我们可以确定自己搭建的 vCenter 是可信网站，直接单击"继续浏览此网站"选项，页面会跳转到带有"VMware vCenter Single Sign-On"字样的登录界面。在首次登录之前，先单击左下角的"下载客户端集成插件"。

客户端集成插件仅支持 IE 10 及以上版本、Google Chrome 35 及以上版本、Mozalla FireFox 30 及以上版本。下载完成后直接单击安装，并在安装过程中保持默认设置，一路单击"下一步"按钮即可。

安装完成后，重启浏览器，再次打开 vSphere Web Client 登录界面，会弹出对话框询问"是否允许此网站打开计算机上的程序"，单击"允许"按钮。仍然使用 SSO 内置的管理员账户，并输入密码，单击"登录"按钮，如图 9-81 所示。登录之后，可看到崭新的 vCenter 界面，如图 9-82 所示。

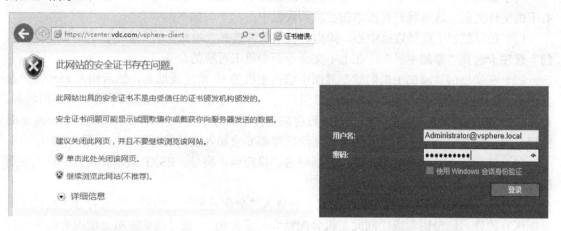

图 9-80　浏览器访问 vCenter 的安全警告　　　　　图 9-81　填写登录信息

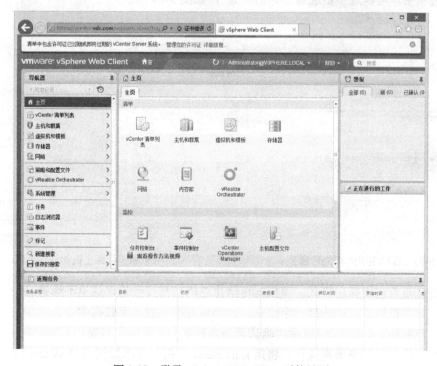

图 9-82　登录 vSphere Web Client 后的界面

3. 添加主机到 vCenter

现在使用 vSphere Client 将主机添加到 vCenter 里去。由图 9-79 可见，一个崭新的 vCenter Server 实例之下没有其他容器和对象，在此状态下也不能直接加入 ESXi 主机，必须先创建数据中心。选择 vCenter 实例，在"入门"选项卡中单击"创建数据中心"选项，并为其命名，这里命名为"cqcet"。

通过 vCenter 实例上的右键菜单，也可以创建文件夹。数据中心和文件夹都可以看作一种容器，可以相互包含，但一个数据中心不能包含另一个数据中心；要添加主机，数据中心是必须的，文件夹则不是。文件夹通常用来按不同的用途、部门或客户，对下层的清单对象和容器（群集、主机、资源池、虚拟机等）进行组织、归类。

有了数据中心之后，便可以添加主机了。主机可以直接位于数据中心，也可以位于数据中心下的文件夹里。这里我们直接添加主机到数据中心，步骤如下：

（1）在导航栏中选择数据中心，弹出右键菜单并选择"添加主机"命令；也可以通过"入门"选项卡选择"添加主机"或在上下文命令组中单击对应的命令。

（2）在弹出的"添加主机向导"界面中输入主机的 IP 地址或域名，然后输入 root 账户及其密码，如图 9-83 所示。正如同本书反复强调的，在 DNS 服务可用的前提下请尽量使用域名。直接使用 IP 地址来加入主机，可能会导致将来在使用高可用性和 VMware Update Manager 时出现问题，而且包括 vSAN 在内的许多高级功能都要求加入主机的时候必须使用 FQDN。

（3）该向导会显示主机的摘要，包括域名、供应商、型号、ESXi 版本和在该主机上注册的虚拟机列表。

（4）由于使用的 ESXi 处于评估模式，会进入"分配许可证"步骤。在此可选"向此主机分配现有的许可证密钥"或"向此主机分配新许可证密钥"。在"向此主机分配现有的许可证密钥"的选项中，可以进一步选择"评估模式"，如图 9-84 所示。

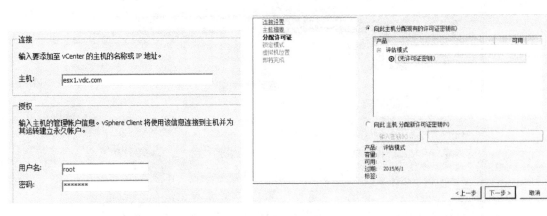

图 9-83　目标主机的相关信息　　　　　图 9-84　目标主机的许可证选项

（5）选择是否使用锁定模式，该模式可禁止主机被直接登录，这里不选择。

（6）为该主机的虚拟机选择一个位置，选择当前唯一的一个数据中心。

（7）检查摘要，如图 9-85 所示，确认无误之后单击"完成"按钮。

接下来，我们只需要重复操作，将所有的 ESXi 主机全部添加到当前 vCenter Server 中去，最后的结果如图 9-86 所示。

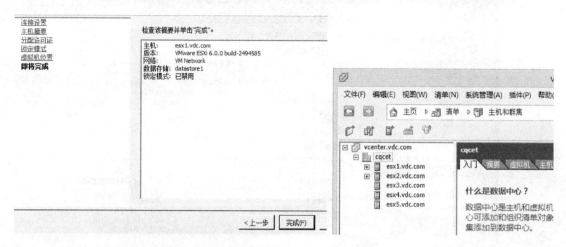

图 9-85　添加主机的信息确认　　　　图 9-86　添加好的主机出现在清单里

如果要从 vCenter Server 中断开或移除主机，也需要通过右键菜单进行操作。选择一个主机并单击右键，就能看到"断开"和"移除"选项。选择断开的主机，通过右键菜单使用"连接"命令，可将该主机重新连上；但如果断开期间主机的 SSL 证书发生变化，则需要重新提供 root 账户和密码。

移除主机会带来以下后果：使 vCenter Server 丢失该主机性能数据、性能图标设置、主机级别的权限、用户创建的自定义警报等，主机上的 vApp 会被转换为资源池。

4. 在 vSphere Web Client 中启用虚拟机控制台

本书推荐在可能的情况下尽量从 vSphere Client 中打开虚拟机控制台，但仍然有些特殊情况需要在 vSphere Web Client 中使用虚拟机屏幕，例如使用新版的 Fault Tolerance。以下介绍如何在浏览器中启用虚拟机控制台。

在正常情况下，安装了客户端集成插件之后即可在 vSphere Web Client 中正常使用虚拟机控制台；而在某些系统和软件环境下（如 Windows 8.1 中的 IE 11），则需要下载 VMware Remote Console 7.0。对此，VMware 并未给出具体解释。

从 vSphere Web Client 登录 vCenter Server 之后，在清单列表中任意选择一个运行中的虚拟机，然后在右侧选择"摘要"选项卡，单击其中的"下载远程控制台"链接，如图 9-87 所示。

该链接指向 VMware 官网的插件下载页面，找到"VMware Remote Console 7.0 for Windows"，并单击"下载"按钮，如图 9-88 所示。

这里会弹出关于《最终用户许可协议》页面，必须同意该协议才能下载。下载完成之后直接单击安装。安装向导还会再提供一次《最终用户许可协议》，仍然勾选"同意"复选框，然后保持所有的默认选项，一路单击"下一步"按钮直到完成安装。

安装完成后，系统会提示需要重启。重启后，再度使用 vSphere Web Client 登录到 vCenter Server，选择一个运行中的虚拟机，再单击图 9-87 中的"启动远程控制台"选项。初次使用远程控制台会弹出"是否允许此网站打开你计算机上的程序"的询问对话框，如图 9-89 所示，单击"允许"按钮。接着还会弹出"Invalid Security Certificate"相关的警告，在这里勾选"Always trust this host with this Certificate"，并单击"Connect Anyway"按钮，如图 9-90 所示。

图 9-87　为 vSphere Web Client 下载远程控制台

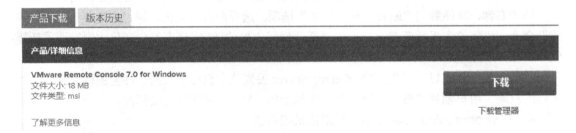

图 9-88　VMware 官网上的下载链接

图 9-89　允许网站打开本地程序　　　　　　图 9-90　安全认证警告

至此，我们就可以在浏览器弹窗中使用虚拟机控制台了。

5. 添加 vCenter Server 许可证

本节使用 vSphere Client 为 vCenter Server 添加许可证。单击"系统管理"菜单中的"vCenter Server 设置"，以打开 vCenter Server 设置窗口，左侧导航栏中的第一项就是"许可"，因此直接在右边的单选控件组中选择"向此 vCenter Server 分配新许可证密钥",并单击"输入密钥"按钮,然后在弹出的"添加许可证密钥"对话框中输入密钥,如图 9-91 所示。密钥标签可以随便填写,也可以留空。

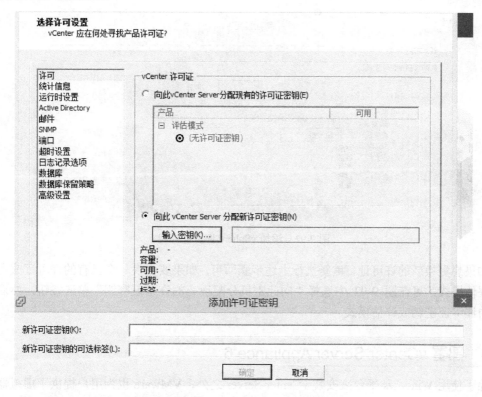

图 9-91　添加 vCenter Server 许可证密钥

如果想更换新的许可证,重新执行上述步骤即可。如果要更换一个已有的许可证或者重新回到评估模式,可在图 9-91 中选择"向此 vCenter Server 分配现有的许可证密钥"单选按钮,然后选择旧有的许可证密钥或评估模式。

6. 添加 vSphere 许可证

vSphere 许可证也可以理解为 ESXi 的许可证。要添加 vSphere 许可,可以使用 vSphere Client 直接登录到单个主机;也可以登录到 vCenter Server,然后选择主机对象进行操作。

在 vSphere Client 主机和群集视图下的导航栏中选择要添加许可证的主机,然后单击"配置"选项卡,选择"软件"分组中的"已获许可的功能"。此时可在当前选项卡中查看可用的功能。单击右上方的"编辑"选项,可打开分配许可证窗口,在该窗口中选择单选控件组中的"向此主机分配新许可证密钥",并单击"输入密钥"按钮,然后在弹出的对话框中输入密钥,如图 9-92 所示。

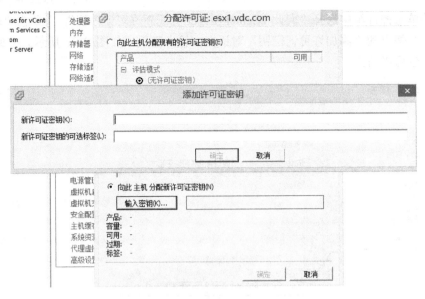

图 9-92　添加 vSphere 许可证密钥

　　如果想更换新的许可证，重新执行上述步骤即可。如果要更换一个已有的许可证或者重新回到评估模式，可在图 9-92 中选择"向此主机分配现有的许可证密钥"单选按钮，然后选择旧有的许可证密钥或评估模式。

9.6.4　部署 vCenter Server Appliance 6

　　除了使用 Windows 平台来安装 vCenter Server 之外，VMware 也为用户提供了虚拟器形式的 vCenter Server Appliance（vCSA），本质上是一个预先安装和配置好的 Linux 版的 vCenter Server。vCSA 6.0 基于 SUSE Linux Enterprise Server 11，可以使用 PostgreSQL 作为捆绑的数据库，或使用 Oracle 作为外部数据库。

　　VMware 并没有告诉用户如何从头开始安装一个 vCSA，只是将预制的 vCSA 以模板形式提供。虽然使用 vCSA 和普通的 vCenter Server 一样需要购买授权，但却能省下 Windows Server 的授权费用，对于预算不足的微型企业来说是一个不错的选择。

　　在版本 5.0 中，vCSA 最多只支持 5 个主机，并且不支持链接模式，无法将多个 vCenter Server 实例链接起来作为一个整体以简化管理。vCSA 6.0 则没有这些限制，可以使用链接模式，单个实例最多可以管理多达 1000 台主机，支持 10000 个虚拟机同时运行。这些功能和性能上的改进使用户有更多的理由去选择 vCSA。

　　1. 部署之前的准备

　　部署 vCSA 和 vCenter Server 一样，对于数据库和 Platform Services Controller 可选择为捆绑安装或使用独立的对象。前面已经介绍了如何使用外部数据库和独立的 PSC，因此这里选择捆绑的数据库和嵌入式 PSC。

　　根据设计文档，vCSA 的 IP 地址为 192.168.10.22，FQDN 为 vcsa.vdc.com。部署之前，先在域控制器上为其添加 DNS 条目，最后考虑 vCSA 的放置问题，这里选择将其部署在 esx3.vdc.com 上。

2. 部署 vCenter Server Appliance 6

相比之前的版本，部署 vCSA 6.0 的操作简化了许多，不再需要通过部署 OVF 模板，而是通过一个安装向导来完成部署。该向导会提示用户提供一些必要的信息，因此如果直接通过 OVF 来部署会导致失败。

在用于远程管理的桌面平台上，将下载好的 vCSA 安装映像文件载入虚拟光驱，然后运行其根目录下的"vcsa-setup.html"文件。部署向导会检测浏览器环境，如果没有安装客户端集成插件，会要求安装。安装客户端集成插件必须重启浏览器。重新进入部署向导，选择"安装"或"升级"vCSA 6.0，后面的步骤如下：

（1）接受《最终用户许可协议》。

（2）选择要放置 vCSA 的 ESXi 主机，需要提供该主机的 IP 地址或 FQDN，并输入用户名和密码。确定之后会出现 SSL 安全警告，选择"是"以接受并继续。

（3）设置 vCSA 虚拟机在清单里的名称，以及 vCSA 的 root 密码。

（4）选择部署类型，通过单选控件组选择"安装具有嵌入式 Platform Services Controller 的 vCenter Server"或"外部 Platform Services Controller"。对于后者，需要再选择"安装 Platform Services Controller"或"安装 vCenter Server（需要外部 Platform Services Controller）"。我们在此选择"安装具有嵌入式 Platform Services Controller 的 vCenter Server"，如图 9-93 所示。

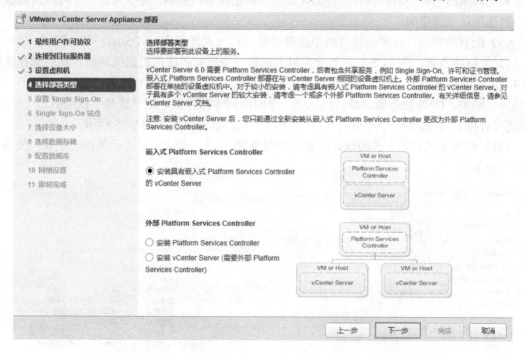

图 9-93　为 vCSA 选择嵌入式 Platform Services Controller

（5）设置 Single Sign-On，这里我们使用增强型链接模式，以便今后能同时管理多个 vCenter 实例。在单选控件组中选择"在现有 vCenter 6.0 Platform Services Controller 中加入 SSO 域"，输入已有的 PSC 的 FQDN 或 IP 地址，同时还需要输入该 SSO 默认管理员的密码，如图 9-94 所示。这实际上就是我们先前安装 Windows 版的 vCenter Server 时创建的 SSO 域。

图 9-94　加入现有的 SSO 域

（6）Single Sign-On 站点设置，在单选控件组中选择"加入现有站点"，然后再选择列表中的"Default-First-Site"。

（7）在列表中选择设备大小，根据整个虚拟化架构的设计规模来选择，这里我们选择"微型（最多 10 台主机、100 台虚拟机）"。

（8）选择数据存储，可将虚拟机的数据存储放在当前已选择的主机能够访问的存储位置。由于我们尚未给当前主机提供外部存储，因此只能选择本机存储。建议勾选"使用精简磁盘模式"复选框以节省空间。

（9）配置数据库，在单选控件组中选择"使用嵌入式数据库（vPostgreSQL）"。

（10）网络设置，为 vCSA 在当前主机上选择一个已有的虚拟机通信网络，然后选择使用 IPv4，选择网络类型为 Static（静态），在下面按设计文档提供 vCSA 的 IP 地址和 FQDN、子网掩码、网关、DNS 服务器。最后再选择一个时间同步的方案，这里选择"使用 NTP 服务器（以逗号分隔）"并提供一个可用的 NTP 服务器地址。以上设置如图 9-95 所示。

（11）部署正式开始之前的统计信息，如图 9-96 所示，确认无误之后单击"完成"按钮，即可开始部署。

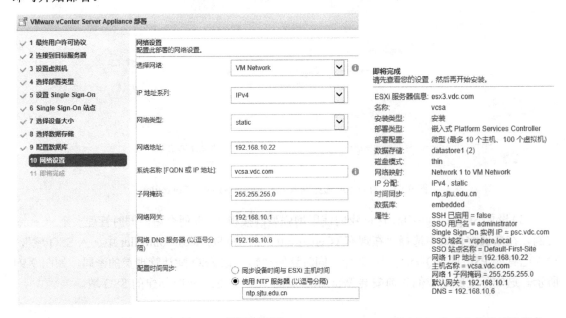

图 9-95　部署 vCSA 的网络设置　　　　　图 9-96　完成之前的统计信息

部署过程除了将 vCSA 虚拟机添加到主机上，还包括一系列初始化设置，完成之后会自动重启。vCSA 和 Windows 平台上的 vCenter Server 一样，具有 60 天的评估期。

3. 通过 SSO 管理多个 vCenter Server 实例

由于在部署 vCSA 的过程中选择了加入现有的 Single Sign-On 域，因此就已经具有了增强型链接模式。现在我们通过 vSphere Web Client 登录第一个 vCenter Server。前面说过，vCenter 通过 SSO 进行身份认证，使用 SSO 默认的管理员账户登录到 vCenter Server，也可以理解为登录到了 SSO 域。这时便能在浏览器左侧的导航栏中看到两个 vCenter Server 实例，如图 9-97 所示，当前有"vcenter.vdc.com"和"vcsa.vdc.com"。用户可以在此对每个 vCenter Server 进行当前许可证所允许的所有操作。

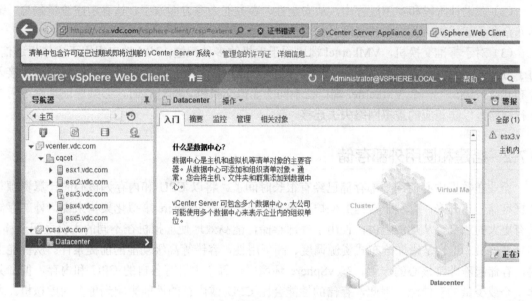

图 9-97　导航栏清单中的两个 vCenter 对象

9.7　网络管理与外部存储的搭建

使用 VMware vSphere 搭建私有云平台还包括 vSphere 网络管理、搭建和使用外部存储、各种资源管理、高可用性与容错等，由于篇幅所限，下面仅作简单介绍。

9.7.1　vSphere 网络管理

网络是云计算的重要组成部分，也是任何一个企业级虚拟化架构必不可少的基础设施。在 vSphere 架构中，网络被分为物理网络和虚拟网络。物理网络使主机和主机之间能够相互通信，虚拟网络则为同一个主机上的不同虚拟机提供通信服务。

在 vSphere 中，ESXi 主机的内核和虚拟机的互相通信以及它们与外界的通信，均由虚拟交换机（vSwitch）来实现。VMware 为 vSphere 提供了两种虚拟交换机，分别是标准交换机和分布式交换机，此外企业还可以购买第三方分布式交换机 Cisco Nexus 1000V。

vSphere 的网络架构由物理网络和虚拟网络共同构成。物理网络即传统的网络，由物理适配器、物理交换机组成。

虚拟网络是单台物理机上运行的虚拟机之间为了互相发送和接收数据而相互逻辑连接所形成的网络。虚拟网络由虚拟适配器和虚拟交换机组成。虚拟机里的虚拟网卡连接到虚拟交换机里特定的端口组中,由虚拟交换机的上行链路连接到物理适配器,物理适配器再连接到物理交换机。每个虚拟交换机可以有多个上行链路,连接到多个物理网卡;但同一个物理网卡不能连接到不同的虚拟交换机。可将虚拟交换机上行链路看作是物理网络和虚拟网络的边界。

合理的网络架构对 vSphere 的实施和运维非常重要。在网络方面有以下内容需要注意:

(1)根据部署的规模,合理选择网络类型,并确定使用机架式还是刀片式服务器。这些选择往往涉及资金、场地、技术、厂商政策等诸多因素。

(2)在设计阶段和实施过程中,从安全性、容灾能力等方面着手,认真考虑流量隔离、链路冗余和负载均衡。实施者和管理员都应当充分理解为什么在千兆网络下需要十个网卡。

(3)对于标准交换机,VMkernel 端口用于主机的多种流量;VM 端口组用于虚拟机通信。对于分布式交换机,由虚拟适配器来桥接 VMkernel 端口和分布式端口组,虚拟机则直接接入分布式端口组。当一个 VMkernel 端口在不同的虚拟交换机之间迁移时,必须保证具有可用的上行链路,以防相应的虚拟网络失去连接。

9.7.2 搭建和使用外部存储

企业在数据中心使用外部存储已经有很长时间了,将以 CPU 和内存为核心的计算资源与数据存储分离开来,有利于数据的保护和灾难恢复。对于 vSphere 虚拟化架构来说,外部存储具有更大的意义。从功能上讲,使用了外部存储,能高效地使虚拟机在不同的主机之间迁移,不需要停机。这也是诸如分布式资源调度、高可用性、容错等高级功能的前提条件。从性能上讲,存储起着非常核心的作用。在 vSphere 环境中,每个主机有各自的 CPU 和内存,但却共享一个或少量的存储池。因此,存储的性能会比 CPU 或内存的性能影响到更多的虚拟机。本节介绍使用 Windows Server 2012 R2 创建 iSCSI 存储。

介绍如何在 Windows Server 2012 R2 上创建 iSCSI Target 之前,先介绍两个概念,iSCSI Target 和 iSCSI Initiator。

➢ iSCSI Target(目标):一个能被访问的 iSCSI 存储池或逻辑卷的实例。

➢ iSCSI Initiator(发起者):一个访问 iSCSI Target 的用户或设备,其可以是一台计算机,也可以是一个 iSCSI 适配器。

为了方便起见,本节在虚拟机里展示创建过程。该虚拟机除系统盘外还添加了两个磁盘设备,用于提供存储空间,并配有两个虚拟网卡。

1. 在 Windows Server 2012 R2 上启用网卡组合

在 vSphere 环境下,一个 iSCSI 存储通常会被多个主机并发访问,每个主机可能有多个虚拟机正在读写自己的磁盘,而这些磁盘都位于该 iSCSI 存储上。因此,除了要求存储设备要有足够的 IOPS,还要有足够的网络带宽用于数据传输。由于使用的是千兆网络,有必要使用网卡成组功能,以增加带宽。

在"服务器管理器"窗口中单击左侧导航栏里的"本地服务器",然后在右侧窗口中单击"NIC 组合"旁边的"禁用"。此时会弹出名为"NIC 组合"的窗口,窗口右下角的列表中是现有的网络连接,按住 Ctrl 键以同时选择两个网络,然后单击"任务"下拉按钮,选择下拉菜单中的"添加到新组"选项，如图 9-98 所示。

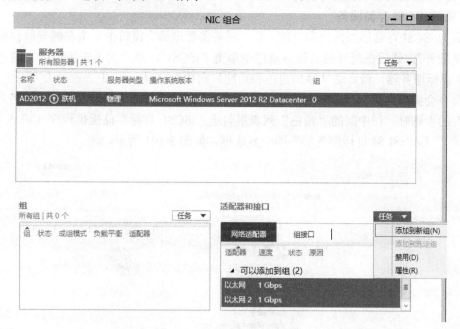

图 9-98 创建网卡组合的入口

选择上述命令会再次弹出新窗口，在窗口中输入组的名称，选择成员适配器，将"成组模式"选为"交换机独立"，"负载平衡模式"为"动态"，如图 9-99 所示。设置完毕后单击"确定"按钮回到上一窗口，可以在窗口下方看到建好的组及所用适配器，如图 9-100 所示。

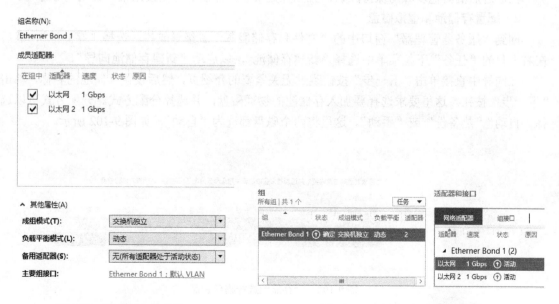

图 9-99 网卡组合的参数　　　　　图 9-100 网卡组合列表中的对象

现在打开"网络和共享中心"，可发现原有的网络连接已经被成组的连接所取代，在此需要重新为该连接设置 IP 地址、掩码、网关和 DNS。

2. 添加 iSCSI 存储服务

下面为 iSCSI 存储添加角色和功能。在"服务器管理器"窗口中单击左侧导航栏里的"文件和存储服务",然后在展开的二级导航栏中单击"iSCSI",最后再单击窗口中央的"若要安装 iSCSI 目标服务器,请启动'添加角色和功能'向导"字样。

该命令会弹出向导窗口,在向导的前几步只需要连续单击"下一步"按钮,到名为"服务器角色"的步骤时,在中间的"角色"列表里勾选"iSCSI 目标存储提供程序(VDS 和 VSS 硬件模式)"和"iSCSI 目标服务器"两个复选框,如图 9-101 所示。

图 9-101　选择和 iSCSI 有关的服务器角色

在这之后的其他步骤均保持默认,直到开始安装。然后等待安装结束,关闭向导即可。

3. 配置存储池和虚拟磁盘

回到"服务器管理器"窗口中的"文件和存储服务"二级导航栏,选择"存储池",然后在右上角的"任务"下拉菜单中选择"新建存储池",以启动"新建存储池向导"。

在向导中直接单击"下一步"按钮跳过无关紧要的介绍页,然后设置存储池的名称,单击"下一步"按钮。这里要求选择要加入存储池的物理磁盘,并选择分配方式。分配方式可以选择"自动""热备份"或"手动"。这里将两个磁盘都选为"自动",如图 9-102 所示。

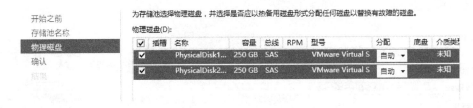

图 9-102　为存储池选择物理磁盘

接下来是信息确认的页面,单击"创建"按钮,然后等待创建完成,关闭窗口。存储池创建完毕后,就可以着手创建虚拟磁盘了。回到"服务器管理器"窗口中的"文件和存储服务"

二级导航栏，选择"存储池"，然后选择前面建好的存储池实例，通过右键菜单选择"新建虚拟磁盘"，弹出"新建虚拟磁盘向导"，后面的步骤如下：

（1）开始之前是该向导对当前操作的简单介绍。

（2）选择前面创建的存储池实例。

（3）输入虚拟磁盘的名称及描述信息。

（4）存储数据布局，允许的选项有"Simple""Mirror"和"Parity"3种。其中Simple对磁盘数量没有要求，实际上就是通过条带化来提高IOPS和吞吐量，相当于RAID 0；Mirror是镜像冗余，只提供保护，不提高性能，相当于RAID 1，因此至少需要两个磁盘；Parity在条带化的基础上通过奇偶校验来保证数据安全性，相当于RAID 5，需要至少3个磁盘来防止单盘故障。这里我们选择"Simple"，如图9-103所示。

图9-103　选择RAID类型

（5）设置类型。"精简"可以根据需要来分配空间，"固定"则是使用与卷相等大小的空间。这里选择"固定"。

（6）设置容量大小。可以选择"指定大小"和"最大大小"。这里选择"最大大小"。

（7）信息确认，单击"创建"按钮，等待创建完成后关闭向导即可。

4．在虚拟磁盘上创建卷

创建好虚拟磁盘后，还需要创建卷。卷是一种逻辑容器，文件系统必须基于卷来创建。回到"服务器管理器"窗口中的"文件和存储服务"二级导航栏，选择"存储池"，然后选择前面创建的存储池实例，并通过打开窗口左侧的"虚拟磁盘"列表框选择前面创建好的虚拟磁盘，通过右键菜单选择"新建卷"命令，如图9-104所示。

图9-104　在存储池上新建卷

启动"新建卷向导"之后，后续的步骤如下：

（1）向导对当前操作的简单介绍，直接跳过。

（2）服务器和磁盘，选择当前服务器（本机）和前面创建好的虚拟磁盘。

（3）设置大小，若要使用最大容量，可输入和容量相等的数字，单位可选 GB 或 MB。

（4）分配驱动器号或文件夹位置，这里分配为 E 盘。

（5）文件系统，这里选择 NTFS，其他参数保持默认。

（6）确认信息，然后单击"创建"按钮，完成之后关闭向导即可。

5. 创建 iSCSI 虚拟磁盘

至此，我们已经完成的工作有：创建存储池，在存储池上创建虚拟磁盘，以及在虚拟磁盘上创建卷。接下来还需要在此卷对象上创建 iSCSI 虚拟磁盘。这并非是一个循环创建虚拟磁盘的行为，和前面创建的虚拟磁盘不同，iSCSI 虚拟磁盘并不仅仅只是一个逻辑对象，它对更上层的数据读取提供了一个抽象的层级，用于为 iSCSI 协议的执行提供服务。

首先在"服务器管理器"窗口中的"文件和存储服务"二级导航栏中选择"卷"，然后在刚才新建的卷对象上弹出右键菜单，选择其中的"新建 iSCSI 虚拟磁盘"，后面的步骤如下：

（1）选择 iSCSI 虚拟磁盘的位置。如果为卷号分配了驱动器号，应当在单选控件组中选择"按卷选择"，并在下面的驱动器列表中选择前面创建的卷；如果将卷放入某个文件夹，则选择"键入自定义路径"单选按钮，并找到卷的存放目录。这里选择"按卷选择"单选按钮，然后选择驱动器"E:"，如图 9-105 所示。

图 9-105　选择虚拟磁盘的位置

（2）指定 iSCSI 虚拟磁盘的名称及描述信息。

（3）指定 iSCSI 虚拟磁盘的大小，如果要分配所有空间，就输入和总容量相等的数字，单位可以是 GB 或 MB。分配方式可以选择"固定大小""动态扩展"和"差异"，建议选择"固定大小"以获得较好的性能。

（4）iSCSI 目标（即 Target），选择"新建 iSCSI 目标"。

（5）指定目标名称和描述信息。

（6）添加访问服务器，单击窗口下方的"添加"按钮以添加允许访问该 iSCSI 目标的计算机。此时会弹出"添加发起程序 ID"窗口，选择"输入选定类型的值"，并将"类型"下拉列表选择为"IP 地址"，然后输入 iSCSI Initiator（即发起程序）的 IP 地址。根据我们对 vSphere 环境的整体设计，这里应当填写 ESXi 主机上用于 iSCSI 存储的端口所用的 IP 地址，即"192.168.20.31～192.168.20.35"。但要注意，这里不支持以主机号全为"0"的 IP 地址来表示整个网络，因此要分别输入每个 IP 地址。添加完毕之后，这些被允许的发起程序（每一个都代表一个远程计算机上的端口）就出现在了列表里，如图 9-106 所示。

图 9-106　允许访问的发起者列表

（7）身份验证，可以选择使用 CHAP 协议对发起程序的请求进行身份验证，或启用反向 CHAP 以允许发起程序对 iSCSI 目标进行身份验证。建议在特定的生产环境中启用这些选项。由于是实验环境，这里选择不启用。

（8）完成之前的信息确认，如果没有问题，单击"创建"按钮，待创建完成之后关闭窗口即可。

完成之后，回到"服务器管理器"窗口中的"文件和存储服务"二级导航栏，可以看到 iSCSI 虚拟磁盘正在初始化，待其完成即可使用。接下来，通过右侧的滚动条前往当前窗口的下半部分，以查看 iSCSI 目标列表。在此列表中，通过列标签显示了 iSCSI 目标的 IQN 和其他状态，我们也可以选择一个 iSCSI 目标，打开其属性窗口进行查看，如图 9-107 所示。

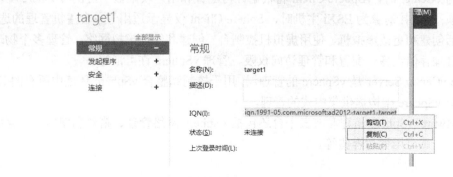

图 9-107　查看 iSCSI Target 的属性

IQN（iSCSI Qualified Name）是由 iSCSI 协议定义的名称结构，用于标识一个特定的 iSCSI 目标。在此可以将该 iSCSI 目标的 IQN 复制到剪贴板，粘贴到文档中，以便将来配置 iSCSI Initiator 时使用。

本章还涉及虚拟机的管理（包括虚拟机重复部署、快照、热迁移、备份和恢复等）、高可用性与容错、vSphere 性能监控与调度任务，及 vSphere 安全管理等内容，感兴趣的读者可以参考由李力主编的《云操作系统：VMware vSpehre 6.0 实施与运维》一书进行学习。

小　结

私有云是部署在企事业单位或相关组织内部的云，限于安全和自身业务需求，它所提供的服务不供他人使用，而是供内部人员或分支机构使用。

VMware 公司成立于 1998 年，在 2006 年 6 月发布 VMware vSphere 3，成为当时行业里第一套完整的虚拟架构套件，在一个集成的软件包中，包含了全面的虚拟化技术、管理、资源优化、应用可用性以及自动化的操作能力。VMware vSphere 是其主打产品，根据 RightScale 公司在 2018 年 1 月进行的第七次年度云计算状况调查显示，VMware vSphere 继续领先，采用率为 50%。

vSphere 是 VMware 虚拟化和云计算产品线中的主要角色，除了 vSphere 之外，VMware 还有许多和虚拟化及云计算相关的产品，包括 Operations Management、VMware vCloud Suite、VMware Integrated Openstack、VMware vRealize Orchestrator、VMware Horizon、VMware Workstation 等。

VMware vSphere 主要由 ESXi、vCenter Server 和 vSphere Client 构成。从传统操作系统的角度来看，ESXi 扮演的角色就是管理硬件资源的内核；vCenter Server 提供了管理功能；vSphere Client 则充当 Shell，是用户和操作系统之间的界面层。但在 vSphere 中，这几个组成部分是完全分开的，依靠网络进行通信。

ESXi 是 vSphere 中的 VMM，直接运行在裸机上，属于 Hypervisor，ESXi 可以在单台物理主机上运行多个虚拟机，支持 x86 架构下绝大多数主流的操作系统。ESXi 特有的 vSMP（Virtual Symmetric Multi-Processing，对称多处理）允许单个虚拟机使用多个物理 CPU。在内存方面，ESXi 使用的透明页面共享技术可以显著提高整合率。

vSphere Client 位于 vSphere 体系结构中的界面层，是管理 ESXi 主机和 vCenter 的工具。当连接对象为 vCenter 时，vSphere Client 将根据许可配置和用户权限显示可供 vSphere 环境使用的所有选项；当连接对象为 ESXi 主机时，vSphere Client 仅显示适用于单台主机管理的选项，这些选项包括创建和更改虚拟机、使用虚拟机控制台、创建和管理虚拟网络、管理多个物理网卡、配置和管理存储设备、配置和管理访问权限、管理 vSphere 许可证等。

VMware vCenter Server 是 vSphere 的管理层，用于控制和整合 vSphere 环境中所有的 ESXi 主机，为整个 vSphere 架构提供集中式的管理。

使用 VMware vSphere 搭建私有云平台还包括 vSphere 网络管理、搭建和使用外部存储、各种资源管理、高可用性与容错等。

思考与练习

1. 企事业单位为什么要搭建私有云平台？有什么意义？
2. VMware 云计算产品有哪些？简要说明 vSphere 架构。
3. ESXi 6 在云平台中的作用是什么？如何安装和配置？
4. vSphere Client 有什么作用？怎样安装与配置？
5. vCenter Server 6 在云平台建设中有何作用？安装准备工作有哪些？
6. 私有云平台搭建还包括哪些内容？平台服务和应用服务还需要增加哪些内容？

第*10*章

云计算与大数据

→ 本章要点

- ➤ 大数据概述
- ➤ 大数据的应用
- ➤ 云计算和大数据的关系
- ➤ 大数据未来展望

21 世纪是数据信息大"爆炸"的时代，移动互联、社交网络、电子商务等极大拓展了互联网的边界和应用范围，各种数据正在迅速膨胀并变大。信息爆炸已经积累到了一个开始引发变革的程度。它不仅使世界充斥着比以往更多的信息，而且其增长速度也在加快，创造出了"大数据"这个概念。如今，这个概念几乎应用到了所有人类智力与发展的领域中。大数据的研究和应用正在不断深入，而且受关注度越来越高。学习云计算的同时是无法回避大数据有关知识和技术的。

大数据究竟是什么？和我们有什么关系？有什么用处？本章概要介绍大数据及大数据的应用。

10.1 大数据概述

当前大数据已经有很多杰出的表现，如大数据帮助政府实现市场经济调控、公共卫生安全防范、灾难预警、社会舆论监督；大数据帮助城市预防犯罪，实现智慧交通，提升应急能力；大数据帮助医疗机构建立患者的疾病风险跟踪机制，帮助医药企业提升药品的临床使用效果，帮助艾滋病研究机构为患者提供定制的药物；大数据帮助商业机构预测市场动态，进行精准营销等。然而什么是大数据呢？怎样才能更好地应用它为国民经济建设服务，让经济更"智慧"呢？本节从了解大数据的定义开始。

10.1.1 大数据的定义

1. 大数据时代的背景

半个世纪以来，随着计算机技术全面融入社会生活，信息增长速度也在加快，创造出了"大数据（Big Data）"这个概念。

Big Data 成为近几年来的一个技术热点，历史上，数据库、数据仓库、数据集市等信息管理领域的技术，很大程度上也是为了解决大规模数据的问题。被誉为数据仓库之父的 Bill Inmon 早在 20 世纪 90 年代就经常提及 Big Data。

2011 年 5 月，在"云计算相遇大数据"为主题的 EMC World 2011 会议中，EMC 抛出了 Big Data 概念。

2. 大数据时代的到来

近年来随着互联网、云计算、移动互联网和物联网的迅猛发展，无所不在的移动设备、RFID、无线传感器每分每秒都在产生数据，数以亿计用户的互联网服务时时刻刻在产生巨量的交互。

互联网（社交、搜索、电商）、移动互联网（微博）、物联网（传感器、智慧地球）、车联网、GPS、医学影像、安全监控、金融（银行、股市、保险）、电信（通话、短信）都在疯狂产生着数据。麦肯锡全球研究院于 2013 年初预测：全球每秒钟发送 290 万封电子邮件；每天会有 2.88 万个小时的视频上传到 Youtube；Twitter 上每天发布 5 000 万条消息；每天 Amazon 上会产生 630 万笔订单；每个月网民在 Facebook 上要花费 7 000 亿分钟；Google 上每天需要处理 24PB 的数据等。可以说，从来没有哪个时代的数据增长有现在疯狂！

根据 IDC 做出的估测，数据一直都在以每年 50%的速度增长，也就是说每两年就增长一倍（大数据摩尔定律），并且大量新数据源的出现导致了非结构化、半结构化数据爆发式的增长。这意味着人类在最近两年产生的数据量相当于之前产生的全部数据量，预计到 2020 年，全球将总共拥有 40ZB（1ZB 等于 1 万亿 GB，即 $1ZB=10^{12}GB$）的数据量。这不是简单的数据增多的问题，而是全新的问题。

随着大数据时代的到来，我们要处理的数据量实在是太大、增长太快了，而业务需求和竞争压力对数据处理的实时性、有效性又提出了更高要求，传统的常规技术手段已经无法应付。

3. 大数据的特征

（1）数据量大（Volume）

大数据的起始计量单位至少是 PB（1 000 个 TB）、EB（100 万个 TB）或 Z（10 亿个 TB）。非结构化数据的超大规模和增长，比结构化数据增长快 10～50 倍，是传统数据仓库的 10～50 倍。

（2）类型繁多（Variety）

大数据的类型可以包括网络日志、音频、视频、图片和地理位置信息等，具有异构性和多样性的特点，没有明显的模式，也没有连贯的语法和句义，多类型的数据对数据的处理能力提出了更高的要求。

（3）价值密度低（Value）

大数据价值密度相对较低。如随着物联网的广泛应用，信息感知无处不在，信息海量，但价值密度较低，存在大量不相关信息。因此需要对未来趋势与模式做可预测分析，利用机器学习、人工智能等进行深度复杂分析。而如何通过强大的机器算法更迅速地完成数据的价值提炼，是大数据时代亟待解决的难题。

（4）速度快、时效高（Velocity）

处理速度快，时效性要求高，需要实时分析而非批量式分析，数据的输入、处理和分析连贯性地处理，这是大数据区分于传统数据挖掘最显著的特征。

面对大数据的全新特征，既有的技术架构和路线，已经无法高效地处理如此海量的数据，而对于相关组织来说，如果投入巨大采集的信息无法通过及时处理反馈有效信息，那将是得不偿失的。可以说，大数据时代对人类的数据驾驭能力提出了新的挑战，也为人们获得更为深刻、全面的洞察能力提供了前所未有的空间与潜力。

4. 大数据的定义

麦肯锡全球研究院给出大数据的定义是：一种规模大到在获取、存储、管理、分析方面大大超出了传统数据库软件工具能力范围的数据集合，具有海量的数据规模、快速的数据流转、多样的数据类型和价值密度低四大特征。

10.1.2 大数据的相关技术

大数据技术可以分成大数据平台技术与大数据应用技术。

要使用大数据，必须有计算能力，包括数据的采集、存储、流转和加工所需要的底层技术，如 Hadoop 生态圈、数加生态圈，它们是大数据平台技术。

数据的应用技术是指对数据进行加工，把数据转化成商业价值的技术，如算法，以及由算法衍生出来的模型、引擎、接口、产品等。这些数据加工的底层平台，包括平台层的工具以及平台上运行的算法，也可以沉淀到一个大数据的生态市场中，避免重复的研发，大大地提高大数据的处理效率。

1. 对现有技术的挑战

（1）对现有数据库管理技术的挑战

传统的数据库部署不能处理 TB 级别的数据，也不能很好地支持高级别的数据分析。急速膨胀的数据体量即将超越传统数据库的管理能力，需要构建全球级的分布式数据库（Globally-Distributed Database），可以扩展到数百万的机器，数以百计的数据中心，上万亿的行数据。

（2）对经典数据库技术的挑战

经典数据库并没有考虑数据的多类别（Variety），SQL（结构化数据查询语言）在设计的一开始是没有考虑非结构化数据的。

（3）实时性的技术挑战

传统的数据仓库系统和各类 BI 应用，对处理时间的要求并不高，因此这类应用往往运行一天或两天获得结果依然是可行的。但实时处理的要求，是区别大数据应用和传统数据仓库技术、BI 技术的关键差别之一。

（4）对网络架构、数据中心、运维的挑战

人们每天创建的数据量正呈爆炸式增长，但就数据保存来说，技术改进不大，而数据丢失的可能性却不断增加。如此庞大的数据量首先在存储上就会是一个非常严重的问题，硬件的更新速度将是大数据发展的基石。

2. 大数据处理技术

面对大数据时代的到来，技术人员纷纷研发和采用了一批新技术，主要包括分布式缓存、基于 MPP 的分布式数据库、分布式文件系统、各种 NoSQL 分布式存储方案等。充分地利用这些技术，加上企业全面的用以分析的数据，可更好地提高分析结果的真实性。大数据分析意味着企业能够从这些新的数据中获取新的洞察力，并将其与已知业务的各个细节相融合。

以下是一些目前应用较为广泛的技术：

（1）分析技术

➢ 数据处理：通过自然语言处理

➢ 统计和分析：如 A/B test、top N 排行榜、地域占比、文本情感分析

➢ 数据挖掘：关联规则分析、分类、聚类

➢ 模型预测：预测模型、机器学习、建模仿真

（2）大数据技术

➢ 数据采集：ETL 工具

➢ 数据存取：关系数据库、NoSQL、SQL 等

➢ 基础架构支持：云存储、分布式文件系统等

➢ 计算结果展现：云计算、标签云、关系图等

（3）数据存储技术

➢ 结构化数据：海量数据的查询、统计、更新等操作效率低

➢ 非结构化数据：图片、视频、Word、PDF、PPT 等文件存储，不利于检索、查询和存储

➢ 半结构化数据：转换为结构化存储，按照非结构化存储

（4）解决方案

➢ Hadoop（MapReduce 技术）

➢ 流计算（Twitter 的 storm 和 Yahoo!的 S4）

3. 大数据与云计算

云计算的模式是业务模式，本质是数据处理技术，大数据是资产，云为数据资产提供存储、访问和计算，大数据与云计算是相辅相成的。

（1）云计算及其分布式结构

当前云计算更偏重海量存储和计算，以及提供的云服务，运行云应用，但是缺乏盘活数据资产的能力。挖掘价值性信息和预测性分析，为国家、企业、个人提供决策和服务，是大数据核心议题，也是云计算的最终方向。

大数据处理技术正在改变目前计算机的运行模式，正在改变着这个世界，表现在以下几方面：

① 能处理几乎各种类型的海量数据，如微博、文章、电子邮件、文档、音频、视频以及其他形态的数据。

② 工作的速度非常快速，实际上几乎实时。

③ 具有普及性，因为它所用的都是最普通的低成本硬件。

而云计算将计算任务分布在大量计算机构成的资源池上，使用户能够按需获取计算力、存储空间和信息服务，给了人们廉价获取巨量计算和存储的能力。云计算分布式架构能够很好地支持大数据存储和处理需求。这样的低成本硬件+低成本软件+低成本运维，更加经济和实用，使得大数据处理和利用成为可能。

（2）云数据库

NoSQL 被广泛地称为云数据库，因为其处理数据的模式完全是分布于各种低成本服务器和存储磁盘的，因此它可以帮助网页和各种交互性应用快速处理过程中的海量数据。它采用分布式技术结合了一系列技术，可以对海量数据进行实时分析，满足了大数据环境下的部分业务需求，但是还无法彻底解决大数据存储管理需求。云计算对关系型数据库的发展将产生巨大的影响，而绝大多数大型业务系统（如银行、证券交易等）、电子商务系统所使用的数据库还是基于关系型的数据库，随着云计算的大量应用，势必对这些系统的构建产生影响，进而影响整个业务系统及电子商务技术的发展和系统的运行模式。

基于关系型数据库服务的云数据库产品将是云数据库的主要发展方向，云数据库（CloudDB）提供了海量数据的并行处理能力和良好的可伸缩性等特性，提供同时支持在线分析处理（OLAP）和在线事务处理（OLTP）能力，提供了超强性能的数据库云服务，并成为集群环境和云计算环境的理想平台。它是一个高度可扩展、安全和可容错的软件，客户能通过整合降低 IT 成本，管理位于云端的数据，提高所有应用程序的性能和实时性做出更好的业务决策服务。

因此，云数据库要能够满足以下几个方面的需要：

（1）海量数据处理：对类似搜索引擎和电信运营商级的经营分析系统这样大型的应用而言，需要能够处理 PB 级的数据，同时应对百万级的流量。

（2）大规模集群管理：分布式应用可以更加简单地部署、应用和管理。

（3）低延迟读写速度：快速的响应速度能够极大地提高用户的满意度。

（4）建设及运营成本：云计算应用的基本要求是希望在硬件成本、软件成本以及人力成本方面都有大幅度的降低。

所以云数据库必须采用一些支撑云环境的相关技术，比如数据节点动态伸缩与热插拔、对所有数据提供多个副本的故障检测与转移机制和容错机制、SN（Shared-Nothing）体系结构、中心管理、任务追踪、数据压缩技术等。

4．大数据与分布式技术

（1）分布式数据库

支付宝公司在国内最早使用 Greenplum 数据库，将数据仓库从原来的 Oracle RAC 平台迁移到 Greenplum 集群。Greenplum 强大的计算能力用来支持支付宝日益发展的业务需求。

Greenplum 数据引擎软件专为新一代数据仓库所需的大规模数据和复杂查询功能所设计，基于 MPP（海量并行处理）和 Shared-Nothing（完全无共享）架构，基于开源软件和 x86 商用硬件设计（性价比更高）。

（2）分布式文件系统

分布式文件系统中，Google 的 GFS 是基于大量安装有 Linux 操作系统的普通 PC 构成的集群系统，整个集群系统由一台 Master（通常有几台备份）和若干台 TrunkServer 构成。GFS 中文件备份成固定大小的 Trunk 分别存储在不同的 TrunkServer 上，每个 Trunk 有多份（通常为 3份）拷贝，也存储在不同的 TrunkServer 上。Master 负责维护 GFS 中的 Metadata，即文件名及其 Trunk 信息。客户端先从 Master 上得到文件的 Metadata，根据要读取的数据在文件中的位置与相应的 TrunkServer 通信，获取文件数据。

在 Google 的三大论文发表后，就诞生了 Hadoop。截至今日，Hadoop 被很多中国大互联网公司所追捧：百度的搜索日志分析，腾讯、淘宝和支付宝的数据仓库都可以看到 Hadoop 的身影。

Hadoop 具备低廉的硬件成本、开源的软件体系、较强的灵活性、允许用户自己修改代码等特点，同时能支持海量数据存储和计算任务。

Hive 是一个基于 Hadoop 的数据仓库平台，将转化为相应的 MapReduce 程序基于 Hadoop 执行。通过 Hive，开发人员可以方便地进行 ETL 开发。

（3）HBase

随着数据量增长，越来越多的人关注 NoSQL，特别是 2010 年下半年，Facebook 选择 HBase 来做实时消息存储系统，替换原来开发的 Cassandra 系统。这使得很多人开始关注 HBase。Facebook 选择 HBase 是基于短期小批量临时数据和长期增长的很少被访问到的数据这两个需求来考虑的。

HBase 是一个高可靠性、高性能、面向列、可伸缩的分布式存储系统，利用 HBase 技术可在廉价 PC Server 上搭建大规模结构化存储集群。HBase 是 BigTable 的开源实现，使用 HDFS 作为其文件存储系统。Google 运行 MapReduce 来处理 BigTable 中的海量数据，HBase 同样利用 MapReduce 来处理 HBase 中的海量数据；BigTable 利用 Chubby 作为协同服务，HBase 则利用 Zookeeper 作为对应。

10.2　大数据的应用

大数据已广泛应用在国民经济建设的各个领域，除了精准营销之外，还在政府、工业、交通、国防等领域发挥预测与决策的功能。

10.2.1　大数据在互联网企业的应用

1. 百度大数据

百度大数据中心与峨眉山景区强强联合，从搜索行为、游客人群、景区定制数据和百度舆情进行全面合作，以适应对数据的需求，掌控旅游发展的趋势；大数据合作为做好未来旅游发展奠定了重要的基础，能够做到早发现、早分析、早应对，对及时做好精准营销、社群营销和网络营销都有积极的帮助，无疑是以大数据支撑"互联网+旅游"落地的极佳案例。

百度大数据的两个典型应用是面向用户的服务和搜索引擎，百度大数据的主要特点是：第一，数据处理技术比面向用户服务的技术所占比重更大；第二，数据规模比以前大很多；第三，通过快速迭代进行创新。

通过百度产品大全寻找百度的大数据产品，归结为如下几个：

（1）百度搜索风云榜（http://top.baidu.com/）

百度搜索风云榜以数亿网民的单日搜索行为作为数据基础，以关键词为统计对象，建立权威、全面的各类关键词排行榜，以榜单形式向用户呈现基于百度海量搜索数据的排行信息，线上覆盖十余个行业类别，一百多个榜单。百度搜索风云榜如图 10-1 所示，当前热搜：国务院机构改革（编者截图时的状态）。

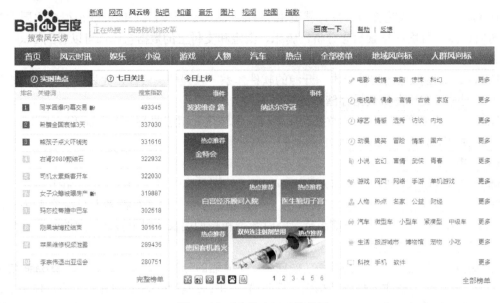

图 10-1 百度搜索风云榜首页

（2）百度指数

百度指数主要分如图 10-2 所示的几个模块。

图 10-2 百度指数的几个模块

① 指数探索

➤ 趋势研究

指数概况：提供关键词搜索指数在最近 7 天和最近 30 天的平均值，以及其同比、环比变化趋势；可按搜索来源分开查看整体/移动端趋势。

指数趋势：根据自定义时间段和自定义地域，查询关键词搜索指数和媒体指数；搜索指数可按搜索来源分开查看整体/移动端趋势，媒体指数不做来源区分。

➤ 需求图谱

需求分布：提供中心词搜索需求分布信息，帮助用户了解网民对信息的聚焦点和产品服务的痛点。比如"化妆"的热门需求词包括"方法""产品""眼妆"等，这说明网民在搜索"化妆"前后的相关关注主要体现在这些方面。

➤ 舆情洞察

新闻监测：根据自定义时间段，查询关键词媒体指数，同时可查看该时段内的 TOP10 热门新闻。采用新闻标题包含关键词的统计标准，提供新闻原文地址跳转。

百度知道：根据自定义时间段，查询关键词相关百度知道热门问题。采用问题标题包含关键词的统计标准，百度知道问题的热门程度由问题浏览量决定。提供百度知道问题原文地址跳转。

➤ 人群画像

地域分布：提供关键词访问人群在各省市的分布。帮助用户了解关键词的地域分布，特定地域用户偏好可进行针对性的运营和推广。

人群属性：提供关键词访问人群的性别、年龄分布情况。

② 数说专题

基于搜索指数相关数据，按照专题筛选出与某个行业或者话题相关的关键词进行聚类分析，给出更为详细的行业或者话题数据，比如行业搜索趋势、行业细分市场、行业人群属性、该类话题搜索热点等。

③ 品牌表现

数据来源：百度指数专业版。

作用说明：总体盘点指定行业中所有品牌的搜索热度的变化。

算法说明：将指定行业内各个品牌相关检索词汇总，并综合计算各品牌汇总词的总体搜索指数及变化率，并以此排名（注：所有品牌的搜索指数均为基于品牌检索词汇总后的综合搜索指数，与单一检索词搜索指数不可进行比较）。

④ 我的指数

➤ 我收藏的指数

将经常查看的关键词放入"我收藏的指数"，供用户随时查看趋势。最多可以收藏 50 个关键词。

➤ 我创建的新词

可以将百度指数未收录的关键词加入百度指数，加词后第二天系统将更新数据。关键词一经添加，即被视为消费完毕，无法删除或更改。关键词服务到期后，需再次添加。

➤ 我的购买记录

可以查看创建新词服务购买情况。请用户在创建新词权限有效期内新增关键词，过期无效。

此外，还有大数据驱动下的营销决策辅助系统"百度灵犀"，如图 10-3 所示；"百度医疗健康大数据"（https://yl.baidu.com/），如图 10-4 所示；"百度数智"（http://di.baidu.com/），如图 10-5 所示。读者可以自行注册使用。

图 10-3 百度灵犀界面

图 10-4　百度医疗大数据首页

图 10-5　百度数智首页

2．阿里巴巴大数据——数加

基于对大数据价值的沉淀、依据信用体系等，马云将集团下的阿里金融与支付宝两项核心业务合并成立阿里小微金融。另外，为了便于在内部解决数据的交换、安全和匹配等问题，阿里集团还搭建了一个数据交换平台。在这个平台上，各个事业群可以实现数据的内部流转，实现价值最大化。

2016 年 1 月 20 日，阿里云在 2016 年云栖大会上海峰会上宣布开放阿里巴巴十年的大数据能力，发布全球首个一站式大数据平台"数加"。

这一平台承载了阿里云"普惠大数据"的理想，即让全球任何一个企业、个人都能用上大数据。数加平台首批集中发布了 20 款产品，覆盖数据采集、计算引擎、数据加工、数据分析、机器学习、数据应用等数据生产全链条。数加平台组成如图 10-6 所示。

（1）计算引擎"三件套"

① 分布式计算平台 MaxCompute

阿里云最早使用 Hadoop 解决方案，并且成功地把 Hadoop 单集群规模扩展到 5 000 台规模。2010 年起，阿里云开始独立研发了类似 Hadoop 的分布式计算平台 MaxCompute（前 ODPS），目前单集群规模过万台，并支持多集群联合计算，可以在 6 个小时内处理完 100PB 的数据量，相当于一亿部高清电影。

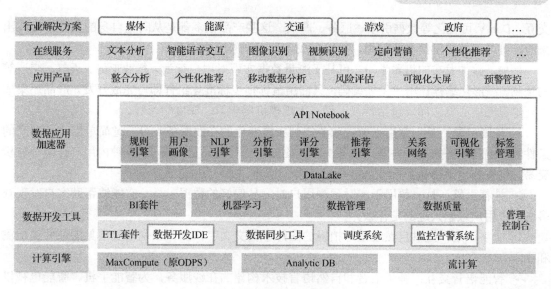

图 10-6　数加平台组成

② 分析型数据库服务 ADS（Analytic DB）

分析型数据库服务 ADS，是一套 RT-OLAP（Realtime OLAP，实时 OLAP）系统。在数据存储模型上，采用自由灵活的关系模型存储，可以使用 SQL 进行自由、灵活的计算分析，无须预先建模；而利用分布式计算技术，ADS 可以在处理百亿条甚至更多量级的数据上达到甚至超越 MOLAP 类系统的处理性能，真正实现百亿数据毫秒级计算。ADS 是采用搜索+数据库技术的数据高度预分布类 MPP 架构，初始成本相对比较高，但是查询速度极快，高并发。而类似的产品 Impala，采用 Dremel 数据结构的低预分布 MPP 架构，初始化成本相对比较低，并发与响应速度也相对慢一些。

③ 流计算产品（前 Galaxy）

流计算产品，可以针对大规模流动数据在不断变化运动过程中实时地进行分析，是阿里巴巴开源的基于 Storm 采用 Java 重写的一套分布式实时流计算框架，也叫 JStorm，对比产品是 Storm 或者是 Spark Streaming。阿里云开始公测 Stream SQL，通过 SQL 的方式来实现实时的流式计算，降低了使用流式计算技术的使用门槛。

（2）数据开发工具

计算引擎之上，"数加"提供了最丰富的云端数据开发套件，开发者可一站式完成数据加工。这些产品包含数据集成、数据开发、调度系统、数据管理、运维视屏、数据质量及任务监控。

整体来看，大数据开发套件的优势包括：支持 100 人以上协同设计、开发、运维；具有良好的扩展性；提供各个产品功能模块的 Open API，可二次开发；多个数据实例之间的数据授权机制，确保数据只能使用却不可见；提供白屏化的运维能力，以及字段级数据质量监控、机器预警、资源使用率监控等功能，让用户更好地掌控自己的数据及数据任务。

计算引擎与大数据开发套件相互依赖，组成了数加的底层技术平台，类似 Hadoop 技术平台。

阿里云的主要目标应该是做好这个技术平台，并将平台的能力更多更快更好地开放出来，这是阿里云大数据的核心竞争力。

（3）数加应用平台

基于上面的技术平台，阿里在数加上还开放了规则引擎、推荐引擎、文字识别、智能语音交互、DataV 可视化等数据引擎、服务、产品。这些产品很多都是从阿里自身的业务中提炼出来的，可以直接提供给企业使用，并组合成各种不同的解决方案。

例如，数加发布的机器学习，可基于海量数据实现对用户行为、行业走势、天气、交通等的预测。图形化编程让用户无须编码，只需用鼠标拖曳标准化组件即可完成开发。产品还集成了阿里巴巴核心算法库，包括特征工程、大规模机器学习、深度学习等。

➤ 规则引擎：是一款用于解决业务规则频繁变化的在线服务，可通过简单组合预定义的条件因子编写业务规则，并做出业务决策。比如，银行会设置如果 10 分钟内用户在两个省份交易，则需要电话确认。

➤ 推荐引擎：是一款用于实时预测用户对物品偏好的数据工具，它能够帮助客户发现众多物品中用户最感兴趣的是什么。

➤ 文字识别：提供自然场景下拍摄的图片中英文文字检测、识别以及常见的证件类检测和识别。

➤ 智能语音交互：基于语音和自然语言技术构建的在线服务，为智能手机、智能电视以及物联网等产品提供"能听、会说、懂你"式的智能人机交互体验。

"数加"大数据平台最终的目的，不是阿里云自己来研发所有这些数据服务，重点是将向有数据开发能力的团队开放。这些团队可入驻数加，借助数加上的工具为各行各业提供数据服务。阿里云计划用 3 年时间吸引 1000 家合作伙伴入驻，共同分享 1 万亿的大数据蛋糕。

基于底层的技术平台，上层开放则可以形成丰富的生态。通过开放式的平台，凝聚行业的力量，为更多的企业和个人提供大数据服务，这就是普惠的时代。大到行业的数据分析，预测行业发展方向，小到我们每一个个体，都可以享受大数据的服务，方便个人生活。

（4）数加交易体系

基于技术平台与应用平台，可以在数加上构建一个大数据的交易市场，可以包括：

➤ 应用交易：上文重点描述了数据生态以及算法经济，算法作为大数据时代的另外一个重要因素，未来也是可交易的。基于算法的各种引擎、服务、应用等，既然可以基于数加来开发，就可以不仅仅是自己用，甚至作为一个公共的服务或者产品来出售。

➤ 数据交易：数据是大数据时代的重要基本要素之一，也是大数据时代的基础生产资料、大数据时代的血液。作为如此重要的生产资料，必须流通才能发挥大数据最大的价值。数加通过多租户、可用不可见、担保交易等设计，未来可以解决数据交易上的各种问题。

当然，如果要实现大数据的交易，必须先解决数据的隐私、安全、法律法规、监管等问题。在这些问题没解决之前，仍有很长的路需要尝试。

（5）企事业单位选择数加的原因

小企业不仅自身缺乏数据，自建大数据平台更是折腾不起，往往周期很长，成本非常之高。很多自建的大数据平台又因为没有经过各种实战的检验，没有相应开发工具或者工具偏少而出现各种问题。根据阿里云披露的测算数据：自建 Hadoop 集群的成本是数加的 3 倍多，国外计算厂商 AWS 的 EMR 成本更是数加的 5 倍。

从运算效率来看，Sort Benchmark 在其官方网站公布了 2015 年排序竞赛的最终成绩。其中阿里云用 377 秒完成了 100TB 的数据排序，打破了此前 Apache Spark 创造的 23.4 分钟纪录。

在含金量最高的 GraySort 和 MinuteSort 两个评测系统中，阿里云分别在通用和专用目的排序类别中创造了 4 项世界纪录。

数加承载了阿里巴巴 EB 级别的数据加工计算，经历了上万名工程师的实战检验。

借助大数据技术，阿里巴巴取得了巨大的商业成功。通过对电子商务平台上的客户行为进行分析，诞生了蚂蚁小贷、花呗、借呗；菜鸟网络通过电子面单、物流云、菜鸟天地等数据产品，为快递行业的升级提供技术方法。

可以看到，通过数加，企业能获得的不仅仅是可以更方便、更便宜地使用各种开发工具。其实，比开发工具更重要的是未来大数据的生态。在数加上面，他们可以很方便地获取各种自己想要的数据与服务。

"数加"的发布显然降低了大数据的应用门槛。通过 "数加"，任何一个企业、个人都能极为方便地进行大数据的开发和应用，最起码，从速度、成本、开发效率上有很大提升。

（6）阿里大数据体验

阿里集团 99.99%的数据和计算运行在阿里云数加平台上，企事业单位及个人应用体验可访问 "https://data.aliyun.com"，首页如图 10-7 所示。

图 10-7　阿里大数据 "数加" 首页

具体应用，读者可以自行体验。

3．腾讯大数据——数智方略

在大数据时代，数据是宝贵的资源，也是核心竞争力。2016 年 7 月，腾讯云推出大数据解决方案——数智方略，其平台地址是 https://bigdata.qq.com/，首页如图 10-8 所示。

数智为企业提供从大数据开发、分析到治理和管理的一站式大数据解决方案，让数据从采集、存储、计算到挖掘、展示变得更易用、更安全、更稳定、更高效。方略基于海量业务的用户洞察分析、区域人流分析和开放通用推荐，为用户提供开放、通用的数据应用及分析服务，是一整套的大数据解决方案。

腾讯云大数据解决方案通过挖掘数据深层次价值，共享行业经验，帮助各中小企业挖掘数据价值，激发数据价值，带来产业效能提升，在各行业中充分激发大数据价值。

（1）数智方略的影响

数智方略是依托于腾讯云的大数据解决方案，凭借社交和技术的强大优势，已构建了完整的产品服务体系和行业大数据解决方案，更毫无保留地开放计算、网络、存储、安全以及大数据等领域的资源服务，打造至优企业级产品，让企业快速接入云服务。

图 10-8　腾讯大数据首页

数智方略是经过腾讯内部测试与使用的，已向社会开放的一套大数据解决方案，可以从品牌、技术、资本、数据、实践，以及生态几个维度看看腾讯的影响。

① 品牌：腾讯位于全球互联网公司排名前十，在游戏和社交领域上的大数据应用有目共睹。

② 技术：QQ 和微信的月活跃用户数都达到 8 亿以上，QQ 同时在线人数达到 3 亿用户，还有提供 QQ 消费业务的一个排名情况（比如 QQ 会员、QQ 等级等），相信处理这么一个庞大的数据不是简单的事情。

③ 资本：拥有资本才能更好地吸收优秀的人才，催动技术的进步、产品的迭代、让人称赞的用户体验。腾讯 2018 年第二季度营收 736.75 亿元，经营盈利为 218.07 亿元。

④ 数据：电商阿里、搜索百度、社交腾讯，这是"BAT"的立足之本。腾讯具有很强很齐全的社交和游戏数据。

⑤ 生态：腾讯利用大品牌和资本的力量，不断地对新创公司进行投资与合作来完善自身的生态。

⑥ 实践：腾讯在大数据领域的应用实践，除了美丽说借助广点通在移动端取得丰收，红米手机与 QQ 空间合作是基于社交数据营销的经典。腾讯对大数据的运用更多的是在完善自身，推动游戏和社交服务的增值。在游戏方面，腾讯会为游戏用户构建标签库，从而腾讯互娱可以在掌握的渠道里进行精准营销，比如不同的用户看到的官网是不一样的，重度活跃用户和轻度活跃用户所看到的道具推荐也是不一样的。针对长时间未上线的玩家，腾讯互娱又会重点向其推荐游戏的改动以及新玩法。

（2）腾讯大数据案例

从腾讯云的官网可以看到以下几个企业在使用腾讯大数据解决方案：e 袋洗、人民日报、新东方、Webank 微众银行、四川省人民政府、大众点评、滴滴出行、深圳市公安局。

（3）大数据方案促进市场成熟，产品新升级

腾讯作为一个庞然大物参与到大数据行业中来，参与的同时给大数据市场带来巨大的资本

和先进的技术，对市场产生一个催化剂的作用；腾讯云的加入对国内所有云厂商都是一个正向刺激，使他们对产品提出更高的要求，快速地迭代产品，努力完善产品，给用户提供更优质的服务和价格。

10.2.2 大数据在政府机构的应用

应用大数据，在以下几个方面可以进一步协助政府机构更好地发挥职能作用，提高服务质量和水平。

（1）重视应用大数据技术，盘活各地云计算中心资产，把原来大规模投资产业园、物联网产业园的政绩工程改造成智慧工程。

（2）在安防领域，应用大数据技术，提高应急处置能力和安全防范能力。

（3）在民生领域，应用大数据技术，提升服务能力和运作效率，以及个性化的服务，特别是医疗、卫生、教育等部门。

（4）解决金融、电信等领域中的数据分析问题。

10.2.3 大数据在银行业的应用

身处大数据时代，银行业挑战与机遇并存。银行业必须正视来自外部的冲击，通过大数据重塑商业模式，提升经营管理水平。当然，海量数据的席卷而来，海量机遇也随之而来，这为银行业务转型和产品创新创造了条件，未来银行业服务及管理模式都将发生根本性改变。

银行业处于大数据时代变革之中，纷纷应用大数据提升和改变自己。

1. 民生银行

民生银行建立统一的金融科技平台，如图 10-9 所示。根据数据智能分析向前台提供服务与反馈，支持实现以客户为中心的服务模式与体验，并整合日益互联互通的各种服务渠道；平台建立持续从广泛的来源获取、量度、建模、处理、分析大容量多类型数据的功能；及时在互联互通的流程、服务、系统间共享数据，并将经过智能分析与加工的数据用于业务决策与支持，智能化分析和预测客户需求。通过部署云计算，实现自动化、高能效、虚拟化和标准化的云部署目标，洞察大数据推动了民生银行的转型与创新。

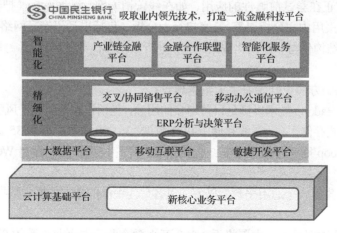

图 10-9 民生银行金融科技平台

2. 中信银行信用卡中心

中信银行近年来发卡量增长迅速，业务数据增长迅速，业务数据规模也线性膨胀，因此在数据存储、系统维护、数据有效利用等方面都面临巨大压力。

面对业务的不断增长，需要建设可扩展、高性能的数据仓库解决方案，能够实现业务数据的集中和整合；可以支持多样化和复杂化数据分析，提升信用卡中心的业务效率；通过从数据仓库提取数据，改进和推动有针对性的营销活动。

采用大数据方案，可以结合实时、历史数据进行全局分析，风险管理部门现在可以每天评估客户的行为，并决定对客户的信用额度在同一天进行调整；原有内部系统、模型整体性能显著提高。

中信银行通过利用大数据方案实现了秒级营销，使用 Greenplum 数据仓库解决方案提供了统一的客户视图，更有针对性地进行营销。2011 年，中信银行信用卡中心通过其数据库营销平台进行了 1 286 个宣传活动，每个营销活动配置平均时间从 2 周缩短到 2～3 天。

3. 中国建设银行

未来互联网金融模式下资源配置的特点是：资金供需信息直接在网上发布并匹配，供需双方甚至不需要银行、券商或交易所等中介，直接匹配完成。

中国建设银行充分跟进大数据时代的脚步，建立善融商务企业商城，面向阿里巴巴普通会员全面放开，不用提交任何担保、抵押，只需凭借企业的信用资源就可以"微贷"。"微贷"通过网络低成本广泛采集客户的各类数据信息，分析挖掘的数据，判断客户资质，用户可以 24 小时随用随借、随借随还。在善融商务平台上，每一笔交易，建行都有记录并且能鉴别真伪，可作为客户授信评级的重要依据。此外，还对消费者购买行为进行分析，比如点击量、跨店铺点击、订单流转量甚至包括电商平台的聊天信息的收集和分析。

4. 光大银行

光大银行在大数据方面也做了多方面的尝试。正在尝试打通社会化大数据库，期待社会化数据内外通达，例如把银行内部的客户号和新浪的微博号挂接起来，在一定程度上实现群体营销；另外，外部数据引入的动作很关键，把微博、QQ、邮箱等社交化的、能很快找到客户的方式通达起来。跟传统的数据存储在一起，同等对待，建立一个更加立体丰富的数据库。基于以上思考，光大银行在新浪微博开发平台上做了一个缴费应用——"V 缴费"。

光大银行目前正在尝试前瞻性的应用，如在线营销方案、微博营销（把微博上用户跟光大银行用户相匹配，采用中文分析引擎）、客户行为分析（包括电话语音、网络的监控录像等）和风险控制与管理（结构化与非结构化数据整合，分析系统存在 IT 风险或者钓鱼网站防欺诈）等。

5. 摩根大通

摩根在以下几个方面也开始着手大数据建设：

（1）开始使用 Hadoop 技术以满足日益增多的用途，包括诈骗检验、IT 风险管理和自助服务。

（2）使用分布式存储平台，在线存储 150PB 数据、30 000 个数据库和 35 亿个用户登录账号。

（3）利用 Hadoop 能够存储大量非结构化数据，允许公司收集和存储 Web 日志、交易数据和社交媒体数据。

（4）数据被汇集至一个通用平台，以方便以客户为中心的数据挖掘与数据分析工具的使用。

6. 阿里金融

2012 年的统计数据显示，中国将近 4 200 万小微企业，占企业总数的 97.3%。由于分布零散、业务不规范、盈利不明朗、信贷时间长、信用难以构建等现状，使得小微企业的贷款相当困难。基于阿里巴巴在 B2C 多年来的建树，提出了大数据与小而美的金融信贷，它是完全构建在互联网的基础上，通过数据分析，以自主服务模式为主的、面对小微企业的信贷工厂，具有 24 小时开放、随时申请、随时审批、随时发放的特点，是纯互联网的小额信贷服务。

10.3　云计算和大数据的关系

云计算是基于互联网的相关服务的增加、使用和交付模式，通常涉及通过互联网来提供动态易扩展且经常是虚拟化的资源。云是网络、互联网的一种比喻说法。狭义云计算指 IT 基础设施的交付和使用模式，指通过网络以按需、易扩展的方式获得所需资源。广义云计算指服务的交付和使用模式，指通过网络以按需、易扩展的方式获得所需服务；这种服务可以是 IT 和软件、互联网相关，也可以是其他服务；它意味着，计算能力也可作为一种商品通过互联网进行流通。

大数据或称海量数据，指的是所涉及的资料量规模巨大到无法通过目前主流软件工具，在合理时间内达到撷取、管理、处理并整理成为帮助企业经营决策提供更具参考价值的资讯。大数据的 4V 特点：Volume、Velocity、Variety、Veracity。

从技术上看，大数据与云计算的关系就像一枚硬币的正反面一样密不可分。大数据必然无法用单台的计算机进行处理，必须采用分布式计算架构。它的特色在于对海量数据的挖掘，但它必须依托云计算的分布式处理、分布式数据库、云存储和虚拟化技术。

从系统需求来看，大数据的架构对系统提出了新的挑战：

（1）集成度更高。一个标准机箱最大限度完成特定任务。

（2）配置更合理、速度更快。存储、控制器、I/O 通道、内存、CPU、网络均衡设计，针对数据仓库访问最优设计，比传统类似平台高出一个数量级以上。

（3）整体能耗更低。同等计算任务，能耗最低。

（4）系统更加稳定可靠。能够消除各种单点故障环节，统一一个部件、器件的品质和标准。

（5）管理维护费用低。数据仓库的常规管理全部集成。

（6）可规划和预见的系统扩容、升级路线图。

简单来说：云计算是硬件资源的虚拟化，而大数据是海量数据的高效处理。虽然从这个解释来看也不是完全贴切，但是却可以帮助对这两个名字不太明白的人很快理解其区别。当然，如果解释更形象一点的话，云计算相当于我们的计算机和操作系统，将大量的硬件资源虚拟化后再进行分配使用。

可以说，大数据相当于海量数据的"数据库"，统观大数据领域的发展我们也可以看出，当前的大数据发展一直在向着近似于传统数据库体验的方向发展，换言之传统数据库给大数据的发展提供了足够大的空间。

大数据的总体架构包括三层：数据存储、数据处理和数据分析。数据先要通过存储层存储下来，然后根据数据需求和目标来建立相应的数据模型和数据分析指标体系对数据进行分析，产生价值。

而中间的时效性又通过中间数据处理层提供的强大的并行计算和分布式计算能力来完成。三者相互配合，才能让大数据产生最终价值。

云计算未来的趋势是：云计算作为计算资源的底层，支撑着上层的大数据处理。而大数据的发展趋势是，实时交互式的查询效率和分析能力。借用 Google 一篇技术论文中的话："动一下鼠标就可以在秒级操作 PB 级别的数据"，确实让人兴奋不已。

10.4 大数据未来展望

大数据未来的价值，在于催生新型商业智能！

未来，企业会依靠洞悉数据中的信息更加了解自己，也更加了解客户。

由于在信息价值链中的特殊位置，有些公司可能会收集到大量的数据，但他们并不急于使用，也不擅长再次利用这些数据。例如，移动电话运营商手机用户的位置信息用来传输电话信号，这对于他们来说，数据只有狭窄的技术用途。但当它被一些发布个性化位置广告服务和促销活动的公司再次利用时，则变得更有价值。

Google 在刚开始收集数据的时候就已经有多次使用数据的想法。例如，它的街景采集车手机全球定位系统数据不只是为了创建 Google 地图，也是为了制成自动驾驶汽车以及 Google 眼镜等与实景交汇的产品。

传统针对海量数据的存储处理，通过建立数据中心，建设包括大型数据仓库及其支撑运行的软硬件系统，设备（包括服务器、存储、网络设备等）越来越高档，数据仓库、OLAP 及 ETL、BI 等平台越来越庞大，但这些需要的投资也越来越大，而面对数据的增长速度，越来越力不从心，所以基于传统技术的数据中心建设、运营和推广难度越来越大。

另外，一般使用传统的数据库、数据仓库和 BI 工具能够完成处理和分析挖掘的数据，还不能称为大数据，这些技术也不能叫大数据处理技术。面对大数据环境，包括数据挖掘在内的商业智能技术正在发生巨大的变化。传统的商业智能技术，包括数据挖掘，主要任务是建立比较复杂的数据仓库模型、数据挖掘模型，来进行分析和处理不太多的数据。

而在未来，由于有云计算模式、分布式技术和云数据库技术的应用，我们不需要这么复杂的模型，不用考虑复杂的算法就能够处理大数据。对于不断增长的业务数据，用户也可以通过添加低成本服务器甚至是 PC 也可以来处理海量数据。

所以，大数据实际是对传统商业智能的发展和促进，商业智能将出现新的发展机遇。面对风云变幻的市场环境，快速建模、快速部署是对新商业智能平台的强力支撑。

小 结

21 世纪是数据信息大发展的时代，移动互联、社交网络、电子商务等极大拓展了互联网的边界和应用范围，各种数据正在迅速膨胀并变大，在这种背景下产生了大数据（Big Data）概念。

处理速度快，时效性要求高，需要实时分析而非批量式分析，数据的输入、处理和分析连贯性地处理，这是大数据区分于传统数据挖掘最显著的特征。大数据的起始计量单位至少是 PB（1000TB）、EB（100 万 TB）或 ZB（10 亿 TB）。大数据的类型可以包括网络日志、音频、视频、图片、地理位置信息等，具有异构性和多样性的特点，没有明显的模式，也没有连贯的语法和句义。多类型的数据对数据的处理能力提出了更高的要求。大数据价值密度相对较低。

如随着物联网的广泛应用，信息感知无处不在，信息海量，但价值密度较低，存在大量不相关信息。因此需要对未来趋势与模式做可预测分析，利用机器学习、人工智能等进行深度复杂分析。而如何通过强大的机器算法更迅速地完成数据的价值提炼，是大数据时代亟待解决的难题。

大数据已广泛应用在国民经济建设的各个领域，除了精准营销之外，还在政府、工业、交通、国防等领域发挥预测与决策的功能。

思考与练习

1. 什么是大数据？有哪些特征？
2. 大数据对人类经济生活将有什么影响？
3. 大数据涉及哪些技术？
4. 使用百度大数据任一服务，谈谈体会。
5. 简述数加主要内容。
6. 如果你是一家小企业主，谈谈怎样应用大数据为企业创造价值。
7. 大数据和云计算有什么关系？
8. 谈谈大数据的发展趋势。

第11章

云计算与智慧生活

本章要点

➢ 智慧生活
➢ 云计算与物联网
➢ 云计算与人工智能
➢ 云计算与智慧经济
➢ 云计算与智慧生活

"双 11"，怎样才能顺利买到心仪的商品？

堵车，怎样才能找到最通畅的回家路？

生病，怎样高效治愈？

……

随着云计算、物联网、大数据、人工智能、虚拟现实等现代信息技术的发展，智慧城市、智慧校园、智慧经济、智能家居和智慧政府等已不再稀奇，人们的生活从来没有如此智慧过，已悄然进入了智慧生活时代。

智慧生活是一种什么样的生活状态？依赖哪些技术？应该注意什么问题？本章将就这些问题进行简要介绍。

11.1　智慧生活

本节介绍智慧生活的定义、智能生活平台、智慧生活的实质、智慧生活健康和智慧生活应用。

11.1.1　智慧生活定义

智慧生活（Intelligent Life，简写 IL）包括智慧和生活两个方面。

首先是"智慧"，从感觉、记忆到思维这一过程，称为"智慧"，智慧的结果就产生了行为和语言，将行为和语言的表达过程称为"能力"，两者合称"智能"。

其次是"生活"，是指人类生存过程中的各项生活的总和，一般指为幸福的意义而存在，生活实际上是对人生的一种诠释。

智慧生活利用现代科学技术实现吃、穿、住、行等智能化。将电子科技融入日常的工作、生活、学习及娱乐中，是一种新内涵的生活方式。利用智能生活平台提供智能，使人们的生活更方便、安全、健康、舒适，有利于富强、民主、文明、和谐与美好生活的实现。

智慧生活由许多智能系统组成，主要包括智能移动（Smart Move，SM）、智能社交（Smart Communication，SC）、智能家居（Smart Home，SH）、智能穿戴（Smart Wear，SW）、智能购物（Smart Shopping，SS）及智能办公（Smart Office，SO）等，其核心是智能生活平台。

智能生活平台是依托云计算技术的存储，在家庭场景功能融合、增值服务挖掘的指导思想下，采用主流的互联网通信渠道，配合丰富的智能家居产品终端，构建享受智能家居控制系统带来的新的生活方式，多方位、多角度地呈现家庭生活中的更舒适、更方便、更安全和更健康的具体场景，进而共同打造出具备共同智能生活理念的智能社区。

智慧生活的内在实质不仅是使用方便的智能家居产品，更主要的是充分体现了和谐社会的智能家居新产品企业、云服务商和机构服务精神及服务能力，从智能家居产品企业的产品开发需要换位思考，融合出真实的家庭应用新需求、新特点，到无处不在的及时、安全、稳定、可靠的云服务和数据分析能力，以及机构的高度责任心和准确到位的服务。

11.1.2　智能生活平台

智能生活平台可以自由地与主流智能家居品牌产品互通，任何时候、任何场合，家庭用户可以自由地通过无线连接 Internet，直接上互联网远程查询所需信息并具备社交互动特点。智能生活具备延展性和自我成长性，借助统一的云服务实现各种智能家居产品与各种专长的服务部门和机构紧密合作，迅速构建出智能生活门户，从生活资讯到健康诊疗；从远程门锁控制到家庭用电策略建议部署；从严谨的家庭安防到细微的家庭环境质量分析建议部署，全方位地体现智能生活的精彩。

依托智能生活平台，用户足不出户，便能了解社区附近的生活信息，通过广泛使用的智能手机可以一键连通商家服务热线，享受由他们提供的咨询和上门服务；借助各种智能家居终端产品定时传递自己的身体健康数据，云服务后台的专家及时会诊和及时提醒；定时智能门锁汇报当天的访客情况，甚至你不在家时代为签收快递；智能灯泡也会及时汇报当月的用电情况，并给出更合理的用电方案；冰箱将随时提醒你的采购项目和对应的健康指数，指导你实现合理饮食。

实现以上智慧生活离不开智能生活的基础系统，包括云服务平台、智能家居产品和第三方客服几个部分，如图 11-1 所示。

（1）云服务平台：完成智能生活的数据采集、分析、分发。

（2）智能家居产品：智能马桶、智能灯泡、智能门锁、智能开关、智能机顶盒、智能网关、无线血压仪、无线胎心仪及无线心电仪等。

图 11-1 智慧生活系统组成

（3）第三方客服：专业的医疗、物流、购物等机构。

通过云服务平台的服务推送，借助更多的智能家居产品终端，社区成员在家也能测量血压、血糖、心跳等基本身体医疗数据，并同步到云服务平台，异常情况自动更新给社区医疗或其他医疗专科专家，对家庭成员实施长期的健康数据监控和分析建议，绿色、健康成为智能生活的更加核心的功能。

11.1.3　智慧生活应用

智慧生活应用内容非常广泛，涉及人们日常工作、学习及娱乐中的吃、穿、住、行等各种应用系统。下面从智能交通系统和城市智能管理系统两个方面进行说明。

1. 智能交通系统

智能交通系统（Intelligent Transportation System，简称 ITS）是未来交通系统的发展方向，它是将先进的信息技术、数据通信传输技术、电子传感技术、控制技术及计算机技术等有效地集成运用于整个地面交通管理系统而建立的一种在大范围内、全方位发挥作用的，实时、准确、高效的综合交通运输管理系统。智能交通主要体现在城市交通枢纽的智能控制、物流的智能管理调度等方面。

停车难问题一直是影响城市现代化发展进程的重要问题，因停车难问题而引发的城市交通拥堵等情况，更是直接制约着城市经济发展，影响着市民的出行。

政府高度重视停车难问题：增加停车场资源，完善城市交通设施及规划，合理引导措施缓解城市交通压力。智能的停车管理控制系统，为解决当代停车难问题提供了科技手段。

建设"数字交通"工程，通过监控、监测、交通流量分布优化等技术，完善公安、城管、公路等监控体系和信息网络系统，建立以交通诱导、应急指挥、智能出行、出租车和公交车管理等系统为重点的、统一的智能化城市交通综合管理和服务系统，实现交通信息的充分共享、公路交通状况的实时监控及动态管理，全面提升监控力度和智能化管理水平，确保交通运输安全、畅通。

随着经济的发展，物流行业的脚步也在加快，车辆的周转能力及管理难度也逐渐增大，只有缩短车辆的运输时间以及强化管理能力，才能满足经济发展的市场需求。

在这种社会背景下，智能停车场系统就为大型物流中心的中转能力实现智能化管理，从而减少物流层面人员成本以及简化烦琐的出入登记手续。最有利的一点就是基于 TCP 协议的智能停车管理系统，可以实现共享数据库，把全国的所有站点统一起来，能有效地跟踪物流的出发与到达时间，在市场竞争中取得主动权，紧密了物流站点间的联系，有利于科学地统筹与运营。

该系统包括以下内容：

➢ 出入口控制系统

司机通过专属智能卡出入物流中心，控制系统会主动记录专属卡的信息（即车主信息）。

➢ 车辆识别系统

记录出入车辆车牌信息，以及出发时间或到达时间。

➢ 车辆引导系统

通过服务端操作管理系统，导航显示屏显示行业分类，以及运送时间、车辆等信息的分配。

➢ 车辆管理系统

针对停靠车辆进行监控管理，杜绝公车私用或非工作时间挪用情况。

2. 智能城市管理系统

建设智能城市管理系统，增加便民服务，实现数字化生活。建设智能城市公共服务和城市管理系统，不仅仅包括城市交通的智能管理以及物流运输能力的智能化调度，还影响着其他领域，通过加强就业、医疗、文化、安居等专业性应用系统的建设，才能提升城市的"智能数字化"水平，规范城市发展，促进城市公共资源共享。

➢ 智能家居方面：融合应用物联网、互联网、移动通信等各种信息技术，发展社区政务、智慧家居系统、智慧楼宇管理、智慧社区服务、社区远程监控、安全管理、智慧商务办公等智慧应用系统，使居民生活智能化发展，加快智慧社区安居标准方面的推进工作。

➢ 信息综合平台管理：推进经济管理综合平台建设，提高经济管理和服务水平；加强对食品、药品、医疗器械、保健品、化妆品的电子化监管，建设动态的信用评价体系，实施数字化食品药品放心工程。

➢ 智能健康体系：建立居民电子健康档案；以实现医院服务网络化为重点，推进远程挂号、电子收费、数字远程医疗服务、图文体检诊断系统等智慧医疗系统建设，提升医疗和健康服务水平。

智能服务项目：

（1）智慧物流

配合综合物流园区信息化建设，推广射频识别（RFID）、多维条码、卫星定位、货物跟踪、电子商务等信息技术在物流行业中的应用，加快基于物联网的物流信息平台及第四方物流信息平台建设，整合物流资源，实现物流政务服务和物流商务服务的一体化，推动信息化、标准化、智能化的物流企业和物流产业发展。

（2）智慧贸易

支持企业通过自建网站或第三方电子商务平台，开展网上询价、网上采购、网上营销和网上支付等电子商务活动。积极推动商贸服务业、旅游会展业、中介服务业等现代服务业领域运用电子商务手段，创新服务方式，提高服务层次。结合实体市场的建立，积极推进网上电子商务平台建设，鼓励发展以电子商务平台为聚合点的行业性公共信息服务平台，培育发展电子商务企业，重点发展集产品展示、信息发布、交易、支付于一体的综合电子商务企业或行业电子商务网站。

建设智慧服务业示范推广基地，积极通过信息化深入应用，改造传统服务业经营、管理和服务模式，加快向智能化现代服务业转型。结合服务业发展现状，加快推进现代金融、服务外包、高端商务、现代商贸等现代服务业发展。

（3）智能安防

充分利用信息技术，完善和深化"平安城市"工程，深化对社会治安监控动态视频系统的智能化建设和数据的挖掘利用，整合公安监控和社会监控资源。

建立基层社会治安综合治理管理信息平台；积极推进各级应急指挥系统、突发公共事件预警信息发布系统、自然灾害和防汛指挥系统、安全生产重点领域防控体系等智慧安防系统建设。

完善公共安全应急处置机制，实现多个部门协同应对的综合指挥调度，提高对各类事故、灾害、疫情、案件和突发事件防范和应急处理能力。

（4）智能家居

智能家居又称智能住宅，当家庭智能网络将家庭中各种各样的家电通过家庭总线技术连接在一起时，就构成了功能强大、高度智能化的现代智能家居系统。中国的智能家居行业，兴起于 20 世纪 90 年代的末期，加上人工智能、大数据、5G 等技术的发展，智能家居已成为目前最热门的行业之一，在消费升级的背景下，智能家居行业已吸引国内外多家 IT 及零售巨头争相进入，并且正慢慢进入百姓家庭。智能家居市场的快速发展，也吸引了越来越多的企业加入。无论是传统家居企业，还是互联网、硬件、家电等领域的行业巨头，纷纷布局智能家居。

中国将成为 21 世纪世界上最大的智能建筑市场。就现在的智能家居市场而言，中国的制造市场已在逐渐发展。例如中国智能马桶市场恒洁、九牧、科勒等企业的技术都比较完善了。其中恒洁第四代智能马桶以三项国家发明专利技术，获得广东省轻工业联合会专家评审团"技术国际先进"的权威认证，此三项专利技术包括水流倍增技术、爆破排水阀技术以及导流导压技术。

智能家居产业有望接棒安防产业，成为物联网生态下一个繁荣的技术群落和应用产业。智能产业的发展随着全球范围内信息技术创新不断加快，信息领域新产品、新服务、新业态大量涌现，不断激发新的消费需求，成为日益活跃的消费热点。

11.2　云计算与物联网

11.2.1　云计算与物联网的关系

2005 年，国际电信联盟（ITU）首次提出"物联网"的概念，到现在物联网已经取得了一定范围内的成功；2006 年，"云计算"的概念由谷歌首次提出以来，在业界引起了很大反响。无论承认与否，它们的出现都将极大地改变我们的生活。物联网与云计算这两个近十年来兴起的不同概念，它们互不隶属，两者之间又有着千丝万缕的联系。

物联网与云计算都是基于互联网的，可以说互联网就是它们相互连接的一个纽带。人类是从对信息积累搜索的互联网方式逐步地向对信息智能判断的物联网方式前进的，而且这样的信息智能是结合不同的信息载体进行的。互联网教会人们怎么看信息，物联网则教会人们怎么用信息，更具智慧是物联网的特点。由于把信息的载体扩充到"物"，因此物联网必然是一个大规模的信息计算系统。

通过前面的分析可知，物联网就是互联网通过传感网络向物理世界的延伸，它的最终目标就是对物理世界进行智能化管理。物联网的这一使命，也决定了它必然要由一个大规模的计算平台作为支撑。由于云计算从本质上来说就是一个用于海量数据处理的计算平台，因此，云计算技术是物联网涵盖的技术范畴之一。

随着物联网的发展，未来物联网势必产生海量数据，而传统的硬件架构服务器将很难满足数据管理和处理要求。如果将云计算运用到物联网的传输层与应用层，采用云计算的物联网，将会在很大程度上提高运行效率。可以说，如果把物联网当作一台主机的话，云计算就是它的CPU。

11.2.2　云计算与物联网的融合

1. 物联网日趋规模化是与云计算结合的基础

物联网与云计算的结合存在着很多可能性，随着当今世界物联网的规模化发展，使云计算服务物联网更加成为可能。

物联网运营平台需要支持通过无线或有线网络采集传感网络节点上的物品感知信息，进行格式转换、保存和分析计算。相比互联网相对静态的数据，在物联网环境下，将更多地涉及基于时间和空间特征、动态的超大规模数据计算。

如果物联网的规模达到足够大，就有必要和云计算结合起来，比如行业应用：智能电网、地震台网监测、物流管理、动植物研究、智能交通、电力管理等方面就非常适合通过云计算的服务平台，通过物联网的技术支撑，让其更好地为人类服务。而对一般性的、局域的、家庭网的物联网应用，则没有必要结合云计算。

云计算中心对接入网络的终端的普适性，最终解决了物联网的M2M应用的广泛性，而物联网所能体现的优势阶段是在其所具有相当的规模之后。

2. 云计算实用技术是物联网的实现条件

要实现云计算对物联网的服务支撑，云计算的关键技术有着很大程度的影响。具体来说，云计算的超大规模、虚拟化、多用户、高可靠性、高可扩展性等特点正是物联网规模化、智能化发展所需的技术。

（1）虚拟化技术，这也是云计算的基础。尽管云计算和虚拟化并非捆绑技术，二者同时使用仍可正常运行并实现优势互补。云计算和虚拟化二者交互工作，云计算解决方案依靠并利用虚拟化提供服务。为了提供"按需使用，按使用付费"的服务模式，云计算供应商必须利用虚拟化技术。因为只有利用虚拟化，他们才能获得灵活的基础设施以提供终端用户所需的灵活性。实现了IT虚拟化，能真正实现资源共享和IT服务能力的按需提供，这其中的关键技术就涉及服务器虚拟化、网络虚拟化和存储虚拟化。当然如果能够将服务器、网络和存储进行融合，让服务器与网络之间，网络与存储之间也能够达到资源共享的虚拟化，这将会在计算能力的有效利用、服务能力的错峰处理等方面更具有吸引力。

（2）高可靠性，高可扩展性。在未来物联网中，每个连网物体都会有一个标识，分配一个IP地址，进而接入网络。数十亿甚至数百亿的传感网络节点需要进行配置、管理和监控，这就需要物联网运营平台具备节点参数配置、节点状态监测、节点远程唤醒/激活/控制、节点故障告警、节点按需接入、节点软件升级，以及节点网络拓扑展现等功能。要实现这些功能，要求计算平台必须高度可靠，又要易于扩展。而云计算使用了数据多副本容错、计算节点同构可互换等措施来保障服务的高可靠性，使用云计算比使用本地计算机更加可靠。另外，云计算的规模可以动态伸缩，满足应用和用户规模增长的需要。这使得云计算为物联网提供支撑服务进一步成为可能。

3. 云计算与物联网的融合势在必行

如果物联网运营平台能够架构在云计算之上，让云计算为其服务，既能够降低初期成本，又解决了未来物联网规模化发展过程中对海量数据的存储和计算问题。现实中亦是如此：一方面"云计算"需要从概念走向应用；另一方面，物联网也需要更大的支撑平台来满足其规模的需求。通过以上的分析可以发现，云计算与物联网的结合，不仅存在着必要性，而且存在着可能性。另外，考虑到当前有一系列相关问题还没有完全解决，因此可以说，"云计算"对"物联网"来说，既是机遇，又是挑战。

11.3 云计算与人工智能

11.3.1 人工智能起源和发展现状

因为 AlphaGo 的出现，2016 年可谓是人工智能（AI）的"元年"。讨论人机对战的真正意义，并不在于技术上的突破，而在于对人们固有知识的影响。若干年前，很难想象会有一样技术工具是由人工智能驱动的。若干年后，很难想象会有任何技术的背后没有人工智能的影子。

人工智能并不是一个新的概念，20 世纪 40 年代维纳的《控制论（或关于在动物和机器中控制和通信的科学)》就是关于人工智能（控制论）最早的论文。但早年的人工智能受限于计算能力，更多在解决模型的计算速度和精度上存在诸多问题。近年来随着云计算技术的发展，计算机的计算能力提高了，同时随着大数据的发展，更复杂的数据可以用数据进行修正，人工智能的可用性大大提高。

因此，开发者们在人工智能上的投入由来已久。二十多年以前，就已经在不断地构建人工智能的基础，机器学习、语音识别、计算机视觉、图像识别，在这些领域中的一个一个成就不断地积累起来，最终促成了今天这一波引人注目的人工智能的突破。云计算与日俱增的强大威力、运行于深度神经网络的强力算法，再加上今天能够获取到的海量数据，在这三股强大动力的交织驱动下，今天我们终于有能力实现人工智能的梦想。

可以说，人工智能拥有无穷的潜力，它有能力颠覆任何现有的垂直行业，比如医院、银行或者零售业，还有任何单一的业务流程，比如销售、市场或者人力资源和猎头。这样发展下去，终有一天，人工智能将有能力为人类无边的聪明才智锦上添花——增强人类已有的能力，并且帮助我们获得更强的生产力。

11.3.2 云计算与人工智能融合发展

"人工智能基础平台""人工智能技术领域"和"人工智能应用"构成了人工智能产业链的 3 个核心环节，下面将主要从这 3 个方面对国内人工智能产业进行梳理。

1. 云计算构建人工智能基础平台

人工智能的基础技术主要依赖于大数据管理和云计算技术，经过近几年的发展，国内大数据管理和云计算技术已从一个崭新的领域逐步转变为大众化服务的基础平台。

而依据服务性质的不同，这些平台主要集中于三个服务层面，即基础设施即服务（IaaS）、平台即服务（PaaS）和软件即服务（SaaS）。

基础技术提供平台为人工智能技术的实现和人工智能应用的落地提供基础的后台保障，也是一切人工智能技术和应用实现的前提。对于许多中小型企业来说，SaaS 是采用先进技术的最好途径，它消除了企业购买、构建及维护基础设施和应用程序的需要；而 IaaS 通过三种不同形态服务的提供（公有云、私有云和混合云）可以更快地开发应用程序和服务，缩短开发和测试周期；作为 SaaS 和 IaaS 中间服务的 PaaS 则为二者的实现提供了云环境中的应用基础设施服务。

> SaaS：提供给客户的服务是运营商运行在云计算基础设施上的应用程序，用户可以在各种设备上通过客户端界面访问，如浏览器。

> PaaS：将软件研发的平台作为一种服务，以 SaaS 的模式提交给用户。

> IaaS：分为公有云、私有云和混合云三种形态，提供给消费者的服务是对所有设施的利用，包括处理器、存储、网络和其他基本的计算资源，用户能够部署和运行任意软件，包括操作系统和应用程序。

2. 人工智能技术的专注领域

与基础技术提供平台不同，人工智能技术平台主要专注于"机器学习""模式识别"和"人机交互"三项与人工智能应用密切相关的技术，所涉及的领域包括机器视觉、指纹识别、人脸识别、视网膜识别、虹膜识别、掌纹识别、专家系统、自动规划、智能搜索、定理证明、博弈、自动程序设计、智能控制、机器学习、语言和图像理解及遗传编程等。

> 机器学习：通俗地说就是让机器自己去学习，然后通过学习到的知识来指导进一步的判断。

通过大量的标签样本数据让计算机进行运算并设计相关函数，通过不断的迭代，机器就学会了怎样进行分类。

这些学到的分类规则可以进行预测等活动，具体应用覆盖了从通用人工智能应用到专用人工智能应用的大多数领域，如计算机视觉、自然语言处理、生物特征识别、证券市场分析和DNA 测序等。

> 模式识别：模式识别就是通过计算机用数学技术方法来研究模式的自动处理和判读，它偏重于对信号、图像、语音、文字、指纹等非直观数据方面的处理，如语音识别、人脸识别等，通过提取出相关的特征来实现一定的目标。文字识别、语音识别、指纹识别和图像识别等都属于模式识别的场景应用。

> 人机交互：人机交互是一门研究系统与用户之间的交互关系的学问。系统可以是各种各样的机器，也可以是计算机化的系统和软件。在应用层面，它既包括人与系统的语音交互，也包含了人与机器人实体的物理交互。

在国内，人工智能技术平台在应用层面主要聚焦于计算机视觉、语音识别和语言技术处理领域，其中的代表企业包括科大讯飞、格灵深瞳、捷通华声（灵云）、地平线、永洪科技、旷视科技、云知声等。

3. 人工智能技术的应用领域

人工智能应用涉及专用应用和通用应用两个方面，这也是"机器学习""模式识别"和"人机交互"这 3 项人工智能技术的落地实现形式。其中，专用领域的应用涵盖了目前国内人工智能应用的大多数应用，包括各领域的人脸和语音识别以及服务型机器人等方面；而通用型则侧重于金融、医疗、智能家居等领域的通用解决方案。目前国内人工智能应用正处于由专业应用向通用应用过渡的发展阶段。

综合来看，国内人工智能产业链的基础技术链条已经构建成熟，人工智能技术和应用则集中在人脸和图像识别、语音助手、智能生活等专用领域的场景化解决方案上。就趋势来看，未来国内人工智能领域的差异化竞争和突破将主要集中在人工智能相关技术的突破和应用场景升级两个层面。

11.3.3　云脑将成为人工智能新热点

1. 人工智能与互联网的结合

从科学史可以看到这样一个规律，每一次人类社会的重大技术变革都会导致新领域的科学革命，互联网革命对于人类的影响已经远远超过了大工业革命。与工业革命增强人类的力量和视野不同，互联网极大增强了人类的智慧，丰富了人类的知识。而智慧和知识恰恰与大脑的关系最为密切。随着博客、社交网络、云计算、物联网、大数据、工业 4.0、云机器等科学技术的蓬勃发展，互联网类脑架构也逐步清晰起来。

从 2007 年开始，中国科学院虚拟经济与数据科学研究中心研究团队发表论文提出："互联网正在向着与人类大脑高度相似的方向进化，它将具备自己的视觉、听觉、触觉、运动神经系统，也会拥有自己的记忆神经系统、中枢神经系统、自主神经系统"。并由此绘制出互联网云脑（Internet Cloud Brain）架构。2015 年，该研究团队基于互联网云脑架构，将智慧城市与脑科学进行结合，形成了城市云脑架构体系，如图 11-2 所示。

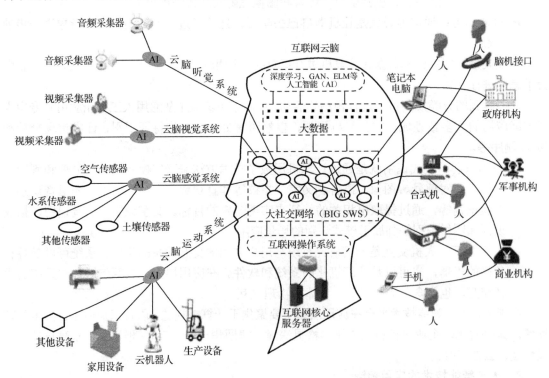

图 11-2　城市云脑架构

另一方面，过去的 60 年里，人工智能经历了多次从乐观到悲观、从高潮到低潮的阶段。最近一次低潮发生在 1992 年日本第五代计算机计划的无果而终，随后人工神经网络热在 20 世纪 90 年代初消退，人工智能领域再次进入"AI 之冬"。直到 2006 年加拿大多伦多大学教授 Geoffrey Hinton 提出"深度学习"算法，情况才发生转变。

2011 年，Google 开始建立以深度学习为基础的谷歌大脑，人工智能因此与互联网进行了更为深入的结合，包括亚马逊、Facebook、百度、腾讯、阿里巴巴、微软、英特尔和 IBM 等巨头纷纷进入 AI 领域。应该说这一轮的人工智能热潮本质上依然是互联网发展过程中的又一次波浪式高潮，它的产生离不开互联网之前应用和技术为人工智能新爆发奠定的基础。

与之前的人工智能高潮不同，这一轮人工智能的爆发产生的新技术和新应用不断与互联网结合，促进互联网云脑各神经系统的发育。

例如，人工智能与互联网中枢神经系统结合，产生了谷歌大脑、百度大脑、阿里云、亚马逊云和腾讯云等云计算系统。

人工智能与互联网听觉神经系统结合，产生诸如科大讯飞、云知声等新声音识别产品。

人工智能与互联网视觉神经系统结合，产生如格林深瞳、Face++、商汤科技等新图像识别产品。

人工智能与互联网运动神经系统结合，产生了智能制造、智能驾驶、云机器人等新应用领域。

人工智能与互联网神经网络（大社交网络）结合，产生了度秘、小冰等智能虚拟助理产品。

人工智能与互联网感觉神经系统结合，就出现了边缘计算的创新应用。

随着互联网类脑系统日趋成熟，与人工智能的结合也愈加紧密，在人类智慧和人工智能的驱动下，互联网类脑系统将逐步被激活，各神经系统开始打通并形成联动。

2. 云脑特征：云反射弧和互联网神经网络

除了人工智能学家和中国科学院研究团队提出的互联网和城市云脑架构，2017 年中国互联网和人工智能领域出现更多脑和巨系统结合的案例，这其中包括阿里巴巴提出的城市大脑、华为提出的城市神经网络、李德仁院士提出的智慧城市脑等。可以预见，以互联网"云脑"为代表的脑巨系统，将成为人工智能之后的又一个科技热点。其中有两个神经系统特征值得重点关注。

第一个是以大社交网络为基础形成互联网（城市）云脑的神经网络系统。我们知道，神经网络是大脑中最重要的结构和功能。动物机体是一个极为复杂的有机体，各器官、系统的功能不是孤立的，它们之间互相联系、互相制约，实现这一需求就需要生物体有统一的神经网络系统。

一直以来，社交网络被认为就是互联网上人与人的交互社区。但随着物联网、云计算、大数据等新现象的出现，社交网络的形态也必将发生改变。当物联网、工业 4.0、工业互联网与社交网络融合时，每一栋大楼、每一辆汽车、每一个景区、每一个商场、每一个电器都会在 SNS 网站上开设账号，自动地发布自己实时的信息，并与其他"人"和"物"进行交互。社交网络的定义将不再仅仅是人与人的社交，而是人与人、人与物、物与物的范围更大的社交网络，可以称为"大社交网络"（Big SNS），如图 11-3 所示。

大社交网络是互联网云脑的重要基础，无论是世界范围的个人用户、企业、政府机构、路灯、车辆、工厂，都要以互联网神经元的方式加入互联网云脑的大社交网络中，这些互联网神经元的互动、聚合、链接将使互联网或智慧城市真正变得更为智慧。它也是后续我们要探讨的云反射弧能够正常运转的基础。

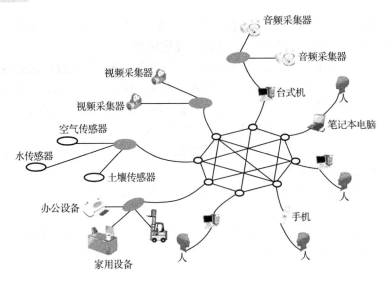

图 11-3　大社交网络结构图

第二个是以云反射弧为代表的互联网（城市）云脑智能活动现象。大家知道神经反射现象是人类神经系统最重要的神经活动之一，也是生命体智能的重要体现。与人体的神经反射弧相对应，互联网云神经反射弧主要由如下三个方面构成：第一，云反射弧的感受器主要由联网的传感器（包括摄像头）组成；第二，云反射弧的效应器主要由联网的办公设备、智能制造、智能驾驶、智能医疗等组成；第三，云反射弧的中枢神经是互联网云脑的中枢神经系统（云计算+大数据+人工智能），边缘计算将加强云反射弧感受器和效应器的智能程度及反应速度。

云神经反射弧是互联网云脑智能体现的基础，在今天已经广泛出现在人们的周围，几乎每时每刻，从世界各地发起的互联网神经反射现象都在不断地产生和消失。例如汽车传感器发现有盗贼，发短信给车主，车主报警将盗贼抓住；湿度传感器发现空气湿度加大，有下雨迹象，通知野外挖掘设备打开防雨设备等。

云神经反射弧作为互联网与人工智能结合的产物，在互联网的未来发展中将起到非常重要的作用。从实践上看，总共有 9 种不同种类的云反射弧，如图 11-4 所示，这些云反射弧的成熟依赖于互联网与人工智能技术的进一步结合。

现实世界已经出现很多云神经反射弧案例，例如无锡消防部门开始利用家庭火灾远程监控和救助系统，它的工作过程就是一个典型的基于互联网云脑的城市神经反射弧。当发生火灾或其他紧急事件时，探测器发出报警信号，火警信息将通过 GPRS 传输到全市 119 火灾调度指挥中心，当 119 在接到报警后，第一时间赶赴现场开展救助。

3. 互联网（城市）云脑的兴起历程

在前文中提到，随着博客、社交网络、云计算、物联网、大数据、工业 4.0、云机器等科学技术的蓬勃发展，互联网类脑架构也逐步清晰起来。下面，看一下这些前沿科技是如何一步一步让互联网类脑架构显露出来的。

2004 年，以博客、Web 2.0、社交网络为代表的科技浪潮为互联网云脑的神经网络奠定了基础。

2008 年，以物联网为代表的科技浪潮为互联网云脑的感觉神经系统奠定了基础。

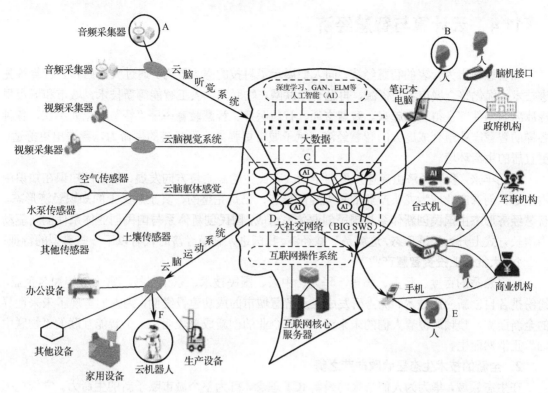

云反射弧种类：A->D，A->F，A->E，C->D，C-F，D->E，B->D，B->E，B->F

图11-4 物联网云脑云反射弧架构

2009年，以云计算为代表的科技浪潮为互联网云脑的中枢神经系统奠定了基础。

2010年，以移动互联网、光纤、3G为代表的科技浪潮为互联网云脑的神经纤维发育奠定了基础。

2012年，以工业4.0、工业互联网为代表的科技浪潮为互联网云脑的运动神经系统奠定了基础。

2013年，以大数据为代表的科技浪潮为互联网云脑的智能发展奠定了数据基础。

2015年，以人工智能为代表的科技浪潮为互联网云脑各神经系统的激活和联动奠定了基础。

2018年，以互联网（城市）云脑为代表的科技浪潮为国家、城市、社会的全面智能化奠定了基础。一方面自然界和人类社会的各个组成元素不断链接到大社交网络中，人与人、人与物、物与物的交互和沟通，形成互联网（城市）云脑的神经网络发育基础。另一方面，交通、安全、金融、商业、政务、农业和矿产等各个领域不断通过云反射弧的方式，实现从感知到中枢神经处理再到反馈的类脑智能化问题处理过程。

2020年之后，以人类群体智慧和互联网人工智能为代表的两大智能方式在互联网（城市）云脑中不断融合和互补，形成互联网（城市）云脑的左右大脑架构，驱动互联网（城市）云脑不断向前发展。

11.4 云计算与智慧经济

以智慧城市为代表的智慧经济，向人们展示了科技的强大魅力。通过大数据和云计算等先进技术，优化整合城市各类资源，再融合互联网、物联网、人工智能等新技术，城市和城市里冷冰冰的物件都变得智慧起来。智慧交通、智慧医疗、智慧教育……"智慧"无处不在，各种各样的智慧产业组合成庞大的智慧经济，赋予城市更强大、更旺盛的生命力，营造出更舒适、更宜居的生活环境。

近几年来，我国经济由高速发展向全面改善民生的高质量方向发展，创新性知识在知识中占主导、创意产业成为龙头产业的知识经济形态，已是完整的、真正意义上的知识经济形态。智慧经济形态由国民创新体系与国民创业体系组成，国民创新体系与国民创业体系使创新驱动由增长方式上升为经济形态，这就是智慧经济。我国进入智慧经济时代有以下一些典型的特征：

1. 大批企业投资智慧产业

大家熟悉的百度、阿里、腾讯、华为、中兴、国民技术、东土科技、富士康等知名企业，纷纷携各自创新应用技术、优秀研发成果及智慧城市的成功建设案例，为人们呈现了未来世界的全新面貌，频频颠覆着人们的未来观。这些企业的创新成果表明：一个智能互联的"物联中国"正悄然而生。

2. 全新的技术生态呈欣欣向荣之势

在生态领域，华为为人们带来的最新 ICT 理念，可为整个城市赋予新的生命力。它依托强大的研发和综合技术能力，充分利用云计算、SDN、大数据、物联网等技术，能够让城市治理精细、民生服务贴心、经济发展繁荣；同时，在企业市场打造了开放、安全的平台，构筑合作多赢的新生态。中兴通信打造全新的"5G 时代智慧城市云网生态"，并与合作伙伴共建云网生态圈，为城市管理者提供更加高效的管理平台。电信的"翼云"、移动的"大云"、联通的"沃云"为我国的智慧经济打下了良好的基础。

3. 智能终端设备不断丰富

在应用终端，国民技术的"国民RCC"，可一"卡"搞定智慧城市生活的众多领域。东土科技提供基于应急指挥的智慧城市解决方案。富士康则利用其最新的大数据和 IoT 连接技术，带来了智慧交通、智慧影像、智慧工厂等具象的智慧体验。还有像腾讯、百度这样的互联网科技企业，也竞相渗入智慧经济的各个领域，深耕细作地为智慧城市建设、智慧产业发展助力。

4. 我国的智慧城市"星火燎原"

中国作为积极响应建设智慧城市的"先头部队"，2012 年就发布了首批国家智慧城市试点名单。截至 2016 年 6 月，全国已有超过 500 座城市在进行智慧城市的试点，2018 年市场规模约 8 万亿元，智慧城市投资额近两年呈爆发式增长。统计显示，2012 年以来，全国智慧城市总投资已达万亿元级别，预计未来几年这一数字还将大幅增加。

5. 智慧交通开启"智慧出行"

在交通领域，通过充分运用物联网、大数据、云计算等高新技术，未来不仅能够预知和可视道路拥堵状况，并进行协调疏导，还可通过人工智能技术在地铁站或公交站预知不法分子，提前将信息通报公安机关，从而有效预防和及时抓捕。目前，智慧交通的市场规模正呈现跨越式增长，从 2011 年 300 亿到 2015 年 700 亿，5 年复合增长率达 20%，而 2017 年市场规模约 1167.1 亿元。在不久的将来，在云计算、大数据等技术支撑和保障下，交通管理系统将具备强大的存储能力、快速的计算能力、科学的分析能力，以及系统模拟现实世界和预测判断能力。

6. 智慧经济在民生领域取得可喜成绩

目前，智慧医疗在医院信息化、医疗信息互联网化及远程健康监护、远程医疗等方面成果显著。富士康研发的智慧医疗系统通过打造健康档案区域医疗信息平台，利用先进的物联网技术，实现了患者与医务人员、医疗机构、医疗设备之间的互动。患者不必携带传统的塑料胶片来回在医院间奔波；重症病患或特殊病患（精神病患、抑郁症患者、结核病者等）可佩戴智能手环，方便医护人员对其进行监护。腾讯、百度等企业已将医疗发展与人工智能相融合，在智慧医疗发展中起到了积极的推动作用。

7. 智慧校园工程规模宏大

在教育领域，华为的智慧校园系统为方便教职工查找编录学生信息、处理学校信息资源系统而设立，同样也利用了大数据和互联网技术，实现在各类学校的快速普及。数据显示，近 5 年我国教育行业的 IT 投资规模复合增长率达 15%以上，未来 5 年仍将持续增长。目前，多个省市和大量企业正在陆续开设智慧教育平台，借助 VR 虚拟现实技术、物联网和人工智能等最新技术，实现了教育形式的多样化、生动化，也实现了优质教育资源的快速普及和共享。

8. 智慧经济在其他领域的渗透

除了政务及交通、医疗、教育等领域，智慧经济还全面渗透社会经济各个角落，表现出极为旺盛的生命力。在 2017 年举行的 2017 亚太智慧城市发展指数报告会上，罗兰贝格合伙人江浩认为，中国在智慧城市软硬件基础设施方面的投入非常可观、效果显著，未来中国将软硬件进一步结合，可极大促进城市整体数字化水平的提高。

9. 智慧云端、终端不断取得进步

在智慧经济发展的浪潮中，除了中国 BAT、电信、移动、联通、华为、中兴这些致力于智慧城市云端产业发展的龙头企业、知名企业外，还有一批致力于智慧城市终端和硬件领域的高新技术企业，其中不少已崭露头角。平安科技（深圳）有限公司研发的"金融行业全能员工"安博机器人；深圳鳍源科技有限公司荣获 2017 年美国 CES 创新大奖、全球创新者大会"未来使者"大奖的 FIFISH 系列水下机器人；深圳市中舟智能科技有限公司研发的智能家庭服务机器人，可为商务、家庭、教育、安防等提供更专业的智能服务，同时还抛出了无轨 AGV 运输车、教育机器人等多个技术方案。

在发展智慧经济的道路上，随着我国智慧硬件产业结构、产品结构的持续优化，以及"双创"成果不断推陈出新、互联网与人工智能的深度融合发展，企业对智慧经济的助推作用将越发显现出来，"互联网+"正在不断为我国经济注入新活力、培育新动能。

10. 在智慧环境中"傻傻"地生活

如果将智慧城市比作有机生命体，那么赋予城市生命力的则是辐射在每个领域的"神经系统"，大到城市规划，小到民生发展，多年来智慧城市建设成果可谓丰富多彩、门类齐全。智慧政务、智慧交通、智慧教育、智慧医疗、智慧旅游、智慧工厂、智慧家居等，令人眼花缭乱。

放眼国内外，智慧经济建设成果丰富，智慧城市生活方式已经初具雏形，未来人们可以在智慧城市环境中"傻傻"地工作和生活。人类已进入了智慧经济时代。

11.5 云计算与智慧生活

"互联网+"改变了人们的生产、工作、生活方式，也引领了创新驱动发展的"新常态"。

1. 云计算在我们身边

在我们的日常生活中，我们与 Internet 接触的同时，就已经感受到云计算的魅力。其实，云计算就在我们身边：在线影视、即时通信、在线查询系统、SaaS 软件即时服务、在线交易、邮件服务、搜索引擎等，这些都是我们身边的云计算。

当然，云计算的应用范围远不止这些。云计算在多个领域都具有广泛的应用，特别是在需要海量数据处理的应用领域，更是发挥着不可替代的重要作用。

（1）科研领域：地震监测、海洋信息监控、天文信息计算处理。

（2）医学领域：DNA 信息分析、海量病历存储分析、医疗影像处理。

（3）网络安全领域：病毒库存储、垃圾邮件屏蔽、动画素材存储分析。

（4）图形和图像处理：高仿真动画制作、海量图片检索。

（5）互联网领域：E-mail 服务、在线实时翻译、网络检索服务。

2. 云计算提供计算能力，是智慧生活的"能量"

云计算的处理速度推进云产业发展，为智慧经济和智慧生活提供计算能力。举例来说，一台普通的计算机在互联网上处理一条药品信息的全程追踪，需要约 60 分钟，而当所有的数据集中在云端后，处理这条信息的时间就只要 2.7 秒，提速 1 333 倍。这并不是科幻小说，支持"中国药品电子监管网"的阿里云平台已经实现了这样的计算能力。

阿里云推出的"聚石塔"是专门向电商企业提供云计算服务的，目前已有上百万淘宝、天猫卖家入驻，2014 年天猫"双 11"，全网 96%的订单是通过"聚石塔"平台完成。能在几秒内买到称心的商品，并在网上完成网店存货核减、买家付款信息交汇等信息的即时处理，靠的就是云计算的强大能力。

提供计算能力的云服务商已是"百家争鸣"！

国内中小企业从数据中心建设的压力中解放出来，专注自己的核心业务，促进内涵建设，有利于提供更多优质产品，满足人们美好生活的需要。

3. 大数据时代提供最优的解决方案，是智慧生活的"源泉"

信息爆炸时代会产生海量数据，大数据的概念也越来越被人所接受。大数据指的是在日常运营中生成、累积的用户网络行为数据，比如最喜欢看的网站是新浪还是腾讯，上网查询最多的是即时路况还是公交信息等。

会在充分保障数据安全和隐私的条件下，把部分有价值的用户数据通过服务的方式提供出来，对智慧城市的发展提供帮助；利用运营商的计算资源和存储资源，为客户提供综合解决方案，并帮助政府开发和建设大数据开放平台。

4. 智慧产业服务智慧生活

智慧城市将突出惠民、便民服务的效能，发展适用的互联网应用，发展智慧产业。比如推进智慧交通、智慧电网、智慧水务、智慧健康、智慧安居等建设，实现城市基础设施智能化和公共服务智慧化。

云计算作为新一代信息技术革命，在促进商业模式改变的同时，将从根本上改变人们的生活方式、工作方式、学习方式。

我们是幸运的一代，振作精神，奋力前行，启动新生活！

小　结

智慧生活利用现代科学技术实现吃、穿、住、行等智能化，将信息科技融入日常的工作、生活、学习及娱乐中，是一种新内涵的生活方式，利用智能生活平台提供智能，使人们的生活更方便、安全、健康、舒适，有利于富强、民主、文明、和谐与美好的生活实现。

智慧生活由许多智能系统组成，主要包括：智能移动（Smart Move，SM）、智能社交（Smart Communication，SC）、智能家居（Smart Home，SH）、智能穿戴 （Smart Wear，SW）、智能购物（Smart Shopping，SS）、智能办公（Smart Office，SO）等，其核心是智能生活平台。

智能生活平台可以自由地与主流智能家居品牌产品互通，任何时候，任何场合，家庭用户可以自由地通过无线连接 Internet，直接上互联网远程查询所需信息并具备社交互动特点。智能生活平台具备延展性和自我成长性，借助统一的云服务实现各种智能家居产品与各种专长的服务部门和机构紧密性合作，迅速构建出智能生活门户，从生活资讯，到健康诊疗；从远程门锁控制，到合理家庭用电策略建议部署；从严谨的家庭安防，到细微的家庭环境质量分析建议部署，全方位地体现智能生活的精彩。

以智慧城市为代表的智慧经济，向人们展示了科技的强大魅力。通过大数据和云计算等先进技术，优化整合城市各类资源，再融合互联网、物联网、人工智能等新技术，城市和城市里冷冰冰的物件都变得智慧起来。智慧交通、智慧医疗、智慧教育……"智慧"无处不在，各种各样的智慧产业组合成庞大的智慧经济，赋予城市更强大、更旺盛的生命力，营造出更舒适、更宜居的生活环境。

思考与练习

1. 什么是智慧生活？举例说明。
2. 智慧生活依赖智慧生活平台，简要说明智慧生活平台的组成。
3. 列举智慧生活的应用实例，分析说明后台技术情况。
4. 试述云计算与物联网的关系。物联网怎样应用云计算提供计算能力？
5. 什么是工人智能？人工智能是怎样应用云计算的？
6. 谈谈智慧生活对技术的依赖情况。人们在智慧环境下如何"傻傻"地生活？

附　录

一、国内部分主流云服务商入口

1．百度网盘：https://yun.baidu.com/

2．金山云：http://www.ksyun.com/

3．360 安全云盘：https://yunpan.360.cn/

4．百度云：https://cloud.baidu.com/

5．阿里云：https://www.aliyun.com/

6．腾讯云：https://cloud.tencent.com/

7．中国电信天翼云：http://www.ctyun.cn/

8．中国联通沃云：http://www.wocloud.cn/

9．华为云：https://www.huaweicloud.com/

10．新浪云：http://www.sinacloud.com/

11．网易云：https://www.163yun.com/

12．美团云：https://www.mtyun.com/

13．WPS+云办公：https://store.wps.cn/

14．滴滴云：https://www.didiyun.com/

15．青云：https://www.qingcloud.com/

16．小鸟云：https://www.niaoyun.com/

17．神州云动：https://www.cloudcc.com/

18．京东云：https://www.jcloud.com/cn/

19．七牛云：https://www.qiniu.com/

二、国际主要云服务商入口

1．亚马逊云：https://amazonaws-china.com/cn/

2．谷歌云：https://cloud.google.com

3．微软云：https://www.azure.cn/zh-cn/

4．IBM 云：https://www.ibm.com/cloud-computing/cn/zh/

5. Oracle 云：https://www.oracle.com/cn/cloud

6. Cisco 云：https://www.cisco.com/c/zh_cn/solutions/cloud/overview.html

7. CRM 客户关系管理系统：https://www.salesforce.com/cn/

8. VMware 云：https://www.vmware.com/cn.html

9. Rackspace 云：https://www.rackspace.com/cloud

三、部分云计算学习入口

1. 无忧学习网：http://cloud.51cto.com/

2. 阿里云大学：https://edu.aliyun.com/

3. 百度云智学院：https://cloud.baidu.com/partner/learningSession/index.html

4. 腾讯云学院：https://cloud.tencent.com/developer/edu

5. 亚马逊：https://amazonaws-china.com/cn/edu/

参 考 文 献

[1] 刘鹏. 云计算（第 3 版）. 北京：电子工业出版社，2015.

[2] 程克非，罗江华，兰文富. 云计算基础教程. 北京：人民邮电出版社，2013.

[3] 张为民. 云计算：深刻改变未来. 北京：科学出版社，2013.

[4] 郎登何等. 云计算基础及应用. 北京：机械工业出版社，2016.

[5] 周洪波. 云计算：技术、应用、标准和商业模式. 北京：电子工业出版社，2011.

[6] 中国产业调研网. 中国云制造市场调研与发展趋势预测报告. http://www.cir.cn/.

[7] 虚拟化与云计算小组. 虚拟化与云计算. 北京：电子工业出版社，2009.

[8] [美]彼得·芬加. 王灵俊，译. 云计算：21 世纪的商业平台. 北京：电子工业出版社，2009.

[9] 王鹏. 走进云计算. 北京：人民邮电出版社，2009.

[10] 朱近之，方兴等. 智慧的云计算. 北京：电子工业出版社，2010.

[11] 陆平. 云计算基础及关键应用. 北京：机械工业出版社，2016.

[12] 蒋吉频，黄红桃. 云计算基础、应用与产业发展. 北京：经济科学出版社，2015.